高等数学

GAODENG SHUXUE
JICHUBAN

（基础版）

主　编　贾　全　曾晓兰

副主编　廖光荣　王智勇

参编人员　贺海燕　巫中一　魏　齐

　　　　　聂思兵　黄黎明

四川大学出版社

责任编辑:毕　潜
责任校对:杨　果
封面设计:墨创文化
责任印制:王　炜

图书在版编目(CIP)数据

高等数学：基础版 / 贾全，曾晓兰主编. —成都：
四川大学出版社，2017.7（2023.7 重印）
ISBN 978−7−5690−0991−0

Ⅰ.①高…　Ⅱ.①贾…　②曾…　Ⅲ.①高等数学−高
等学校−教材　Ⅳ.①O13

中国版本图书馆 CIP 数据核字（2017）第 178481 号

书　名	**高等数学（基础版）**
主　　编	贾　全　曾晓兰
出　　版	四川大学出版社
地　　址	成都市一环路南一段 24 号（610065）
发　　行	四川大学出版社
书　　号	ISBN 978−7−5690−0991−0
印　　刷	四川盛图彩色印刷有限公司
成品尺寸	185 mm×260 mm
印　　张	12.25
字　　数	296 千字
版　　次	2017 年 7 月第 1 版
印　　次	2023 年 7 月第 8 次印刷
定　　价	27.50 元

◆ 读者邮购本书，请与本社发行科联系。
电话:(028)85408408/ (028)85401670/
(028)85408023　邮政编码:610065
◆ 本社图书如有印装质量问题，请
寄回出版社调换。
◆ 网址:http:// press. scu. edu. cn

前　言

　　高等数学是高职学生必修的一门重要课程. 高等数学的思想、内容和方法已成为现代文化的重要组成部分. 因此，从全面提高科学素质来说，高等数学是一门重要的基础课，把握其思想方法能极大提升学生的认知能力；从综合职业能力的培养来说，高等数学又是学习后续课程以及社会生活、生产不可或缺的一门工具课.

　　本书是编者在多年的教学实践的基础上，针对高职学生基础状况及未来发展需要而编写的. 本书注重教材的基础性，着重使学生能够掌握基本概念，形成基本数学思想，会用基本方法解决基本数学问题，并且能进行知识的迁移，把数学方法和数学思想应用于其他领域，达到解决实际问题的目的. 针对多数高职院校数学课课时较少的现状，在保证知识结构的完整性、科学性的同时，本书力求做到理论清晰、推理简明扼要、淡化证明、知识要点明确、重视几何意义等，便于教师讲授导学及学生自学.

　　根据实际需要，我们把高等教学教材分成高等数学（基础版）和高等数学（专业版）. 本书是高等数学（基础版），主要内容有一元微积分和微分方程. 本书每节都编写了有助于掌握基本知识和方法的习题，每章末尾还设计了复习题，目的是强化全章知识，综合使用所学知识，达到提升能力的目的.

　　本书由贾全、曾晓兰担任主编，廖光荣、王智勇担任副主编. 魏齐完成了全书的图形制作. 贺海燕、巫中一、魏齐、聂思兵、黄黎明参与了本书的大纲编写与制订，并在本教材的编写过程中，提出了许多宝贵意见.

　　本书的编写分工（按章序）如下：第一章由廖光荣编写，第二、三章由王智勇编写，第四章由曾晓兰编写，第五、六章由贾全编写. 全书由贾全、曾晓兰统稿.

　　在本书的编写过程中，得到了内江职业技术学院有关领导和学院基础部的大力支持与帮助，在此表示衷心感谢！

　　由于编者水平有限，本书在编写中存在的不足之处，敬请同行和读者批评指正。

编　者
2017 年 6 月

目　录

第一章　函数与极限

极限是高等数学中最重要的基本概念，它是导数(或微分)、积分等概念的基础. 连续函数又是高等数学研究的主要对象. 本章我们将在复习和加深函数概念及性质的基础上，首先介绍函数极限的概念，然后讨论函数极限的性质、运算法则，最后介绍函数连续性的概念.

§1－1　初等函数

函数是数学中最重要的基本概念之一，也是高等数学的主要研究对象. 本节我们将在中学数学的基础上，进一步阐明函数的一般定义、函数的基本性质以及与函数概念有关的一些基本知识.

一、函数的概念

1. 定义

设 x 和 y 是两个变量，D 是一个给定的数集，如果对于每个数 $x \in D$，变量 y 按照一定法则总有唯一确定的数值与其对应，则称 y 是 x 的函数，记作 $y = f(x)$. 数集 D 称为该函数的定义域，x 称为自变量，y 称为因变量.

当自变量 x 取数值 x_0 时，因变量 y 按照某一法则 f 所取定的数值称为函数 $y = f(x)$ 在点 x_0 处的函数值，记作 $f(x_0)$. 此时，我们也称函数 $y = f(x)$ 在 x_0 处有定义或有意义. 当自变量 x 遍取定义域 D 的每个数值时，对应的函数值的全体组成的数集 $W = \{y \mid y = f(x), x \in D\}$ 称为函数的值域.

2.定义域的求解原则

(1) 分母不为零；

(2) 开偶次方根时，被开方式大于或等于零；

(3) 对数的真数大于零；

(4) 满足三角函数或反三角函数的定义；

(5) 有两项以及两项以上原则需满足时，求各原则满足的交集.

例1　求 $y = \sqrt{4-x^2} + \ln(x^2-1)$ 的定义域.

解　因为 $4-x^2 \geqslant 0$ 且 $x^2-1 > 0$，所以有

$$-2 \leqslant x \leqslant 2 \text{ 且 } x < -1 \text{ 或 } x > 1.$$

因此，函数 $y = \sqrt{4-x^2} + \ln(x^2-1)$ 的定义域为 $[-2, -1) \cup (1, 2]$.

二、函数的表示法

函数的表示法就是反映函数的对应法则的方法. 若函数的对应法则是用一个公式或者解析式来表示，这种表示法称为**解析法**. 若函数的对应法则用表格来表示，这种表示法称为**表格法**. 若函数的对应法则是通过坐标上的一段图形来表示，这种表示法称为**图像法**.

一般地，我们可以把函数 $y = f(x)(x \in D)$ 的图像看作一个有序数对的集合：

$$C = \{(x, y) \mid y = f(x), x \in D\},$$

集合 C 中的每一个元素对应直角坐标平面上一个点，从而，点集 C 就是描述这个函数的图像(或轨迹).

三、分段函数

用两个以上表达式表达的函数关系，即对于自变量 x 的不同的取值范围，有着不同的对应法则，这样的函数通常称为分段函数. 它是一个函数，而不是几个函数. 分段函数的定义域是各段对应法则 x 的取值范围的并集，值域也是各段对应法则 y 的取值范围的并集.

例如，$f(x) = \begin{cases} x+1, & x \geqslant 1, \\ x-1, & x < 1. \end{cases}$　$x = 1$ 称为分段点.

又如，符号函数

$$\text{sgn}x = \begin{cases} -1, & x < 0, \\ 0, & x = 0, \\ 1, & x > 0 \end{cases}$$

和取整函数

$$[x] = n, \quad n \leqslant x < n+1, \quad n = 0, \pm 1, \pm 2, \cdots,$$

都是分段函数.它们的图像如图 1-1 和图 1-2 所示.

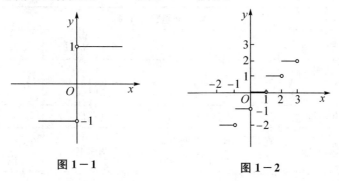

图 1-1　　　　　　　　图 1-2

四、反函数

设函数 $y = f(x)$ $(x \in D)$ 的值域是 W，根据这个函数中 x, y 的对应关系，用 y 把 x 表示出来，得到 $x = f^{-1}(y)$．若对于 y 在 W 中的每一个值，通过 $x = f^{-1}(y)$，x 在 D 中都有唯一的值和它对应，那么，$x = f^{-1}(y)$ 就表示 y 是自变量，x 是因变量的函数．这样的函数 $x = f^{-1}(y)$ $(y \in W)$ 称为函数 $y = f(x)(x \in D)$ 的反函数（函数 $y = f(x)$ 则称为直接函数）．反函数 $x = f^{-1}(y)$ 的定义域、值域分别是函数 $y = f(x)$ 的值域、定义域．

由于习惯上 x 表示自变量，y 表示因变量，于是我们约定 $y = f^{-1}(x)$ 也是直接函数 $y = f(x)$ 的反函数．

函数 $y = f(x)$ 的两种形式的反函数 $x = f^{-1}(y)$ 与 $y = f^{-1}(x)$，我们后面都要用到．需要说明的是，函数 $y = f(x)$ 与它的反函数 $x = f^{-1}(y)$ 具有相同的图像，而与反函数 $y = f^{-1}(x)$ 的图像是关于直线 $y = x$ 对称的．

五、初等函数

1. 基本初等函数

幂函数、指数函数、对数函数、三角函数、反三角函数统称基本初等函数．其图像和性质见表 1-1.

表 1-1　初等函数的图像及性质

函数	幂函数　$y = x^a$			
	$a = 1, 3$	$a = 2$	$a = \dfrac{1}{2}$	$a = -1$
图像	 			

函数	幂函数　$y=x^a$			
	$a=1,3$	$a=2$	$a=\dfrac{1}{2}$	$a=-1$
定义域	$(-\infty,+\infty)$	$(-\infty,+\infty)$	$[0,+\infty)$	$(-\infty,0)\cup(0,+\infty)$
值域	$(-\infty,+\infty)$	$[0,+\infty)$	$[0,+\infty)$	$(-\infty,0)\cup(0,+\infty)$
奇偶性	奇函数	偶函数	非奇非偶	奇函数
单调性	单调递增	在$(-\infty,0]$内单调递减 在$[0,+\infty)$内单调递增	单调递增	在$(-\infty,0)$,$(0,+\infty)$ 内分别单调递减

函数	指数函数 $y=a^x(a>0,a\neq1)$		对数函数 $y=\log_a x(a>0,a\neq1)$	
	$a>1$	$0<a<1$	$a>1$	$0<a<1$
图像				
定义域	$(-\infty,+\infty)$	$(-\infty,+\infty)$	$(0,\infty)$	$(0,\infty)$
值域	$(0,+\infty)$	$(0,+\infty)$	$(-\infty,+\infty)$	$(-\infty,+\infty)$
单调性	单调递增	单调递减	单调递增	单调递减

函数	三角函数			
	$y=\sin x$ （正弦函数）	$y=\cos x$ （余弦函数）	$y=\tan x$ （正切函数）	$y=\cot x$ （余切函数）
图像				
定义域	$(-\infty,+\infty)$	$(-\infty,+\infty)$	$\left(k\pi-\dfrac{\pi}{2},k\pi+\dfrac{\pi}{2}\right)$ $(k\in\mathbf{Z})$	$(k\pi,(k+1)\pi)$ $(k\in\mathbf{Z})$
值域	$[-1,1]$	$[-1,1]$	$(-\infty,+\infty)$	$(-\infty,+\infty)$
奇偶性	奇函数	偶函数	奇函数	奇函数
周期性	$T=2\pi$	$T=2\pi$	$T=\pi$	$T=\pi$

三角函数				
函数	$y=\sin x$（正弦函数）	$y=\cos x$（余弦函数）	$y=\tan x$（正切函数）	$y=\cot x$（余切函数）
单调性 $\left(0,\dfrac{\pi}{2}\right)$	单调递增	单调递减	单调递增	单调递减
$\left(\dfrac{\pi}{2},\pi\right)$	单调递减	单调递减	单调递增	单调递减
$\left(\pi,\dfrac{3\pi}{2}\right)$	单调递减	单调递增	单调递增	单调递减
$\left(\dfrac{3\pi}{2},2\pi\right)$	单调递增	单调递增	单调递增	单调递减

反三角函数				
函 数	$y=\arcsin x$（反正弦函数）	$y=\arccos x$（反余弦函数）	$y=\arctan x$（反正切函数）	$y=\text{arccot} x$（反余切函数）
图像				
定义域	$[-1,1]$	$[-1,1]$	$(-\infty,+\infty)$	$(-\infty,+\infty)$
值域	$\left[-\dfrac{\pi}{2},\dfrac{\pi}{2}\right]$	$[0,\pi]$	$\left(-\dfrac{\pi}{2},\dfrac{\pi}{2}\right)$	$(0,\pi)$
单调性	单调递增	单调递减	单调递增	单调递减
$f(-x)$	$\arcsin(-x)=-\arcsin x$	$\arccos(-x)=\pi-\arccos x$	$\arctan(-x)=-\arctan x$	$\text{arccot}(-x)=\pi-\text{arccot} x$

因后面学习的需要，我们再介绍三角函数中的另两个函数.

$$y=\sec x,\quad (D=\{x\,|\,x\neq k\pi+\dfrac{\pi}{2},k\in\mathbf{Z}\}).$$

$$y=\csc x,\quad (D=\{x\,|\,x\neq k\pi,k\in\mathbf{Z}\}).$$

其中，$\sec x=\dfrac{1}{\cos x}$，$\csc x=\dfrac{1}{\sin x}$．

2. 简单函数

为了讨论问题方便，我们将由基本初等函数与常数经过有限次的四则运算得到的关系式称为简单函数. 如 $y=x^2+1,y=x-\tan x,y=x(1-\ln x)$ 和 $y=\dfrac{x(1-\ln x)}{2x+5}$ 等.

3. 复合函数

若 $y = f(u)$，$u = \varphi(x)$，当 $\varphi(x)$ 的值域落在 $f(u)$ 的定义域内时，称 $y = f[\varphi(x)]$ 是由中间变量 u 复合成的复合函数.

例 2　$y = \sqrt{u}$，$u = 2 + \sin x$ 可复合成 $y = \sqrt{2 + \sin x}$.

注意：$y = \sqrt{u}$，$u = \sin x - 2$ 就不能复合.

例 3　$y = \arctan 2^{\sqrt{x}}$ 可以看做是 $y = \arctan u$，$u = 2^v$，$v = \sqrt{x}$ 复合成的复合函数.

例 4　将下列复合函数分解成基本初等函数或简单函数.

(1) $y = \sin^2 \dfrac{1}{\sqrt{x^2 + 1}}$；

(2) $y = \ln(\tan e^{x^2 + 2\sin x})$.

解　(1) 最外层是二次乘方，即幂函数 $y = u^2$；次外层是正弦函数，即 $u = \sin v$；从外向里第三层是幂函数，即 $v = w^{-\frac{1}{2}}$；最里层是多项式或简单函数，即 $w = x^2 + 1$. 所以，分解得 $y = u^2$，$u = \sin v$，$v = w^{-\frac{1}{2}}$，$w = x^2 + 1$.

(2) 最外层是对数函数，即 $y = \ln u$；次外层是正切函数，即 $u = \tan v$；从外向里第三层是指数函数，即 $v = e^w$；最里层是简单函数，即 $w = x^2 + 2\sin x$. 所以，分解结果是 $y = \ln u$，$u = \tan v$，$v = e^w$，$w = x^2 + 2\sin x$.

正确地分解复合函数对我们解决后面复合函数求导以及积分有重要作用.

4. 初等函数

通常把由基本初等函数和常数经过有限次四则运算或有限次复合步骤所构成的并用一个解析式表达的函数，称为初等函数.

例如，$y = \ln(\sin x + 4)$，$y = e^{2x}\sin(3x + 1)$，$y = \sqrt[3]{\sin x}$，… 都是初等函数. 初等函数虽然是常见的重要函数，但是在工程技术中，非初等函数也会经常遇到. 例如符号函数，取整函数 $y = [x]$ 等分段函数就是非初等函数.

初等函数是常见的函数，它是微积分研究的主要对象. 在微积分的运算中，常常需要把一个初等函数分解成基本初等函数来研究，学会分析初等函数的结构对我们解决问题十分重要.

六、建立函数关系举例

运用数学工具去解决实际问题，往往需要找出问题中变量之间的函数关系，然后对它加以研究. 而函数关系的建立并无一定的法则可循，只能根据具体问题作具体分析和处理.

下面我们通过几个实例来了解建立函数关系的过程，这也是培养我们综合运用知识以及分析问题和解决问题能力的不可缺少的基本训练之一.

例 5　一球的半径为 R，作外切于球的圆锥(如图 $1-3$ 所示)，试将圆锥的体积表示为圆锥高 h 的函数.

解　设圆锥的体积为 V，底半径为 r，则从立体几何知识可知

$$V = \frac{1}{3}\pi r^2 h.$$

现在要把 r 用 h 表示出来. 由图可知 $Rt\triangle SBC \backsim Rt\triangle SOA$，且 $SB = \sqrt{h^2 + r^2}$，$SO = h - R$，故得

$$\frac{\sqrt{h^2 + r^2}}{h - R} = \frac{r}{R},$$

即

$$r^2 = \frac{R^2 h}{h - 2R}.$$

以此代入得

$$V = \frac{\pi R^2 h^2}{3(h - 2R)}, \quad 2R < h < +\infty.$$

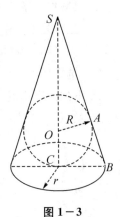

图 1－3

这就是所求的函数.

例6　某工厂生产某产品年产量为若干台，每台售价为 300 元，当年产量超过 600 台时，超过部分只能打 8 折出售，这样可出售 200 台，如果再多生产，则本年就销售不出去了. 试写出本年的收益函数模型.

解　设某产品年产量为 x 台，收益函数为 $y(x)$. 因为产量超过 600 台时，售价要打 8 折，而超过 800 台时，多余部分本年销售不出去，从而没有效益，因此，把产量划分为三个阶段来考虑收益. 根据题意，有

$$y(x) = \begin{cases} 300x, & 0 \leqslant x \leqslant 600, \\ 300 \times 600 + 0.8 \times 300(x - 600), & 600 < x \leqslant 800, \\ 300 \times 600 + 0.8 \times 300 \times 200, & x > 800. \end{cases}$$

即收益函数模型为

$$y(x) = \begin{cases} 300x, & 0 \leqslant x \leqslant 600, \\ 180000 + 240(x - 600), & 600 < x \leqslant 800, \\ 228000, & x > 800. \end{cases}$$

习题 §1－1

一、判断题

1. $y = \sqrt{x^2}$ 与 $y = x$ 相同. 　　　　　（　　）

2. $y = (2^x + 2^{-x})\ln(x + \sqrt{1 + x^2})$ 是奇函数. 　　　　　（　　）

3. 凡是分段表示的函数都不是初等函数. 　　　　　（　　）

4. $y = x^2 (x > 0)$ 是偶函数. 　　　　　（　　）

5. 两个单调增函数之和仍为单调增函数. 　　　　　（　　）

6. 实数域上的周期函数的周期有无穷多个. （　　）

7. 复合函数 $y = f[g(x)]$ 的定义域即为 $g(x)$ 的定义域. （　　）

8. $y = f(x)$ 在 (a, b) 内处处有定义，则 $y = f(x)$ 在 (a, b) 内一定有界. （　　）

二、选择题

1. 下列函数中既是奇函数又是单调增加的函数是（　　）.

    A. $y = \sin^3 x$ B. $y = x^3 + 1$

    C. $y = x^3 + x$ D. $y = x^3 - 1$

2. 设 $f(x) = 4x^2 + bx + 5$，若 $f(x+1) - f(x) = 8x + 3$，则 b 应为（　　）.

    A. 1   B. -1

    C. 2   D. -2

3. $f(x) = \sin(x^2 - x)$ 是（　　）.

    A. 有界函数   B. 周期函数

    C. 奇函数   D. 偶函数

三、计算下列各题

1. 求 $y = \sqrt{3-x} + \arcsin\dfrac{3-2x}{5}$ 的定义域.

2. 已知 $f[\varphi(x)] = 1 + \cos x$，$\varphi(x) = \sin\dfrac{x}{2}$，求 $f(x)$.

3. 设 $f(x) = x^2$，$g(x) = e^x$，求 $f[g(x)]$，$g[f(x)]$，$f[f(x)]$，$g[g(x)]$.

4. 设 $\varphi(x) = \begin{cases} |x|, & |x| < 1, \\ 0, & |x| \geqslant 1. \end{cases}$ 求 $\varphi\left(\dfrac{1}{5}\right)$，$\varphi\left(-\dfrac{1}{2}\right)$，$\varphi(-2)$，并作出函数 $y = \varphi(x)$ 的图形.

四、指出下列函数的复合过程

1. $y = \sqrt{x^2 - 3x - 2}$.   2. $y = e^{\sin(x+3)}$.   3. $y = \ln(2 + \tan^2 x)$.

五、 某种产品每台售价 90 元，成本为 60 元，厂家为鼓励销售商大量采购，决定凡是订购量超过 100 台以上的，多出的产品实行降价，其中降价比例为每多出 100 台降价 1 元 / 台，但最低售价为 75 元 / 台.

1. 把每台的实际售价 p 表示为订购量 x 的函数.

2. 把利润 L 表示为订购量 x 的函数.

3. 当一商场订购 1000 台时，厂家可获利多少？

§1－2　极限的概念

本节我们将研究函数在自变量按某种方式变化的过程中，因变量随之而变的变化趋势，从而引出极限的概念. 我们先阐明整标函数，即数列的极限概念，再比照数列极限，讲述函数极限及其性质. 然后在此基础上讨论函数的连续性.

一、数列极限的描述性定义

引例　考察下列数列在无穷项后的变化情况(见图 $1-4$):

(1) 1, $\dfrac{1}{2}$, $\dfrac{1}{3}$, $\dfrac{1}{4}$, $\cdots$, $\dfrac{1}{n}$, $\cdots$;

(2) 1, $-\dfrac{1}{2}$, $\dfrac{1}{3}$, $-\dfrac{1}{4}$, $\cdots$, $(-1)^{n+1}\dfrac{1}{n}$, $\cdots$;

(3) 1, 2, 3, $\cdots$, n, $\cdots$;

(4) 1, 0, 1, 0, $\cdots$, $\dfrac{1+(-1)^{n+1}}{2}$, $\cdots$.

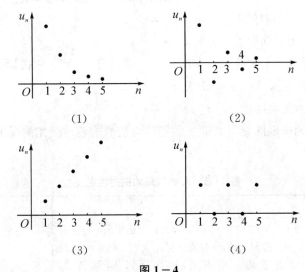

图 $1-4$

由图 $1-4$ 不难得出,数列 1, $\dfrac{1}{2}$, $\dfrac{1}{3}$, $\dfrac{1}{4}$, $\cdots$, $\dfrac{1}{n}$, $\cdots$ 的无穷项后大于零且无限接近于零;数列 1, $-\dfrac{1}{2}$, $\dfrac{1}{3}$, $-\dfrac{1}{4}$, $\cdots$, $(-1)^{n+1}\dfrac{1}{n}$, $\cdots$ 的无穷项后,大于零和小于零交替地无限接近于零;而数列(3)、(4)的无穷项后就没有一个确定的常数无限接近,其中数列(3)的项越来越大而没有一个确定的常数无限接近,数列(4)取值 0 或 1,也没有无限接近一个确定的常数. 由此,引出数列极限的描述性定义,见表 $1-2$.

表 $1-2$　数列极限的描述性定义

	描述性定义	极限记号
数列 $\{u_n\}$ 的极限	对于数列 $\{u_n\}$,若当自然数 n 无限增大时,通项 u_n 无限接近于某个确定的常数 A,则称 A 为当 n 趋于无穷时数列 $\{u_n\}$ 的极限	$\lim\limits_{n\to\infty}u_n=A$ 或 $u_n\to A(n\to\infty)$
	若常数 A 不存在,数列 $\{u_n\}$ 的极限不存在	$\lim\limits_{n\to\infty}u_n$ 不存在

引例中的数列(1)的极限表示为 $\lim\limits_{n\to\infty}\dfrac{1}{n}=0$；数列(2)的极限也存在，记为

$\lim\limits_{n\to\infty}(-1)^{n+1}\dfrac{1}{n}=0$；而数列(3)和(4)的极限均不存在.

二、函数极限的描述性定义

数列为一整标函数 $u_n=f(n)$，其自变量的取值变化只有一种变化，即 $n\to\infty$. 函数 $y=f(x)$ 的自变量的变化情况有六种.

函数 $y=f(x)$ 的自变量可能的变化如下：

(1) x 的绝对值无限增大，即 x 沿 x 轴的方向和反方向取值，记为 $x\to\infty$；

(2) x 沿 x 轴的方向取值，记为 $x\to+\infty$；

(3) x 沿 x 轴的反方向取值，记为 $x\to-\infty$；

(4) x 无限接近于一个常数 x_0，即 x 大于 x_0 和小于 x_0 而无限接近 x_0，记为 $x\to x_0$；

(5) x 大于 x_0 而无限接近 x_0，记为 $x\to x_0^+$；

(6) x 小于 x_0 而无限接近 x_0，记为 $x\to x_0^-$.

函数极限与数列极限的意义类似. 我们将自变量的各种变化情况下函数极限的描述性定义列于表 1-3.

表 1-3　函数极限的描述性定义

类型	描述性定义	极限记号
$x\to\infty$ 时函数 $f(x)$ 的极限	设函数 $y=f(x)$ 在 $\lvert x\rvert>b$（b 为某个正实数）时有定义，如果当自变量 x 的绝对值无限增大时，相应的函数值无限接近于某一个固定的常数 A，则称 A 为 $x\to\infty$（读作"x 趋于无穷"）时函数 $f(x)$ 的极限	$\lim\limits_{x\to\infty}f(x)=A$ 或 $f(x)\to A(x\to\infty)$
$x\to+\infty$ 时函数 $f(x)$ 的极限	设函数 $y=f(x)$ 在 $(a,+\infty)$（a 为某个实数）内有定义，如果当自变量 x 无限增大时，相应的函数值 $f(x)$ 无限接近于某一个固定的常数 A，则称 A 为 $x\to+\infty$（读作"x 趋于正无穷"）时函数 $f(x)$ 的极限	$\lim\limits_{x\to+\infty}f(x)=A$ 或 $f(x)\to A(x\to+\infty)$
$x\to-\infty$ 时函数 $f(x)$ 的极限	设函数 $y=f(x)$ 在 $(-\infty,a)$（a 为某个实数）内有定义，如果当自变量 $\lvert x\rvert$ 无限增大且 $x<0$ 时，相应的函数值 $f(x)$ 无限接近于某一个固定的常数 A，则称 A 为 $x\to-\infty$（读作"x 趋于负无穷"）时函数 $f(x)$ 的极限	$\lim\limits_{x\to-\infty}f(x)=A$ 或 $f(x)\to A(x\to-\infty)$
$x\to x_0$ 时函数 $f(x)$ 的极限	设函数 $y=f(x)$ 在点 x_0 的邻近小区间（其中 $x\ne x_0$）内有定义，如果当自变量 x 在小区间内无限接近于 x_0 时，相应的函数值 $f(x)$ 无限接近于某一个固定的常数 A，则称 A 为当 $x\to x_0$（读作"x 趋近于 x_0"）时函数 $f(x)$ 的极限	$\lim\limits_{x\to x_0}f(x)=A$ 或 $f(x)\to A(x\to x_0)$

续表1-3

类型	描述性定义	极限记号
$x \to x_0^-$ 时函数 $f(x)$ 的极限	设函数 $y = f(x)$ 在点 x_0 的左邻小区间内有定义,如果当自变量 x 在左邻小区间内从 x_0 左侧无限接近于 x_0 时,相应的函数值 $f(x)$ 无限接近于某个固定的常数 A,则称 A 为当 x 趋近于 x_0 时函数 $f(x)$ 的左极限	$\lim\limits_{x \to x_0^-} f(x) = A$ 或 $f(x) \to A (x \to x_0^-)$ 或 $f(x_0 - 0) = A$
$x \to x_0^+$ 时函数 $f(x)$ 的极限	设函数 $y = f(x)$ 在点 x_0 的右邻小区间内有定义,如果当自变量 x 在右邻小区间内从 x_0 右侧无限接近于 x_0 时,相应的函数值 $f(x)$ 无限接近于某个固定的常数 A,则称 A 为当 x 趋近于 x_0 时函数 $f(x)$ 的右极限	$\lim\limits_{x \to x_0^+} f(x) = A$ 或 $f(x) \to A (x \to x_0^+)$ 或 $f(x_0 + 0) = A$

　　由表1-2和表1-3中所有极限概念的共同特点可知,当自变量 x 在某种变化时,y 无限趋于一个确定的常数 A(简单来说,就是两个无限逼近和一个常数). 否则,若这一个确定的常数 A 不存在,称该函数在自变量的这种变化下的极限不存在.

　　例 1　考察极限 $\lim\limits_{x \to \infty} e^x$.

　　解　由指数函数 $y = e^x$ 的图像(如图 1-5 所示)知 $\lim\limits_{x \to -\infty} e^x = 0$,而 $\lim\limits_{x \to +\infty} e^x = +\infty$(极限不存在).

　　因而,$\lim\limits_{x \to \infty} e^x$ 不存在.

　　例 2　考察极限 $\lim\limits_{x \to \infty} \arctan x$.

　　解　观察反正切函数 $y = \arctan x$ 的图像(如图 1-6

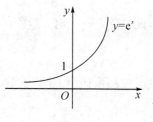

图 1-5

所示),知 $\lim\limits_{x \to -\infty} \arctan x = -\dfrac{\pi}{2}$,$\lim\limits_{x \to +\infty} \arctan x = \dfrac{\pi}{2}$.

　　但当 $x \to \infty$ 时,函数没有一个确定的常数无限接近,所以当 $x \to \infty$ 时,函数极限不存在.

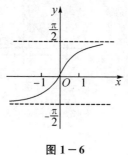

图 1-6

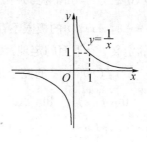

图 1-7

　　例 3　考察极限 $\lim\limits_{x \to \infty} \dfrac{1}{x}$.

　　解　由函数 $y = \dfrac{1}{x}$ 的图像(如图 1-7 所示),容易得出 $\lim\limits_{x \to -\infty} \dfrac{1}{x} = 0$,而且 $\lim\limits_{x \to +\infty} \dfrac{1}{x} = 0$. 故 $\lim\limits_{x \to \infty} \dfrac{1}{x} = 0$.

由极限的定义,有下面的定理:

定理 1 $\lim\limits_{x\to\infty}f(x)=A$ 的充分必要条件为

$$\lim\limits_{x\to+\infty}f(x)=\lim\limits_{x\to-\infty}f(x)=A.$$

例 4   讨论下列极限:

(1)$f(x)=\dfrac{x^2-1}{x-1}$,$x\to1$;

(2)$f(x)=C$,$x\to x_0$,C 为常数.

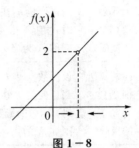

图 1-8

解   (1)$x=1$ 时,函数 $f(x)$ 无定义(如图 1-8 所示).

当 $x\neq1$ 时,$f(x)=x+1$.

由图像,有

$$\lim\limits_{x\to1^-}f(x)=\lim\limits_{x\to1^-}\dfrac{x^2-1}{x-1}=2,$$

$$\lim\limits_{x\to1^+}f(x)=\lim\limits_{x\to1^+}\dfrac{x^2-1}{x-1}=2.$$

因此,当 $x\to1$ 时,函数 $x+1$ 无限接近于 2,即

$$\lim\limits_{x\to1}f(x)=\dfrac{x^2-1}{x-1}=2.$$

(2) 由于 $f(x)$ 为常数,对自变量的任意种变化,均有 $f(x)=C$,因此

$$\lim\limits_{x\to x_0}C=C.$$

例 5   讨论函数 $f(x)=\begin{cases}x+1, & x\leqslant0,\\ x^2, & x>0,\end{cases}$ 当 $x\to0$ 时的极限.

解   由分段函数的图像(如图 1-9 所示)可知

$$f(0-0)=\lim\limits_{x\to0^-}f(x)=\lim\limits_{x\to0^-}(x+1)=1,$$

$$f(0+0)=\lim\limits_{x\to0^+}f(x)=\lim\limits_{x\to0^+}x^2=0.$$

因此,当 $x\to0$ 时,$f(x)$ 的极限不存在.

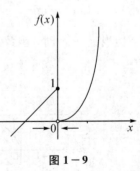

图 1-9

由函数的定义,有下面的定理:

定理 2 $\lim\limits_{x\to x_0}f(x)=A$ 的充分必要条件为

$$\lim\limits_{x\to x_0^-}f(x)=\lim\limits_{x\to x_0^+}f(x)=A.$$

归纳出以下常用极限:

$$\lim\limits_{x\to x_0}x=x_0,$$

$$\lim\limits_{x\to x_0}C=C,\ \lim\limits_{x\to\infty}C=C,$$

$$\lim\limits_{x\to\infty}\dfrac{1}{x}=0.$$

三、无穷小量与无穷大量

在讨论无穷小量与无穷大量的概念及其相关性质时，均以 $x \to x_0$ 的极限变化过程为例. 其他极限变化过程有完全类似的结论.

1. 无穷小量

在自变量的某个变化过程中，以零为极限的变量称为该极限过程中的无穷小量，简称无穷小. 例如，如果 $\lim\limits_{x \to x_0} f(x) = 0$，则称当 $x \to x_0$ 时，$f(x)$ 是无穷小量.

注意：一般来说，无穷小表达的是变量的变化状态，而不是变量的大小，一个常量无论多么小，都不能是无穷小量，数零是唯一可作为无穷小的常数.

2. 无穷小量的运算

定理（无穷小量的性质）　　在自变量的同一变化下，

① 有限个无穷小量的代数和是无穷小量；

② 有限个无穷小量的乘积是无穷小量；

③ 无穷小量与有界函数的乘积是无穷小量；

④ 常数与无穷小量的乘积是无穷小量.

3. 无穷大量

在自变量的某个变化过程中，绝对值可以无限增大的变量称为这个变化过程中的无穷大量，简称无穷大.

需注意的是，无穷大量是极限不存在的一种情形，我们借用极限的记号 $\lim\limits_{x \to x_0} f(x) = \infty$，表示"当 $x \to x_0$ 时，$f(x)$ 是无穷大量"；任何一个无论多么大的常量，都不是无穷大量.

4. 无穷小量与无穷大量的关系

在自变量的某个变化过程中，无穷大量的倒数是无穷小量，非零无穷小量的倒数是无穷大量.

习题 §1－2

一、判断题

1. 在数列 $\{a_n\}$ 中任意去掉或增加有限项，不影响 $\{a_n\}$ 的极限.　　　　（　　　）

2. 若数列 $\{a_n b_n\}$ 的极限存在，则 $\{a_n\}$ 的极限必存在.　　　　　　（　　　）

3. 若 $\lim\limits_{n \to \infty}(u_n \cdot v_n) = 0$，则必有 $\lim\limits_{n \to \infty} u_n = 0$ 或 $\lim\limits_{n \to \infty} v_n = 0$.　　（　　　）

4. 若 $\lim\limits_{x \to x_0} f(x) = A$，则 $f(x_0) = A$.　　　　　　　　　　（　　　）

5. 已知 $f(x_0)$ 不存在，但 $\lim\limits_{x \to x_0} f(x)$ 有可能存在.　　　　　　（　　　）

6.若 $f(x_0 + 0)$ 与 $f(x_0 - 0)$ 都存在,则 $\lim\limits_{x \to x_0} f(x)$ 必存在. （　　）

7. $\lim\limits_{x \to \infty} \arctan x = \dfrac{\pi}{2}$. （　　）

8. $\lim\limits_{x \to \infty} e^x = 0$. （　　）

二、填空题

1. $\lim\limits_{n \to \infty} (\sqrt{n+1} - \sqrt{n}) = \underline{\hspace{2cm}}$.

2. $\lim\limits_{n \to \infty} \dfrac{\sin \dfrac{n\pi}{2}}{n} = \underline{\hspace{3cm}}$.

3. $\lim\limits_{n \to \infty} \left[4 + \dfrac{(-1)^n}{n^2} \right] = \underline{\hspace{3cm}}$.

4. $\lim\limits_{n \to \infty} \dfrac{1}{3^n} = \underline{\hspace{2.5cm}}$.

5. $\lim\limits_{x \to \infty} \cos x = \underline{\hspace{2.5cm}}$.

6. $\lim\limits_{x \to \infty} \dfrac{1}{1 + x^2} = \underline{\hspace{2.5cm}}$.

7. 设 $f(x) = \begin{cases} e^x, & x \leqslant 0, \\ ax + b, & x > 0, \end{cases}$ 则 $f(0 + 0) = \underline{\hspace{2cm}}$, $f(0 - 0) = \underline{\hspace{2cm}}$, 当 $b = \underline{\hspace{1.5cm}}$ 时, $\lim\limits_{x \to 0} f(x) = 1$.

三、选择题

1.已知下列四数列:

①$x_n = 2$; ②$x_n = \dfrac{2}{3n+1}$; ③ $x_n = (-1)^{n+1} \dfrac{2}{3n+1}$; ④$x_n = (-1)^{n+1} \dfrac{3n-1}{3n+1}$.

则其中极限存在的数列为(　　).

A. ①　　　　　　　　　　　　B. ①②

C. ①④　　　　　　　　　　　D. ①②③

2.已知下列四数列:

①$1, -1, 1, -1, \cdots, (-1)^{n+1}, \cdots$;

②$0, \dfrac{1}{2}, 0, \dfrac{1}{2^2}, 0, \dfrac{1}{2^3}, \cdots, 0, \dfrac{1}{2^n}, \cdots$;

③ $\dfrac{1}{2}, \dfrac{3}{2}, \dfrac{1}{3}, \dfrac{4}{3}, \cdots, \dfrac{1}{n+1}, \dfrac{n+2}{n+1}, \cdots$;

④$1, 2, \cdots, n, \cdots$.

则其中极限不存在的数列为(　　).

A. ①　　　　　　　　　　　　B. ①④

C. ①③④　　　　　　　　　　D. ②④

3.从 $\lim\limits_{x \to x_0} f(x) = 1$ 不能推出(　　).

A. $\lim\limits_{x \to x_0} f(x) = 1$

B. $f(x_0 + 0) = 1$

C. $f(x_0) = 1$

D. $\lim\limits_{x \to x_0} [f(x) - 1] = 0$

4. 设 $f(x) = \begin{cases} |x| + 1, & x \neq 0, \\ 2, & x = 0, \end{cases}$ 则极限 $\lim\limits_{x \to 0} f(x)$ 值为（　　）.

A. 0

B. 1

C. 2

D. 不存在

四、设函数 $f(x) = \begin{cases} x, & x < 3, \\ 0, & x = 3, \\ x^2, & x > 3. \end{cases}$ 试画出 $f(x)$ 的图形，并求极限 $\lim\limits_{x \to 3^-} f(x)$

和 $\lim\limits_{x \to 3^+} f(x)$.

五、设 $f(x) = \dfrac{\sqrt{x^2}}{x}$，回答下列问题：

1. 函数 $f(x)$ 在 $x = 0$ 处的左、右极限是否存在?

2. 函数 $f(x)$ 在 $x = 0$ 处是否有极限?为什么?

3. 函数 $f(x)$ 在 $x = 1$ 处是否有极限?为什么?

§1-3　极限运算

一、极限的四则运算法则

在 $\lim f(x) = A$ 和 $\lim g(x) = B$ 都存在的情况下，有如下运算法则成立：

(1) $\lim [f(x) \pm g(x)] = \lim f(x) \pm \lim g(x) = A \pm B$；

(2) $\lim Cf(x) = C \lim f(x) = CA$（$C$ 为常数）；

(3) $\lim f(x)g(x) = \lim f(x) \cdot \lim g(x) = AB$；

(4) $\lim \dfrac{f(x)}{g(x)} = \dfrac{\lim f(x)}{\lim g(x)} = \dfrac{A}{B}$（$B \neq 0$）.

法则(1)和法则(3)可以推广到具有极限的有限个函数的情形.

特别地，若 n 为正整数，则有

$$\lim [f(x)]^n = [\lim f(x)]^n = A^n.$$

注意：法则中我们省略了极限符号下自变量的变化过程. 事实上，对于极限的 6 种定义中自变量的变化过程，法则均成立.

极限的运算法则在使用过程中应注意相关函数的极限需存在，同时除法法则还应注意分母的极限不能为零.

二、求极限的常用方法

1. 代入法

若 $f(x_0)$ 存在，直接将 $x \to x_0$ 以 $x = x_0$ 代入所求极限的函数中去，即为其极限.

例 1　求 $\lim\limits_{x \to 2}(2x^2 - 3x + 2)$.

解　$\lim\limits_{x \to 2}(2x^2 - 3x + 2) = \lim\limits_{x \to 2}2x^2 - \lim\limits_{x \to 2}3x + \lim\limits_{x \to 2}2 = 2\lim\limits_{x \to 2}x^2 - 3\lim\limits_{x \to 2}x + 2$

$$= 2 \times 2^2 - 3 \times 2 + 2 = 4 = f(2).$$

例 2　求 $\lim\limits_{x \to 1}\dfrac{2x^5 - 3x^4 + 2x + 1}{3x^3 + 2x + 4}$.

解　$\lim\limits_{x \to 1}\dfrac{2x^5 - 3x^4 + 2x + 1}{3x^3 + 2x + 4} = \dfrac{\lim\limits_{x \to 1}(2x^5 - 3x^4 + 2x + 1)}{\lim\limits_{x \to 1}(3x^3 + 2x + 4)} = \dfrac{2}{9} = f(1).$

若 $f(x_0)$ 不存在，我们先判断属于哪种情况，便于我们选择不同的方法.

2. 利用无穷小与无穷大的关系法

例 3　求 $\lim\limits_{x \to 3}\dfrac{x^2 + 9}{x - 3}$.

解　由于 $\lim\limits_{x \to 3}(x - 3) = 0$，不能直接运用法则(4). 但 $\lim\limits_{x \to 3}(x^2 + 9) = 18 \neq 0$，所以有

$$\lim\limits_{x \to 3}\dfrac{x - 3}{x^2 + 9} = \dfrac{\lim\limits_{x \to 3}(x - 3)}{\lim\limits_{x \to 3}(x^2 + 9)} = \dfrac{0}{18} = 0.$$

根据无穷大与无穷小的关系知

$$\lim\limits_{x \to 3}\dfrac{x^2 + 9}{x - 3} = \infty.$$

3. 分解因式，约去零因子法

例 4　求 $\lim\limits_{x \to 3}\dfrac{x^2 - 9}{x - 3}$.

解　由于 $\lim\limits_{x \to 3}(x - 3) = 0$，不能直接运用法则(4)，而且 $\lim\limits_{x \to 3}(x^2 - 9) = 0$.

在 $x \to 3$ 时，$x \neq 3$，因此有

$$\lim\limits_{x \to 3}\dfrac{x^2 - 9}{x - 3} = \lim\limits_{x \to 3}(x + 3) = 6.$$

这种分子和分母极限均为零的极限，称为“$\dfrac{0}{0}$”型未定式，在极限状态下，我们可以用约去使极限为零的因子的方法来求解. 注意，当 $x \to x_0$ 时，使极限为零的因子为 $x - x_0$.

4. 分子(分母)有理化法

例 5　求 $\lim\limits_{x \to 2}\dfrac{\sqrt{x^2 + 5} - 3}{\sqrt{2x + 1} - \sqrt{5}}$.

解　$\lim\limits_{x \to 2}\dfrac{\sqrt{x^2 + 5} - 3}{\sqrt{2x + 1} - \sqrt{5}} = \lim\limits_{x \to 2}\dfrac{(\sqrt{x^2 + 5} - 3)(\sqrt{x^2 + 5} + 3)(\sqrt{2x + 1} + \sqrt{5})}{(\sqrt{2x + 1} - \sqrt{5})(\sqrt{2x + 1} + \sqrt{5})(\sqrt{x^2 + 5} + 3)}$

$$= \lim_{x \to 2} \frac{x^2 - 4}{2x - 4} \frac{\sqrt{2x+1} + \sqrt{5}}{\sqrt{x^2+5} + 3}$$

$$= \lim_{x \to 2} \frac{(x+2)(x-2)}{2(x-2)} \frac{\sqrt{2x+1} + \sqrt{5}}{\sqrt{x^2+5} + 3} = \frac{2\sqrt{5}}{3}.$$

例 6 求 $\lim\limits_{x \to +\infty} (\sqrt{x^2 + 1} - x)$.

解 $\lim\limits_{x \to +\infty} (\sqrt{x^2 + 1} - x) = \lim\limits_{x \to +\infty} \frac{1}{\sqrt{x^2+1} + x} = 0$.

5. 化无穷大为无穷小法(无穷小量分出法)

例 7 求 $\lim\limits_{x \to \infty} \frac{3x^2 + x - 7}{2x^2 - x + 4}$.

解 $\lim\limits_{x \to \infty} \frac{3x^2 + x - 7}{2x^2 - x + 4} = \lim\limits_{x \to \infty} \frac{3 + \dfrac{1}{x} - \dfrac{7}{x^2}}{2 - \dfrac{1}{x} + \dfrac{4}{x^2}} = \frac{3}{2}$,实际上就是分子分母同时除以 x^2 这

个无穷大量.

由此不难得出

$$\lim_{x \to \infty} \frac{a_0 x^m + a_1 x^{m-1} + \cdots + a_m}{b_0 x^n + b_1 x^{n-1} + \cdots + b_n} = \begin{cases} \dfrac{a_0}{b_0}, & n = m, \\ 0, & n > m, \\ \infty, & n < m. \end{cases}$$

同理,$\lim\limits_{x \to +\infty} \dfrac{\sqrt{x + \sqrt{x}}}{\sqrt{x + 2}} = \lim\limits_{x \to +\infty} \dfrac{\sqrt{1 + \sqrt{\dfrac{1}{x}}}}{\sqrt{1 + \dfrac{2}{x}}} = 1$(分子分母同除 $\sqrt{x}$).

$$\lim_{n \to \infty} \frac{2^n - 5^n}{3^n + 5^n} = \lim_{n \to \infty} \frac{\left(\dfrac{2}{5}\right)^n - 1}{\left(\dfrac{3}{5}\right)^n + 1} = -1 \text{(分子分母同除 } 5^n\text{)}.$$

6. 利用无穷小的性质法

例 8 求 $\lim\limits_{x \to \infty} \dfrac{\sin x}{x}$.

解 由于当 $x \to \infty$ 时,$\sin x$ 的变化一直在 -1 到 1 之间摆动,没有无限地接近一个确定的常数,因此 $\lim\limits_{x \to \infty} \sin x$ 不存在,不能运用极限的四则运算.

由于 $\lim\limits_{x \to \infty} \dfrac{1}{x} = 0$,且 $|\sin x| \leqslant 1$,由无穷小性质(3),得

$$\lim_{x \to \infty} \frac{\sin x}{x} = 0.$$

例 9 求 $\lim\limits_{x \to \infty} \dfrac{x \arctan(x+1)}{3x^2 + x + 1}$.

解   由于 $\lim\limits_{x\to\infty}\arctan(x+1)$ 不存在,此极限不能运用极限的四则运算.

将 $\lim\limits_{x\to\infty}\dfrac{x}{3x^2+x+1}=0$ 的分子、分母同除以 x^2,得 $\lim\limits_{x\to\infty}\dfrac{\dfrac{1}{x}}{3+\dfrac{1}{x}+\dfrac{1}{x^2}}=0$,且

$|\arctan(x+1)|<\dfrac{\pi}{2}$,由无穷小性质(3),得

$$\lim_{x\to\infty}\frac{x\arctan(x+1)}{3x^2+x+1}=0.$$

三、无穷小量的比较

无穷小量为无限趋近于零的一个变量,但无穷小趋近于零的速度是不同的,如当 $x\to 0$ 时,$2x$,x^2,x^3 均为无穷小,显然,当 $x\to 0$ 时,$2x$,x^2,x^3 趋近于零的快慢程度是有差异的. 无穷小量的比较就是比较不同无穷小趋于零的速度快慢. 若趋于零的速度更快,我们称之为高阶无穷小;若趋于零的速度大致相仿,我们称之为同阶无穷小. 表 $1-4$ 给出了两个无穷小量之间的比较定义.

表 $1-4$ 无穷小量的比较

设在自变量的变化过程中,$\alpha(x)$ 与 $\beta(x)$ 均是无穷小量		
无穷小的比较	定 义	记 号
$\beta(x)$ 是比 $\alpha(x)$ 高阶的无穷小	$\lim\dfrac{\beta(x)}{\alpha(x)}=0$	$\beta(x)=o[\alpha(x)]$
$\beta(x)$ 与 $\alpha(x)$ 是同阶的无穷小	$\lim\dfrac{\beta(x)}{\alpha(x)}=C$($C$ 为不等于零的常数)	
$\alpha(x)$ 与 $\beta(x)$ 是等价无穷小	$\lim\dfrac{\beta(x)}{\alpha(x)}=1$	$\alpha(x)\sim\beta(x)$

定理 1   **极限与无穷小量的关系定理**

$\lim\limits_{x\to x_0}f(x)=A$ 的充分必要条件是 $f(x)=A+\alpha(x)$,其中 $\alpha(x)$ 是当 $x\to x_0$ 时的无穷小量.

定理 2   **无穷小的替换定理**

设当 $x\to x_0$ 时,$\alpha_1(x)\sim\alpha_2(x)$,$\beta_1(x)\sim\beta_2(x)$,$\lim\limits_{x\to x_0}\dfrac{\beta_2(x)}{\alpha_2(x)}$ 存在,则有

$$\lim_{x\to x_0}\frac{\beta_1(x)}{\alpha_1(x)}=\lim_{x\to x_0}\frac{\beta_2(x)}{\alpha_2(x)}.$$

例 10   比较下列无穷小:

(1) 当 $x\to 1$ 时,$\dfrac{1}{2}(1-x^2)$ 与 $1-x$;

(2) 当 $x\to 2$ 时,x^2-4x+4 与 $2-x$.

解　(1) $\lim\limits_{x\to 1}\dfrac{\dfrac{1}{2}(1-x^2)}{1-x}=\lim\limits_{x\to 1}\dfrac{x+1}{2}=1$，所以当 $x\to 1$ 时，$\dfrac{1}{2}(1-x)^2\sim 1-x$；

(2) $\lim\limits_{x\to 2}\dfrac{x^2-4x+4}{2-x}=\lim\limits_{x\to 2}\dfrac{(x-2)^2}{2-x}=\lim\limits_{x\to 2}(2-x)=0$，

所以当 $x\to 2$ 时，x^2-4x+4 是 $2-x$ 的高阶无穷小.

四、两个重要极限

利用极限的定义和极限的运算法则，可以解决不少初等函数求极限的问题，但仍有许多函数的极限仅用上述方法还是无法解决. 为此，我们讨论两个重要极限，然后利用这两个重要极限求解某些初等函数的极限.

1. $\lim\limits_{x\to 0}\dfrac{\sin x}{x}=1$

注意：此重要极限呈"$\dfrac{0}{0}$"型，其一般形式可写为

$$\lim_{f(x)\to 0}\frac{\sin f(x)}{f(x)}=1.$$

例 11　求 $\lim\limits_{x\to 0}\dfrac{\tan x}{x}$.

解　$\lim\limits_{x\to 0}\dfrac{\tan x}{x}=\lim\limits_{x\to 0}\left(\dfrac{\sin x}{x}\cdot\dfrac{1}{\cos x}\right)=\lim\limits_{x\to 0}\dfrac{\sin x}{x}\cdot\lim\limits_{x\to 0}\dfrac{1}{\cos x}=1\times 1=1.$

例 12　求 $\lim\limits_{x\to 0}\dfrac{\sin mx}{nx}$.

解　$\lim\limits_{x\to 0}\dfrac{\sin mx}{nx}=\lim\limits_{x\to 0}\left(\dfrac{\sin mx}{mx}\cdot\dfrac{m}{n}\right)=\dfrac{m}{n}\lim\limits_{x\to 0}\dfrac{\sin mx}{mx}=\dfrac{m}{n}.$

例 13　求 $\lim\limits_{x\to 0}\dfrac{1-\cos x}{x^2}$.

解　$\lim\limits_{x\to 0}\dfrac{1-\cos x}{x^2}=\lim\limits_{x\to 0}\dfrac{2\sin^2\dfrac{x}{2}}{x^2}=\dfrac{1}{2}\lim\limits_{x\to 0}\left(\dfrac{\sin\dfrac{x}{2}}{\dfrac{x}{2}}\right)^2=\dfrac{1}{2}\left(\lim\limits_{x\to 0}\dfrac{\sin\dfrac{x}{2}}{\dfrac{x}{2}}\right)^2=\dfrac{1}{2}.$

例 14　求 $\lim\limits_{x\to 0}\dfrac{\sin px}{\sin qx}$ $(q\neq 0)$.

解　根据定理 2（无穷小的替换定理）有

$$\lim_{x\to 0}\frac{\sin px}{\sin qx}=\lim_{x\to 0}\frac{px}{qx}=\lim_{x\to 0}\frac{p}{q}=\frac{p}{q}.$$

常用的等价无穷小：

当 $x\to 0$ 时，有 $\sin x\sim x$，$\tan x\sim x$，$(1-\cos x)\sim\dfrac{x^2}{2}$.

若 $k\neq 0$，当 $x\to 0$ 时，有 $\sin kx\sim kx$，$\tan kx\sim kx$，$(1-\cos kx)\sim\dfrac{k^2x^2}{2}$.

利用等价无穷小替换求极限，将给解题带来极大方便.例如：

$$\lim_{x \to 0} \frac{1 - \cos x}{x^2} = \lim_{x \to 0} \frac{\frac{x^2}{2}}{x^2} = \frac{1}{2}.$$

2. $\lim\limits_{x \to \infty}\left(1 + \dfrac{1}{x}\right)^x = \mathrm{e}$

数 $\mathrm{e} \approx 2.718\ 281\ 828\ 459\ 045\cdots$ 是一个无理数，是自然对数的底数，它在数学理论和实际问题应用中都有着重要的作用.这个重要极限的正确性可以利用单调有界原理证明，为了帮助读者理解，下面给出一个直观的说明.

当 $x \to \infty$ 时，函数 $f(x) = \left(1 + \dfrac{1}{x}\right)^x$ 值的变化情况见表 $1-5$.

表 $1-5$　函数 $f(x) = \left(1 + \dfrac{1}{x}\right)^x$ 值的变化情况

x	10^2	10^3	10^4	10^5	10^6	$\cdots \to +\infty$
$\left(1 + \dfrac{1}{x}\right)^x$	2.70481	2.71692	2.71815	2.71827	2.71828	$\cdots \to \mathrm{e}$
x	-10^2	-10^3	-10^4	-10^5	-10^6	$\cdots \to -\infty$
$\left(1 + \dfrac{1}{x}\right)^x$	2.73200	2.71964	2.71841	2.71830	2.71828	$\cdots \to \mathrm{e}$

从表 $1-5$ 不难看出，当 $x \to \infty$ 时，$f(x) = \left(1 + \dfrac{1}{x}\right)^x \to \mathrm{e}$，即

$$\lim_{x \to \infty}\left(1 + \frac{1}{x}\right)^x = \mathrm{e}.$$

令 $\dfrac{1}{x} = y$，当 $x \to \infty$ 时，$y \to 0$，公式还可以写为

$$\lim_{y \to 0}(1 + y)^{\frac{1}{y}} = \mathrm{e}.$$

注意：此重要极限的底数为"$1+$无穷小"的形式，指数为无穷大，且指数正好是底数中无穷小的倒数，记为"1^∞ 型"不定式，其一般形式可写为

$$\lim_{f(x) \to \infty}\left[1 + \frac{1}{f(x)}\right]^{f(x)} = \mathrm{e}$$

或

$$\lim_{f(x) \to 0}\left[1 + f(x)\right]^{\frac{1}{f(x)}} = \mathrm{e}.$$

例 15　求下列极限.

(1) $\lim\limits_{x \to \infty}\left(1 - \dfrac{1}{x}\right)^x$;　　　　(2) $\lim\limits_{x \to \infty}\left(1 + \dfrac{2}{x}\right)^x$.

解　(1) $\lim\limits_{x \to \infty}\left(1 - \dfrac{1}{x}\right)^x = \lim\limits_{x \to \infty}\left[\left(1 + \dfrac{1}{-x}\right)\right]^{(-x)(-1)} = \mathrm{e}^{-1} = \dfrac{1}{\mathrm{e}}$;

(2) $\lim\limits_{x\to\infty}\left(1+\dfrac{2}{x}\right)^{x}=\lim\limits_{x\to\infty}\left(1+\dfrac{1}{\dfrac{x}{2}}\right)^{\frac{x}{2}\cdot 2}=\mathrm{e}^{2}.$

例 16 求 $\lim\limits_{x\to\infty}\left(1-\dfrac{2}{x}\right)^{3x}.$

解 令 $-\dfrac{2}{x}=t$，则 $x=-\dfrac{2}{t}.$ 于是有

$$\lim_{x\to\infty}\left(1-\frac{2}{x}\right)^{3x}=\lim_{t\to 0}(1+t)^{3\cdot(-\frac{2}{t})}=\lim_{t\to 0}\big[(1+t)^{\frac{1}{t}}\big]^{-6}=\big[\lim_{t\to 0}(1+t)^{\frac{1}{t}}\big]^{-6}=\mathrm{e}^{-6}.$$

例 17 求 $\lim\limits_{x\to\infty}\left(\dfrac{x+1}{x-1}\right)^{x}.$

解 $\lim\limits_{x\to\infty}\left(\dfrac{x+1}{x-1}\right)^{x}=\lim\limits_{x\to\infty}\dfrac{\left(1+\dfrac{1}{x}\right)^{x}}{\left(1-\dfrac{1}{x}\right)^{x}}=\dfrac{\lim\limits_{x\to\infty}\left(1+\dfrac{1}{x}\right)^{x}}{\lim\limits_{x\to\infty}\left(1-\dfrac{1}{x}\right)^{x}}=\dfrac{\mathrm{e}}{\mathrm{e}^{-1}}=\mathrm{e}^{2}.$

习题 §1−3

一、判断题

1. 在某过程中，若 $f(x)$ 有极限，$g(x)$ 无极限，则 $f(x)+g(x)$ 无极限. （ ）

2. 在某过程中，若 $f(x)$，$g(x)$ 均无极限，则 $f(x)+g(x)$ 无极限. （ ）

3. 在某过程中，若 $f(x)$ 有极限，$g(x)$ 无极限，则 $f(x)\cdot g(x)$ 无极限. （ ）

4. 在某过程中，若 $f(x)$，$g(x)$ 均无极限，则 $f(x)\cdot g(x)$ 无极限. （ ）

5. 若 $\lim\limits_{x\to x_0}f(x)=A$，$\lim\limits_{x\to x_0}g(x)=0$，则 $\lim\limits_{x\to x_0}\dfrac{f(x)}{g(x)}$ 必不存在. （ ）

6. $\lim\limits_{n\to\infty}\dfrac{1+2+3+\cdots+n}{n^{2}}=\lim\limits_{n\to\infty}\dfrac{1}{n^{2}}+\lim\limits_{n\to\infty}\dfrac{2}{n^{2}}+\cdots+\lim\limits_{n\to\infty}\dfrac{n}{n^{2}}=0.$ （ ）

7. $\lim\limits_{x\to 0}x\sin\dfrac{1}{x}=\lim\limits_{x\to 0}x\ \lim\limits_{x\to 0}\sin\dfrac{1}{x}=0.$ （ ）

8. $\lim\limits_{x\to 0}(x^{2}-3x)=\lim\limits_{x\to 0}x^{2}-3\lim\limits_{x\to 0}x=0-0=0.$ （ ）

9. 若 $\lim\limits_{x\to x_0}\dfrac{f(x)}{g(x)}$ 存在，且 $\lim\limits_{x\to x_0}g(x)=0$，则 $\lim\limits_{x\to x_0}f(x)=0.$ （ ）

10. 若 $\lim\limits_{x\to x_0}f(x)$ 与 $\lim\limits_{x\to x_0}\big[f(x)g(x)\big]$ 都存在，则 $\lim\limits_{x\to x_0}g(x)$ 必存在. （ ）

11. $\lim\limits_{x\to\infty}\dfrac{\sin x}{x}=1.$ （ ）

12. $\lim\limits_{x\to\infty}(1-\dfrac{1}{x})^{x}=\mathrm{e}.$ （ ）

二、计算下列极限

1. $\lim\limits_{x\to 1}\dfrac{3x+1}{x^{2}+1}.$

2. $\lim\limits_{x\to 1}\dfrac{x^{2}-1}{2x^{2}-x-1}.$

3. $\lim\limits_{x \to \infty} \dfrac{2x^2 + x + 1}{3x^2 + 1}$.

4. $\lim\limits_{x \to \infty} \dfrac{\sqrt{2}\,x}{1 + x^2}$.

5. $\lim\limits_{x \to 2} \dfrac{x^3 + 2x^2}{(x-2)^2}$.

6. $\lim\limits_{x \to 1}\left(\dfrac{1}{1-x} - \dfrac{3}{1-x^3}\right)$.

7. $\lim\limits_{n \to \infty} \dfrac{1 + 2 + 3 + \cdots + (n-1)}{n^2}$.

8. $\lim\limits_{x \to \infty} \dfrac{(2x-1)^{300}(3x-2)^{300}}{(2x+1)^{500}}$.

9. $\lim\limits_{x \to +\infty} \dfrac{2x \sin x}{\sqrt{1 + x^2}} \arctan \dfrac{1}{x}$.

10. $\lim\limits_{x \to 0} \dfrac{\sin x + 3x}{\tan x + 2x}$.

11. $\lim\limits_{x \to 0}(1 - 3x)^{\frac{2}{x}}$.

12. $\lim\limits_{n \to \infty} 2^n \sin \dfrac{x}{2^n}\ (x \neq 0)$.

13. $\lim\limits_{x \to 0}\left(x \sin \dfrac{1}{x} + \dfrac{1}{x}\sin x\right)$.

14. $\lim\limits_{x \to 0} \dfrac{\tan x - \sin x}{x^3}$.

15. $\lim\limits_{x \to \infty}\left(\dfrac{x+1}{x+2}\right)^x$.

三、已知 $\lim\limits_{x \to 1} \dfrac{x^2 + ax + b}{1 - x} = 1$，求常数 a 与 b 的值.

§1-4　函数的连续性

自然界中的许多现象，如气温的变化、动植物的生长、水和空气的流动等，都是随时间不断地连续变化着的. 这些现象的共同特点是，当时间变化很小时，相应的有关量的变化也很小. 这些问题反映在数学上就是所谓函数的连续性. 本节我们将讨论函数连续性的有关问题.

一、连续函数的概念

对于 $y = f(x)$，当自变量从 x_0 变到 x 时，称 $\Delta x = x - x_0$ 为自变量 x 的增量，而 $\Delta y = f(x_0 + \Delta x) - f(x_0)$ 称为函数 y 的增量.

定义1　设函数 $y = f(x)$ 在点 x_0 的邻近小区间内有定义，如果当自变量的增量 $\Delta x = x - x_0$ 趋于零时，对应的函数的增量 $\Delta y = f(x_0 + \Delta x) - f(x_0)$ 也趋于零，那么就称函数 $y = f(x)$ 在点 x_0 连续.

定义2　设函数 $y = f(x)$ 在点 x_0 的邻近小区间内有定义，如果当 $x \to x_0$ 时函数 $f(x)$ 的极限存在，且等于它在点 x_0 处的函数值 $f(x_0)$，即 $\lim\limits_{x \to x_0} f(x) = f(x_0)$，那么就称函数 $y = f(x)$ 在点 x_0 连续. 点 x_0 称为函数 $y = f(x)$ 的连续点.

由此可知，函数 $f(x)$ 在点 x_0 处连续，必须同时满足以下三个条件：

① 函数 $f(x)$ 在点 x_0 及 x_0 的某邻近小区间内有定义；

② $\lim\limits_{x \to x_0} f(x)$ 存在；

③ 这个极限值等于函数值 $f(x_0)$，即 $\lim\limits_{x \to x_0} f(x) = f(x_0)$.

下面给出左连续及右连续的概念.

如果 $\lim\limits_{x \to x_0^-0} f(x) = f(x_0 - 0)$ 存在且等于 $f(x_0)$，即 $f(x_0 - 0) = f(x_0)$，就称函数 $f(x)$ 在点 x_0 左连续. 如果 $\lim\limits_{x \to x_0^+0} f(x) = f(x_0 + 0)$ 存在且等于 $f(x_0)$，即 $f(x_0 + 0) = f(x_0)$，就称函数 $f(x)$ 在点 x_0 右连续.

函数在某一点的连续，我们可称之为函数的点连续.

若函数 $f(x)$ 在区间 (a, b) 内每一点都连续，则称函数 $f(x)$ 是区间 (a, b) 内的连续函数，或者说函数在区间 (a, b) 内连续. 若函数 $f(x)$ 在区间 (a, b) 内每一点都连续，且在右端点 $x = b$ 左连续，在左端点 $x = a$ 右连续，则称函数 $f(x)$ 在闭区间 $[a, b]$ 上连续.

函数在某一区间内或区间上的连续，我们可称之为函数的区间连续.

连续函数的图像是一条连续而不间断的曲线.

二、连续函数的运算与初等函数的连续性

1. 连续函数的和、积及商的连续性

由函数点连续的定义和极限的四则运算法则，立即可得出下列定理.

定理 1 有限个在某点连续的函数的代数和是一个在该点连续的函数.

定理 2 有限个在某点连续的函数的乘积是一个在该点连续的函数.

定理 3 两个在某点连续的函数的商是一个在该点连续的函数，只要分母在该点的函数值不等于零.

2. 反函数与复合函数的连续性

定理 4 如果函数 $y = f(x)$ 在区间 I_x 单调增加（或单调减少）且连续，那么它的反函数 $x = f^{-1}(y)$ 也在对应区间 $I_y = \{y \mid y = f(x), x \in I_x\}$ 上单调增加（或单调减少）且连续.

定理 5 设函数 $u = \varphi(x)$ 当 $x \to x_0$ 时的极限存在且等于 a，即 $\lim\limits_{x \to x_0} \varphi(x) = a$，而函数 $y = f(u)$ 在点 $u = a$ 连续，那么复合函数 $y = f[\varphi(x)]$ 当 $x \to x_0$ 时的极限也存在且等于 $f(a)$，即 $\lim\limits_{x \to x_0} f[\varphi(x)] = f[\lim\limits_{x \to x_0} \varphi(x)] = f(a)$.

定理 6 设函数 $u = \varphi(x)$ 在点 $x = x_0$ 连续，且 $\varphi(x_0) = u_0$，而函数 $y = f(u)$ 在点 $u = u_0$ 连续，那么复合函数 $y = f[\varphi(x)]$ 在点 $x = x_0$ 也是连续的.

综合起来，我们能够得出：**基本初等函数在其定义域内都是连续的；一切初等函数在其定义区间内是连续的**. 所谓定义区间，就是包含在定义域内的区间. 因此，我们在讨论某初等函数的连续性时，就只需要考察其定义域. 但值得注意的是，分段函数的定义区间与连续区间有时是不一致的，分段函数应重点讨论其分段点上的连续性.

同时，上述关于初等函数连续性的结论提供了求极限的一种方法，这就是：函数

$f(x)$ 是初等函数，且 x_0 是 $f(x)$ 的定义区间内的一点，则有

$$\lim_{x \to x_0} f(x) = f(x_0).$$

这正是我们学习极限时，求极限的代入法.

例如，初等函数 $f(x) = \sin(\pi \sqrt{\dfrac{1-2x}{4+3x}})$ 在 $x = 0$ 有定义，且 $f(0) = 1$，从而有

$$\lim_{x \to 0} \sin(\pi \sqrt{\dfrac{1-2x}{4+3x}}) = f(0) = 1.$$

又如，函数 $y = \log_a (1 + x)^{\frac{1}{x}} (a > 0, a \neq 1)$. 由于 $\lim\limits_{x \to 0}(1 + x)^{\frac{1}{x}} = \mathrm{e}$ 及对数函数的连续性，所以有

$$\lim_{x \to 0} \log_a (1 + x)^{\frac{1}{x}} = \log_a \lim_{x \to 0}(1 + x)^{\frac{1}{x}} = \log_a \mathrm{e} = \dfrac{1}{\ln a}.$$

特别有

$$\lim_{x \to 0} \dfrac{\ln(1 + x)}{x} = \lim_{x \to 0} \dfrac{1}{x} \ln(1 + x) = \lim_{x \to 0} \ln(1 + x)^{\frac{1}{x}} = \ln \mathrm{e} = 1.$$

例 1   求 $\lim\limits_{x \to 0} \dfrac{a^x - 1}{x} (a > 0, a \neq 1)$.

解   令 $u = a^x - 1$，则 $x = \log_a (1 + u)$，且当 $x \to 0$ 时，$u \to 0$. 从而有

$$\lim_{x \to 0} \dfrac{x}{a^x - 1} = \lim_{u \to 0} \dfrac{\log_a (1 + u)}{u} = \lim_{u \to 0} \log_a (1 + u)^{\frac{1}{u}} = \dfrac{1}{\ln a}.$$

所以有

$$\lim_{x \to 0} \dfrac{a^x - 1}{x} = \ln a.$$

特别有

$$\lim_{x \to 0} \dfrac{\mathrm{e}^x - 1}{x} = \ln \mathrm{e} = 1.$$

三、闭区间上连续函数的性质

前面关于连续函数的结论是局部性的，即它在每个连续点的某邻近小区间内所具有的结论. 如果在闭区间上讨论连续函数，则它还具有许多整个区间上的特性，即整体性质. 这些性质对于开区间上的连续函数或闭区间上的非连续函数，一般是不成立的.

下面我们介绍闭区间上连续函数的两个重要的性质及其推论，并从几何上直观地对它们加以解释而略去证明.

定义 3   设 $f(x)$ 为定义在 D 上的函数，若存在 $x_0 \in D$，使对一切 $x \in D$，都有

$$f(x) \leqslant f(x_0) \quad (f(x) \geqslant f(x_0)),$$

则称 $f(x_0)$ 为 $f(x)$ 在 D 上的最大（小）值.

一般来说，函数 $f(x)$ 在 D 上不一定有最大（小）值，即使它是有界的. 例如 $f(x) =$

x，它在$(0，1)$内既无最大值，也无最小值. 又如 $g(x) = \begin{cases} x+1, & -1 \leqslant x < 0, \\ 0, & x = 0, \\ x-1, & 0 < x \leqslant 1, \end{cases}$ 在 $[-1，1]$上也没有最大值和最小值.

定理7（最大值最小值定理） 若函数 $f(x)$ 在闭区间$[a，b]$上连续，则 $f(x)$ 在 $[a，b]$上有最大值和最小值.

这就是说，在$[a，b]$上至少存在 x_1 及 x_2，当 $f(x_1) = m$，$f(x_2) = M$ 时，使对一切 $x \in [a，b]$ 都有

$$m \leqslant f(x) \leqslant M,$$

即 m 和 M 分别是 $f(x)$ 在$[a，b]$上的最小值和最大值（如图 $1-10$ 所示）.

推论1（有界性定理） 若 $f(x)$ 在$[a，b]$上连续，则 $f(x)$ 在$[a，b]$上有界.

证 由定理 7 可知，函数 $f(x)$ 在$[a，b]$上有最大值 M 和最小值 m，即对一切 $x \in [a，b]$ 有

$$m \leqslant f(x) \leqslant M,$$

所以 $f(x)$ 在$[a，b]$上既有上界，又有下界，从而在$[a，b]$上有界.

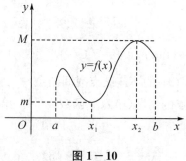

图 $1-10$

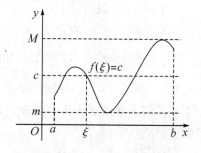

图 $1-11$

定理8（介值定理） 设 $f(x)$ 在$[a，b]$上连续，且 $f(a) \neq f(b)$，则对介于 $f(a)$ 与 $f(b)$ 之间的任何实数 c，在$(a，b)$内必至少存在一点 ξ，使得

$$f(\xi) = c.$$

这就是说，对任何实数 c：$f(a) < c < f(b)$ 或 $f(b) < c < f(a)$，定义于$(a，b)$内的连续曲线弧 $y = f(x)$ 与水平直线 $y = c$ 必至少相交于一点$(\xi，c)$（如图 $1-11$ 所示）.

推论2 闭区间上的连续函数必取得介于最大值与最小值之间的任何值.

证 设 $f(x)$ 在$[a，b]$上连续，且分别在 $x_1 \in [a，b]$ 取得最小值 $m = f(x_1)$ 和在 $x_2 \in [a，b]$ 取得最大值 $M = f(x_2)$.

不妨设 $x_1 < x_2$，且 $M > m$（即 $f(x)$ 不是常量函数）. 由于 $f(x)$ 在$[x_1，x_2]$上连续，且 $f(x_1) \neq f(x_2)$，故按介值定理推出，对介于 m 与 M 之间的任何实数 c，必至少存在一点 $\xi \in (x_1，x_2) \subset (a，b)$，使 $f(\xi) = c$.

推论3（根的存在性定理） 设 $f(x)$ 在闭区间$[a，b]$上连续，且 $f(a)$ 与 $f(b)$ 异号（即 $f(a) \cdot f(b) < 0$），则在$(a，b)$内至少存在一点 ξ，使 $f(\xi) = 0$. 即方程 $f(x) = 0$ 在

(a,b) 内至少存在一个实根.

这是介值定理的一种特殊情形. 因为 $f(a)$ 与 $f(b)$ 异号, 则 $c=0$ 必然是介于它们之间的一个值, 所以结论成立.

例 2 设 $a>0, b>0$, 证明方程 $x=a\sin x+b$ 至少有一个正根, 并且它不超过 $a+b$.

证 令 $f(x)=x-a\sin x-b$, 则 $f(x)$ 在闭区间 $[0,a+b]$ 上连续, 且 $f(0)=-b<0, f(a+b)=a[1-\sin(a+b)]\geqslant 0$.

若 $f(a+b)=0$, 则 $x=a+b$ 就是方程 $x=a\sin x+b$ 的一个正根. 若 $f(a+b)>0$, 则由 $f(0)\cdot f(a+b)<0$ 及根的存在性定理, 推知方程 $x=a\sin x+b$ 在 $(0,a+b)$ 内至少有一个实根. 无论哪种情形, 所述结论皆成立.

方程 $f(x)=0$ 的根也称为函数 $f(x)$ 的零点, 所以通常也把根的存在性定理称为零点定理.

四、函数的间断点及其分类

设函数 $f(x)$ 在点 x_0 的邻近小区间内有定义. 在此前提下, 如果函数 $f(x)$ 有下列三种情形之一:

(1) 在 $x=x_0$ 没有定义;

(2) 虽然在 $x=x_0$ 有定义, 但 $\lim\limits_{x\to x_0}f(x)$ 不存在;

(3) 虽然在 $x=x_0$ 有定义, 且 $\lim\limits_{x\to x_0}f(x)$ 存在, 但 $\lim\limits_{x\to x_0}f(x)\neq f(x_0)$.

则函数 $f(x)$ 在点 x_0 为不连续, 而点 x_0 称为函数 $f(x)$ 的不连续点或间断点.

下面我们来观察下述几个函数的曲线在 $x=1$ 点的情况(第六个函数除外), 给出间断点的分类.

①$y=x+1$(见图 $1-12$)　　　　②$y=\dfrac{x^2-1}{x-1}$(见图 $1-13$)

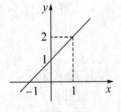

图 $1-12$

在 $x=1$ 连续.

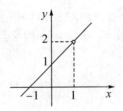

图 $1-13$

在 $x=1$ 间断, $x\to 1$ 极限为 2.

③$y=\begin{cases}x+1, & x\neq 1 \\ 1, & x=1\end{cases}$(见图 $1-14$)　　④$y=\begin{cases}x+1, & x<1 \\ x, & x\geqslant 1\end{cases}$(见图 $1-15$)

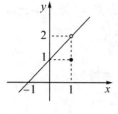

图 1－14

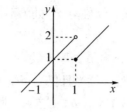

图 1－15

在 $x=1$ 间断，$x \to 1$ 极限为 2.　　　在 $x=1$ 间断，$x \to 1$ 左极限为 2，右极限为 1.

⑤$y = \dfrac{1}{x-1}$（见图 1－16）　　　⑥$y = \sin \dfrac{1}{x}$（见图 1－17）

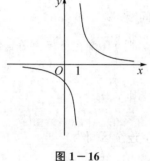

图 1－16

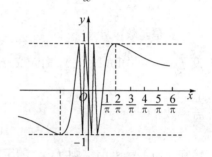

图 1－17

在 $x=1$ 间断，$x \to 1$ 极限不存在.　　　在 $x=0$ 间断，$x \to 0$ 极限不存在.

和 ②③④ 这样在 x_0 点左右极限都存在的间断，称为第一类间断，其中极限存在的 ②③ 称为第一类间断的可补间断，此时只要令 $y(1)=2$，则在 $x=1$ 函数就变成连续的了；④ 被称为第一类间断中的跳跃间断. ⑤⑥ 被称为第二类间断，其中 ⑤ 也称为无穷间断，而 ⑥ 称为震荡间断.

一般情况而言，把左极限 $f(x_0-0)$ 及右极限 $f(x_0+0)$ 都存在的间断点 x_0 称为函数 $f(x)$ 的第一类间断点. 不是第一类间断点的任何间断点，称为第二类间断点. 在第一类间断点中，左、右极限相等者称为可去间断点，不相等者称为跳跃间断点. 无穷间断点和振荡间断点显然是第二类间断点.

习题 §1－4

一、判断题

1. 若 $f(x)$，$g(x)$ 在点 x_0 处均不连续，则 $f(x)+g(x)$ 在 x_0 处亦不连续.

（　　）

2. 若 $f(x)$ 在点 x_0 处连续，$g(x)$ 在点 x_0 处不连续，则 $f(x)g(x)$ 在点 x_0 处必不连续.

（　　）

3. 若 $f(x)$ 与 $g(x)$ 在点 x_0 处均不连续,则积 $f(x)g(x)$ 在点 x_0 处亦不连续.

（　　）

4. $y = |x|$ 在 $x = 0$ 处不连续. （　　）

5. $f(x)$ 与 x_0 处连续当且仅当 $f(x)$ 在 x_0 处既左连续又右连续. （　　）

6. 设 $y = f(x)$ 在 (a, b) 上连续,则 $f(x)$ 在 (a, b) 内必有界. （　　）

7. 设 $y = f(x)$ 在 $[a, b]$ 上连续,且无零点,则 $f(x)$ 在 $[a, b]$ 上恒为正或恒为负.

（　　）

二、填空题

1. $x = 0$ 是函数 $y = \dfrac{\sin x}{|x|}$ 的_____类_____型间断点.

2. $x = 0$ 是函数 $y = e^{x + \frac{1}{x}}$ 的_____类_____型间断点.

3. 设 $f(x) = \dfrac{1}{x} \ln(1-x)$,若定义 $f(0) = $ _____,则 $f(x)$ 在 $x = 0$ 处连续.

4. 若函数 $f(x) = \begin{cases} \dfrac{\tan ax}{x}, & x \neq 0, \\ 2, & x = 0 \end{cases}$ 在 $x = 0$ 处连续,则 a 等于_____.

5. 已知 $f(x) = \text{sgn} x$,则 $f(x)$ 的定义域为_____,连续区间为_____.

6. $f(x) = \dfrac{1}{\ln(x-1)}$ 的连续区间是_____.

7. $\arctan x$ 在 $[0, +\infty)$ 上的最大值为_____,最小值为_____.

三、选择题

1. 函数 $f(x) = \dfrac{\sin x}{x} + \dfrac{e^{\frac{1}{x}}}{1-x}$ 在 $(-\infty, +\infty)$ 内间断点的个数为(　　).

A. 0　　　　　　　　　　　　B. 1

C. 2　　　　　　　　　　　　D. 3

2. $f(a+0) = f(a-0)$ 是函数 $f(x)$ 在 $x = a$ 处连续的(　　).

A. 必要条件　　　　　　　　　B. 充分条件

C. 充要条件　　　　　　　　　D. 无关条件

四、要使 $f(x)$ 连续,常数 a, b 各应取何值?

$$f(x) = \begin{cases} \dfrac{1}{x} \sin x, & x < 0, \\ a, & x = 0, \\ x \sin \dfrac{1}{x} + b, & x > 0. \end{cases}$$

五、指出下列函数的间断点,并指明是哪一类型间断点.

1. $f(x) = \dfrac{1}{x^2 - 1}$.　　　　　　2. $f(x) = e^{\frac{1}{x}}$.

3. $f(x) = \begin{cases} x, & x \neq 1, \\ \dfrac{1}{2}, & x = 1. \end{cases}$

六、求下列极限

1. $\lim\limits_{x \to 1} \ln(e^x + x)$.

2. $\lim\limits_{x \to 4} \dfrac{\sqrt{2x+1} - 3}{\sqrt{x-2} - \sqrt{2}}$.

3. $\lim\limits_{x \to 0} \dfrac{\log_a(1+3x)}{x}$.

4. $\lim\limits_{x \to \frac{\pi}{3}} \dfrac{\sin 3x}{\sin(\pi - x)}$.

七、证明方程 $4x - 2^x = 0$ 在 $\left(0, \dfrac{1}{2}\right)$ 内至少有一个实根.

复习题一

一、填空题

1. 设 $f(x) = \begin{cases} 1, & |x| \leqslant 1, \\ 0, & |x| > 1, \end{cases}$ 则 $f[f(x)] = $ _____.

2. 设 $f(x) = \begin{cases} x+1, & |x| < 2, \\ 1, & 2 \leqslant x \leqslant 3, \end{cases}$ 则 $f(x+1)$ 的定义域为_____.

3. 函数 $f(x) = \sqrt{x} + \ln(3-x)$ 在_____连续.

4. $\lim\limits_{x \to 0}\left(x^2 \sin\dfrac{1}{x^2} + \dfrac{\sin 3x}{x}\right) = $ _____.

5. $\lim\limits_{x \to \infty}\left(1 + \dfrac{k}{x}\right)^x = $ _____.

6. 设 $f(x)$ 在 $x = 1$ 处连续, 且 $f(1) = 3$, 则 $\lim\limits_{x \to 1} f(x)\left(\dfrac{1}{x-1} - \dfrac{2}{x^2-1}\right) = $ _____.

7. $x = 0$ 是函数 $f(x) = x\sin\dfrac{1}{x}$ 的_____间断点.

二、选择题

1. $y = x^2 + 1$, $x \in (-\infty, 0]$ 的反函数是(　　).

　　A. $y = \sqrt{x} - 1$, $x \in [1, +\infty)$

　　B. $y = -\sqrt{x} - 1$, $x \in [0, +\infty)$

　　C. $y = -\sqrt{x-1}$, $x \in [1, +\infty)$

　　D. $y = \sqrt{x-1}$, $x \in [1, +\infty)$

2. 当 $x \to \infty$ 时, 下列函数中有极限的是(　　).

　　A. $\sin x$

　　B. $\dfrac{1}{e^x}$

C. $\dfrac{x+1}{x^2-1}$　　　　　　　　　　　　D. $\arctan x$

3. $f(x)=\begin{cases}0, & x\leqslant 0,\\ \dfrac{1}{x}, & x>0,\end{cases}$ 在点 $x=0$ 不连续是因为(　　).

　A. $f(0-0)$ 不存在　　　　　　　B. $f(0+0)$ 不存在

　C. $f(0+0)\neq f(0)$　　　　　　　D. $f(0-0)\neq f(0)$

4. 设 $f(x)=x^2+\operatorname{arccot}\dfrac{1}{x-1}$，则 $x=1$ 是 $f(x)$ 的(　　).

　A. 可去间断点　　　　　　　　B. 跳跃间断点

　C. 无穷间断点　　　　　　　　C. 连续点

5. 设 $f(x)=\begin{cases}\cos x-1, & x<0,\\ k, & x>0,\end{cases}$ 则 $k=0$ 是 $\lim\limits_{x\to 0}f(x)$ 存在的(　　).

　A. 充分但非必要条件　　　　　B. 必要但非充分条件

　C. 充分必要条件　　　　　　　D. 无关条件

三、求下列函数的极限

1. $\lim\limits_{x\to 4}\dfrac{\sqrt{2x+1}-3}{\sqrt{x}-2}$.　　　　　　2. $\lim\limits_{x\to 1}\dfrac{\sin(x-1)}{x^2+x-2}$.

3. $\lim\limits_{x\to+\infty}(\dfrac{x^2-1}{x^2+1})^{x^2}$.　　　　　　4. $\lim\limits_{x\to 0}\dfrac{\sin x^3}{(\sin x)^3}$.

5. $\lim\limits_{x\to 0}\dfrac{\sqrt{1+x}-\sqrt{1-x}}{\sin 3x}$.　　　　6. $\lim\limits_{x\to\infty}\dfrac{x+3}{x^2-x}(\sin x+2)$.

7. $\lim\limits_{x\to+\infty}\left(\dfrac{2+2^{\frac{1}{x}}}{1+2^{\frac{2}{x}}}+\dfrac{|x|}{x}\right)$.　　　8. $\lim\limits_{x\to 0}\dfrac{\ln(1+2x)}{\tan 5x}$.

9. $\lim\limits_{x\to a}\dfrac{\sin x-\sin a}{x-a}$.　　　　　10. $\lim\limits_{x\to 1}\dfrac{\sin\pi x}{4(x-1)}$.

四、设 $f(x)=\begin{cases}\dfrac{\cos x}{x+2}, & x\geqslant 0,\\ \dfrac{\sqrt{a}-\sqrt{a-x}}{x}, & x<0,a>0.\end{cases}$ 当 a 取何值时，$f(x)$ 在 $x=0$ 处

连续.

五、设 $\lim\limits_{x\to-1}\dfrac{x^3+ax^2-x+4}{x+1}=b$（常数），求 a,b.

六、证明下列方程在 $(0,1)$ 之间均有一实根.

1. $x^5+x^3=1$.

2. $\mathrm{e}^{-x}=x$.

3. $\arctan x=1-x$.

第二章　　导数与微分

> **学习要求：**
> 一、理解导数和微分的概念；
> 二、了解导数、微分的几何意义；
> 三、理解函数可导、可微、连续之间的关系；
> 四、掌握导数、微分的基本公式及运算法则；
> 五、会求初等函数的导数.

导数和微分统称微分学. 导数和微分以极限为基础，主要研究变量变化的速度和大小问题，是研究函数性质的有力工具. 微分学的建立不仅对数学的发展产生了深远的影响，而且渗透到自然科学、工程技术、社会经济等各个领域.

本章在极限、连续等概念的基础上建立导数和微分概念，由此建立起一整套的导数及微分公式与法则，从而系统地解决初等函数的求导问题.

§2－1　导数的概念

一、变化率问题的实例

在实际生活中，我们经常会遇到有关变化率问题.

例 1　速度问题.

设一质点在 x 轴上从某一点开始作变速直线运动，已知运动方程为 $s = s(t)$. 记 $t = t_0$ 时质点的位置坐标为 $s_0 = s(t_0)$. 当 t 从 t_0 增加到 $t_0 + \Delta t$ 时，s 相应地从 s_0 增加到 $s_0 + \Delta s = s(t_0 + \Delta t)$，如图 2－1 所示. 因此，质点在 Δt 这段时间内的位移为

$$\Delta s = s(t_0 + \Delta t) - s(t_0),$$

而在 Δt 时间内质点的平均速度为

$$\bar{v} = \frac{\Delta s}{\Delta t} = \frac{s(t_0 + \Delta t) - s(t_0)}{\Delta t}.$$

显然，随着 Δt 的减小，平均速度 $\bar{v}$ 就越接近质点在 t_0 时刻的所谓瞬时速度(简称速度). 但无论 Δt 取得怎样小，平均速度 $\bar{v}$ 始终不能精确地刻画出质点运动在 $t = t_0$ 时变化

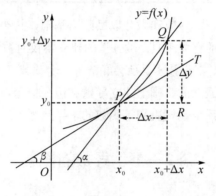

图 2－1

的快慢. 为此，我们引入"极限"的手段，如果当 $\Delta t \to 0$ 时平均速度 $\bar{v} = \dfrac{\Delta s}{\Delta t}$ 的极限存在，则自然地把该极限值（记作 v_0）定义为质点在 $t = t_0$ 时的瞬时速度或速度，即

$$v_0 = \lim_{\Delta t \to 0} \frac{\Delta s}{\Delta t} = \lim_{\Delta t \to 0} \frac{s(t_0 + \Delta t) - s(t_0)}{\Delta t}.$$

例 2 切线问题.

设曲线 l 的方程为 $y = f(x)$，$P(x_0, y_0)$ 为 l 上的一个定点，为求曲线 $y = f(x)$ 在点 P 的切线斜率，可在曲线上取 P 附近的点 $Q(x_0 + \Delta x, y_0 + \Delta y)$，计算出割线 PQ 的斜率为

$$\tan\alpha = \frac{\Delta y}{\Delta x} = \frac{f(x_0 + \Delta x) - f(x_0)}{\Delta x},$$

式中，α 为割线 PQ 的倾斜角（如图 2－2 所示）.

图 2－2

令 $\Delta x \to 0$，Q 就沿着 PQ 趋向于 P，割线 PQ 就不断地绕 P 转动，角 α 也不断地发生变化. 如果 $\tan\alpha$ 趋向于某个极限，则从平面解析几何知道，该极限值就是曲线在 P 处切线的斜率 k.

这时 $\alpha = \arctan \dfrac{\Delta y}{\Delta x}$ 的极限也必存在，就是切线的倾角 β，即 $k = \tan\beta$. 所以，我们把曲线 $y = f(x)$ 在点 P 处的切线斜率定义为

$$\tan\beta = \lim_{\Delta x \to 0} \frac{\Delta y}{\Delta x} = \lim_{\Delta x \to 0} \frac{f(x_0 + \Delta x) - f(x_0)}{\Delta x} \left(\beta \neq \frac{\pi}{2}\right).$$

式中，$\dfrac{\Delta y}{\Delta x}$ 是函数的增量与自变量的增量之比，它表示函数的平均变化率.

二、导数的定义

上面所讲的瞬时速度和切线斜率，虽然它们来自不同的具体问题，但在计算上都归

结为同一个极限形式，即函数的平均变化率的极限，称为**瞬时变化率**. 在生活实际中，我们会经常遇到从数学结构上看形式完全相同的各种各样的变化率，从而有必要从中抽象出一个数学概念来加以研究.

定义 1　设函数 $y = f(x)$ 在点 x_0 处的邻近小区间有定义，当自变量 x 在 x_0 有增量 Δx 时，函数有相应的增量 $\Delta y = f(x_0 + \Delta x) - f(x_0)$. 当 $\Delta x \to 0$ 时，如果极限

$$\lim_{\Delta x \to 0} \frac{\Delta y}{\Delta x} = \lim_{\Delta x \to 0} \frac{f(x_0 + \Delta x) - f(x_0)}{\Delta x}$$

存在，则称函数 $y = f(x)$ 在 x_0 **可导**，并称极限 $\lim\limits_{\Delta x \to 0} \dfrac{\Delta y}{\Delta x}$ 为函数 $y = f(x)$ 在 x_0 的**导数**，记作

$$f'(x_0) = \lim_{\Delta x \to 0} \frac{\Delta y}{\Delta x}.$$

导数也可以记为

$$y'\big|_{x=x_0}, \quad \frac{\mathrm{d}y}{\mathrm{d}x}\bigg|_{x=x_0} \text{ 或 } \frac{\mathrm{d}f}{\mathrm{d}x}\bigg|_{x=x_0}.$$

若极限 $\lim\limits_{\Delta x \to 0} \dfrac{\Delta y}{\Delta x}$ 不存在，则称 $f(x)$ 在 x_0 **不可导**.

在 $\lim\limits_{\Delta x \to 0} \dfrac{\Delta y}{\Delta x} = \lim\limits_{\Delta x \to 0} \dfrac{f(x_0 + \Delta x) - f(x_0)}{\Delta x}$ 中，若令 $x_0 + \Delta x = x$，则有

$$\Delta x = x - x_0, \quad \Delta y = f(x) - f(x_0).$$

当 $\Delta x \to 0$ 时，$x \to x_0$，从而导数的定义式又可以写为

$$f'(x_0) = \lim_{\Delta x \to 0} \frac{\Delta y}{\Delta x} = \lim_{x \to x_0} \frac{f(x) - f(x_0)}{x - x_0}.$$

即可以把 $f'(x_0)$ 表示为函数差值（函数的增量 Δy）与自变量差值（自变量的增量 Δx）之商的极限，因此，导数也简述为差商的极限或微商.

既然导数是比式 $\dfrac{\Delta y}{\Delta x}$ 当 $\Delta x \to 0$ 时的极限，我们也往往根据需要，考察它的单侧极限.

定义 2（单侧导数）　设函数 $y = f(x)$ 在 x_0 的左右附近有定义，若极限 $\lim\limits_{\Delta x \to 0^-} \dfrac{\Delta y}{\Delta x}$ 存在，则称 $f(x)$ 在 x_0 **左可导**，且称该极限为 $f(x)$ 在 x_0 的**左导数**，记作 $f'_-(x_0)$；若极限 $\lim\limits_{\Delta x \to 0^+} \dfrac{\Delta y}{\Delta x}$ 存在，则称 $f(x)$ 在 x_0 **右可导**，且称该极限为 $f(x)$ 在 x_0 的**右导数**，记作 $f'_+(x_0)$.

根据单侧极限与极限的关系，我们得到下面的定理：

定理 1　$f(x)$ 在 x_0 可导的充要条件是 $f(x)$ 在 x_0 的左导数与右导数存在且相等，即

$$f'(x_0) = f'_-(x_0) = f'_+(x_0).$$

如果函数 $y = f(x)$ 在开区间 I 内每一点都可导，则称 $f(x)$ 在开区间 I 内**可导**. 这时对每一个 $x \in I$，函数 $y = f(x)$ 都有导数 $f'(x)$ 与之对应，从而在 I 内确定了一个新的函数，称为 $y = f(x)$ 的**导函数**，记作

$$f'(x), \quad y', \quad \frac{\mathrm{d}y}{\mathrm{d}x} \text{ 或 } \frac{\mathrm{d}f(x)}{\mathrm{d}x}.$$

我们把 $f'(x_0) = \lim\limits_{\Delta x \to 0} \dfrac{f(x_0 + \Delta x) - f(x_0)}{\Delta x}$ 中的 x_0 换成 x，即得导函数的定义：

$$f'(x) = \lim\limits_{\Delta x \to 0} \frac{f(x + \Delta x) - f(x)}{\Delta x}, \quad x \in I.$$

于是导数 $f'(x_0) = f'(x)|_{x=x_0}$. 也就是说，函数 $f(x)$ 在点 x_0 处的导数等于函数 $f(x)$ 的导函数 $f'(x)$ 在点 x_0 处的函数值.

以后在不至于引起混淆的情况下，导函数也简称导数.

一个在区间 I 内处处可导的函数称为在 I 内的**可导函数**.

利用"导数"术语，我们说：

(1) 作直线运动的质点的运动方程 $s = s(t)$ 在 t 时刻的导数，是质点在该时刻的瞬时速度，即

$$v(t) = \frac{\mathrm{d}s}{\mathrm{d}t} = s'(t).$$

它就是导数的力学意义.

(2) 函数在 $y = f(x)$ 点 x_0 处的导数表示曲线 $y = f(x)$ 在点 $(x_0, f(x_0))$ 处的切线的斜率，即

$$k = \tan\beta = \frac{\mathrm{d}y}{\mathrm{d}x}\bigg|_{x=x_0}.$$

它就是导数的几何意义.

思考　1. 大家都知道自由落体运动规律 $s = \dfrac{1}{2}gt^2$，求 t 时刻的速度 v.

2. 如果 $f'(x_0) = -1$，则 $\lim\limits_{\Delta x \to 0} \dfrac{f(x_0 + 2\Delta x) - f(x_0)}{\Delta x} = \underline{\qquad}$.

三、用导数定义求导数举例

由导数的定义可知，求函数的导数可分为以下三个步骤：

(1) 求函数的增量：$\Delta y = f(x + \Delta x) - f(x)$；

(2) 计算比值：$\dfrac{\Delta y}{\Delta x} = \dfrac{f(x + \Delta x) - f(x)}{\Delta x}$；

(3) 求极限：$y' = \lim\limits_{\Delta x \to 0} \dfrac{\Delta y}{\Delta x} = \lim\limits_{\Delta x \to 0} \dfrac{f(x + \Delta x) - f(x)}{\Delta x}$.

下面我们利用导数的定义来导出几个基本初等函数的导数公式.

例3 设函数 $y = x^2$，求 y' 及 $y'|_{x=1}$.

解 (1) 求函数的增量：$\Delta y = (x + \Delta x)^2 - x^2 = 2x\Delta x + (\Delta x)^2$；

(2) 计算比值：$\dfrac{\Delta y}{\Delta x} = \dfrac{2x \cdot \Delta x + (\Delta x)^2}{\Delta x} = 2x + \Delta x$；

(3) 求极限：$y' = \lim\limits_{\Delta x \to 0} \dfrac{\Delta y}{\Delta x} = \lim\limits_{\Delta x \to 0} (2x + \Delta x) = 2x$，即 $(x^2)' = 2x$.

$$y'|_{x=1} = 2x|_{x=1} = 2.$$

思考 1. 函数 $y = C$（C 为常数）的导数.

2. 求函数 $y = x$ 的导数.

例4 证明 $(x^n)' = nx^{n-1}$，n 为正整数.

证 设 $y = x^n$，则有

$$\Delta y = (x + \Delta x)^n - x^n$$

$$= nx^{n-1}\Delta x + \frac{n(n-1)}{2}x^{n-2}(\Delta x)^2 + \cdots + (\Delta x)^n,$$

所以

$$\lim_{\Delta x \to 0} \frac{\Delta y}{\Delta x} = \lim_{\Delta x \to 0} \left[nx^{n-1} + \frac{n(n-1)}{2}x^{n-2}(\Delta x) + \cdots + (\Delta x)^{n-1} \right]$$

$$= nx^{n-1}.$$

即

$$(x^n)' = nx^{n-1}.$$

需要指出的是，当幂函数的指数不是正整数 n 而是任意实数 μ 时，也有形式完全相同的公式（参见 §2-4 例3）：

$$(x^\mu)' = \mu x^{\mu-1} \ (x > 0).$$

当 $\mu = -1, \dfrac{1}{2}$ 时，有

$$\left(\frac{1}{x}\right)' = -\frac{1}{x^2}, \quad (\sqrt{x})' = \frac{1}{2\sqrt{x}}.$$

例5 证明 $(a^x)' = a^x \ln a$（$a > 0$，$a \neq 1$）.

证 $(a^x)' = \lim\limits_{\Delta x \to 0} \dfrac{a^{x+\Delta x} - a^x}{\Delta x} = a^x \lim\limits_{\Delta x \to 0} \dfrac{a^{\Delta x} - 1}{\Delta x}$.

令 $a^{\Delta x} - 1 = t$，于是 $\Delta x = \log_a(1+t)$，且当 $\Delta x \to 0$ 时，$t \to 0$，因此有

$$\lim_{\Delta x \to 0} \frac{a^{\Delta x} - 1}{\Delta x} = \lim_{\Delta t \to 0} \frac{t}{\log_a(1+t)} = \lim_{\Delta t \to 0} \frac{1}{\frac{1}{t}\log_a(1+t)} = \ln a.$$

故

$$(a^x)' = a^x \ln a.$$

即

$$(a^x)' = a^x \ln a \ (a > 0,\ a \neq 1).$$

特别地，有

$$(e^x)' = e^x.$$

例6 证明 $(\sin x)' = \cos x$.

证 $(\sin x)' = \lim\limits_{\Delta x \to 0} \dfrac{\sin(x + \Delta x) - \sin x}{\Delta x} = \lim\limits_{\Delta x \to 0} \dfrac{2\sin \dfrac{\Delta x}{2}\cos\left(x + \dfrac{\Delta x}{2}\right)}{\Delta x} = \cos x.$

即
$$(\sin x)' = \cos x.$$

同理可以证明:
$$(\cos x)' = -\sin x.$$

对于分段表示的函数, 求它的导数时需要分段进行, 在分点处的导数, 则通过讨论它的单侧导数以确定它是否存在.

例7 已知 $f(x) = \begin{cases} \sin x, & x < 0, \\ x, & x \geqslant 0, \end{cases}$ 求 $f'(x)$.

解 当 $x < 0$ 时, $f'(x) = (\sin x)' = \cos x$.

当 $x > 0$ 时, $f(x) = (x)' = 1$.

当 $x = 0$ 时, 由于
$$f'_{-}(0) = \lim\limits_{x \to 0^-} \frac{\sin x - 0}{x} = 1, \qquad f'_{+}(0) = \lim\limits_{x \to 0^+} \frac{x - 0}{x} = 1,$$

所以 $f'(0) = 1$, 于是得
$$f'(x) = \begin{cases} \cos x, & x < 0, \\ 1, & x \geqslant 0. \end{cases}$$

习题 §2−1

一、判断题

1. 若函数 $f(x)$ 在 x_0 处不连续, 则 $f(x)$ 在 x_0 处不可导.   (   )

2. 初等函数在其定义域内都可导.   (   )

3. $\left(\sin\dfrac{\pi}{3}\right)' = \cos\dfrac{\pi}{3}$.   (   )

4. $(u^x)' = xu^{x-1}$.   (   )

二、选择题

1. 某质点的运动方程是 $s = t - (2t - 1)^2$, 则在 $t = 1\,\text{s}$ 时的瞬时速度为(   ).

    A. -1 B. -3

    C. 7   D. 13

2. 函数 $y = mx^{2m-n}$ 的导数为 $y' = 4x^3$, 则(   ).

    A. $m = 1, n = 2$ B. $m = -1, n = 2$

    C. $m = -1, n = -2$ D. $m = 1, n = -2$

3. 若曲线 $y = x^4$ 的一条切线 l 与直线 $x + 4y - 8 = 0$ 垂直，则 l 的方程为（　　）.

    A. $4x - y - 3 = 0$ B. $x + 4y - 5 = 0$

    C. $4x - y + 3 = 0$ D. $x + 4y + 3 = 0$

4. 一质点作直线运动，由始点起经过 t s 后的距离为 $s = \dfrac{1}{4}t^4 - 4t^3 + 16t^2$，则速度为零的时刻是（　　）.

    A. 4 s 末   B. 8 s 末

    C. 0 s 与 8 s 末   D. 0 s，4 s，8 s 末

三、填空题

1. 过点 $P(-1, 2)$ 且与曲线 $y = 3x^2 - 4x + 2$ 在点 $M(1, 1)$ 处的切线平行的直线方程是_____.

2. 将一个物体竖直上抛，设经过时间 t s 后，物体上升的高度为 $s = 10t - \dfrac{1}{2}gt^2$，物体在 1 s 时的瞬时加速度为_____m/s².

四、分析与计算题

1. 设函数 $f(x)$ 在 $x = 2$ 处可导，且 $f'(2) = 1$，求 $\lim\limits_{h \to 0} \dfrac{f(2+h) - f(2-h)}{2h}$.

2. 已知 $f(x) = x(x+1)(x+2) \cdots (x+2008)$，求 $f'(0)$.

3. 已知函数 $f(x)$ 在 $x = 1$ 处可导，且 $f'(1) = -3$，求 $\lim\limits_{\Delta x \to 0} \dfrac{f(1+\Delta x) - f(1)}{3\Delta x}$.

4. 设 $f(x) = x(2 - |x|)$，求 $f'(0)$ 的值.

§2-2 导数的几何意义和函数的可导性与连续性的关系

一、导数的几何意义

由导数定义以及引例我们知道，函数 $y = f(x)$ 在点 x_0 的导数，就是在曲线 $y = f(x)$ 上的点 (x_0, y_0) 处的切线斜率 k_0，即

$$k_0 = f'(x_0).$$

这就是函数在点 x_0 的导数的**几何意义**.

从斜率概念可知：导数的绝对值 $|f'(x_0)|$ 越大，曲线在该点附近越陡；导数的绝对值 $|f'(x_0)|$ 越小，曲线在该点附近越平缓. 如图 2-3 所示.

根据导数的几何意义和直线的点斜式方程，我们得出曲线 $y = f(x)$ 在切点 $A(x_0, y_0)$ 处的切线方程为

$$y - y_0 = f'(x_0)(x - x_0)$$

或

$$y - f(x_0) = f'(x_0)(x - x_0).$$

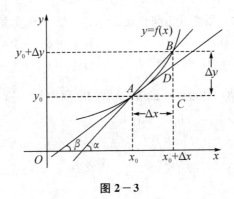

图 2－3

法线方程为

$$y - f(x_0) = -\frac{1}{f'(x_0)}(x - x_0)(f'(x_0) \neq 0).$$

这里的法线方程是指过切点且垂直于切线的直线方程.

例 1 求曲线 $y = x^2$ 在点 $(1, 1)$ 处的切线和法线方程.

解 由 $y'|_{x=1} = (x^2)'|_{x=1} = 2$，即点 $(1, 1)$ 处的切线斜率为 2，则切线方程为

$$y - 1 = 2(x - 1),$$

即

$$y = 2x - 1.$$

法线方程为

$$y - 1 = -\frac{1}{2}(x - 1),$$

即

$$y = -\frac{1}{2}x + \frac{3}{2}.$$

例 2 求曲线 $y = \ln x$ 上一点，使过该点的切线与直线 $x - 3y + 2 = 0$ 平行.

解 设曲线 $y = \ln x$ 上点 $P(x, y)$ 的切线与直线 $x - 3y + 2 = 0$ 平行. 由导数的几何意义，得所求切线的斜率 $k = (\ln x)' = \frac{1}{x}$. 而直线 $x - 3y + 2 = 0$ 的斜率 $k = \frac{1}{3}$.

根据两条直线平行的条件，有 $\frac{1}{x} = \frac{1}{3}$，所以 $x = 3$. 将 $x = 3$ 代入曲线 $y = \ln x$，得 $y = \ln 3$，所以曲线 $y = \ln x$ 在点 $(3, \ln 3)$ 的切线与直线 $x - 3y + 2 = 0$ 平行.

二、函数的可导性与连续性的关系

连续与可导是函数的两个重要性质. 虽然在函数导数的定义中未明确指明函数是否连续，但却蕴涵可导必然连续这一关系.

定理 1 若 $y = f(x)$ 在点 x_0 处可导，则它一定在点 x_0 处连续.

证 由于 $y = f(x)$ 在 x_0 可导，即

$$\lim_{\Delta x \to 0} \frac{\Delta y}{\Delta x} = f'(x_0),$$

根据函数、函数的极限与无穷小的关系，得

$$\frac{\Delta y}{\Delta x} = f'(x_0) + \alpha.$$

其中，$\lim\limits_{\Delta x \to 0} \alpha = 0$，因此

$$\Delta y = f'(x_0)\Delta x + \alpha \Delta x,$$

所以

$$\lim_{\Delta x \to 0} \Delta y = \lim_{\Delta x \to 0} f'(x_0)\Delta x + \lim_{\Delta x \to 0} \alpha \Delta x = 0.$$

由函数连续的定义，函数 $y = f(x)$ 在点 x_0 处连续.

注意：这个结论说明函数连续是函数可导的必要条件，不是充分条件. 即函数 $f(x)$ 在 x_0 处可导，在 x_0 处一定连续；反之，函数 $f(x)$ 在 x_0 处连续，在 x_0 处不一定可导.

我们通过下面的例题来说明这一点.

例 3　讨论函数 $f(x) = |x|$ 在点 $x = 0$ 处的可导性.

解　函数 $f(x) = |x|$ 在点 $x = 0$ 处连续.

由 $\Delta y = f(0 + \Delta x) - f(0) = |0 + \Delta x| - |0| = |\Delta x|$，得

$$\lim_{\Delta x \to 0} \frac{\Delta y}{\Delta x} = \lim_{\Delta x \to 0} \frac{|\Delta x|}{\Delta x} = \lim_{x \to 0} \frac{|x|}{x}.$$

当 $x < 0$ 时，$f'_-(0) = \lim\limits_{x \to 0^-} \frac{|x|}{x} = \lim\limits_{x \to 0^-} \frac{-x}{x} = -1$；

当 $x > 0$ 时，$f'_+(0) = \lim\limits_{x \to 0^+} \frac{|x|}{x} = \lim\limits_{x \to 0^+} \frac{+x}{x} = +1$.

因为 $f'_-(0) \ne f'_+(0)$，所以函数 $f(x) = |x|$ 在点 $x = 0$ 处不可导.

从几何上看（如图 2-4 所示），曲线 $f(x) = |x|$ 在原点没有切线.

例 4　讨论函数 $f(x) = \sqrt[3]{x}$ 在点 $x = 0$ 处的可导性.

解　函数 $f(x) = \sqrt[3]{x}$ 在点 $x = 0$ 处连续.

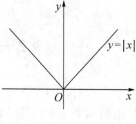

图 2-4

由 $\Delta y = f(0 + \Delta x) - f(0) = \sqrt[3]{0 + \Delta x} - \sqrt[3]{0} = \sqrt[3]{\Delta x}$，得

$$\lim_{\Delta x \to 0} \frac{\Delta y}{\Delta x} = \lim_{\Delta x \to 0} \frac{\sqrt[3]{\Delta x}}{\Delta x} = \lim_{\Delta x \to 0} \frac{1}{\sqrt[3]{(\Delta x)^2}} = \infty.$$

即函数 $f(x) = \sqrt[3]{x}$ 在点 $x = 0$ 处不可导.

我们可以将此类导数不存在的点称为**尖点**.

习题 §2−2

一、判断题

1. 函数 $y = f(x)$ 在点 x_0 可导，则在 x_0 处的切线存在. （　　）

2. 连续函数的导数都存在. （　　）

3. 函数在一点不连续，则函数在这一点不可导. （　　）

二、填空题

设曲线 $y = x^4 + ax + b$ 在 $x = 1$ 处的切线方程是 $y = x$，则 $a = $ _____，$b = $

_____.

三、计算题

1. 求曲线在定点的切线与法线的斜率.

(1) $y = x^2 \cdot \sqrt[3]{x^2}$，$x = 1$；

(2) $y = \dfrac{x^5}{\sqrt[3]{x}}$，$x = -1$.

2. 已知曲线 $y = \dfrac{1}{3}x^3 + \dfrac{4}{3}$.

(1) 求曲线在点 $P(2, 4)$ 处的切线方程；

(2) 求曲线过点 $P(2, 4)$ 处的法线方程.

3. 已知曲线 $C: y = x^3 - 3x^2 + 2x$，直线 $l: y = kx$，且直线 l 与曲线 C 相切于点 $(x_0, y_0)(x_0 \neq 0)$，求直线 l 的方程及切点坐标.

4. 曲线 $y = x^2 + 1$ 上过点 P 的切线与曲线 $y = -2x^2 - 1$ 相切，求点 P 的坐标.

§2−3　导数的四则运算与基本公式

本节我们根据导数的定义，进一步讨论导数的四则运算法则. 借助于这些法则和上节导出的几个基本初等函数的导数公式，求出其余的基本初等函数的导数公式.

一、导数的四则运算

定理 1　设 $u(x), v(x)$ 在 x 处可导，则 $u(x) \pm v(x)$，$u(x)v(x)$，$\dfrac{u(x)}{v(x)}(v(x) \neq 0)$ 在 x 处也可导，且有：

(1) $[u(x) \pm v(x)]' = u'(x) \pm v'(x)$；

(2) $[u(x)v(x)]' = u'(x)v(x) + u(x)v'(x)$；

(3) $\left[\dfrac{u(x)}{v(x)}\right]' = \dfrac{u'(x)v(x) - u(x)v'(x)}{v^2(x)}$.

* 证

(1) 令 $y = u(x) + v(x)$，则有

$$\Delta y = [u(x + \Delta x) + v(x + \Delta x)] - [u(x) + v(x)]$$
$$= [u(x + \Delta x) - u(x)] + [v(x + \Delta x) - v(x)]$$
$$= \Delta u + \Delta v.$$

从而有

$$\lim_{\Delta x \to 0} \frac{\Delta y}{\Delta x} = \lim_{\Delta x \to 0} \frac{(\Delta u + \Delta v)}{\Delta x} = \lim_{\Delta x \to 0} \frac{\Delta u}{\Delta x} + \lim_{\Delta x \to 0} \frac{\Delta v}{\Delta x} = u'(x) + v'(x).$$

所以 $y = u(x) + v(x)$ 也在 x 可导，且

$$[u(x) + v(x)]' = u'(x) + v'(x).$$

类似可证 $[u(x) - v(x)]' = u'(x) - v'(x).$

(2) 令 $y = u(x)v(x)$，则有

$$\Delta y = u(x + \Delta x)v(x + \Delta x) - u(x)v(x)$$
$$= [u(x + \Delta x) - u(x)]v(x + \Delta x) + u(x)[v(x + \Delta x) - v(x)]$$
$$= \Delta u \cdot v(x + \Delta x) + u(x) \cdot \Delta v.$$

由于可导必连续，故有 $\lim_{\Delta x \to 0} v(x + \Delta x) = v(x)$，从而推出

$$\lim_{\Delta x \to 0} \frac{\Delta y}{\Delta x} = \lim_{\Delta x \to 0} \frac{\Delta u \cdot v(x + \Delta x) + \Delta v \cdot u(x + \Delta x)}{\Delta x}$$

$$= \lim_{\Delta x \to 0} \frac{\Delta u}{\Delta x} \cdot \lim_{\Delta x \to 0} v(x + \Delta x) + \lim_{\Delta x \to 0} u(x + \Delta x) \cdot \lim_{\Delta x \to 0} \frac{\Delta v}{\Delta x}$$

$$= u'(x)v(x) + u(x)v'(x).$$

所以 $y = u(x) + v(x)$ 也在 x 可导，且有

$$[u(x)v(x)]' = u'(x)v(x) + u(x)v'(x).$$

(3) 先证 $\left[\dfrac{1}{v(x)}\right]' = -\dfrac{v'(x)}{v^2(x)}$. 令 $y = \dfrac{1}{v(x)}$，则有

$$\Delta y = \frac{1}{v(x + \Delta x)} - \frac{1}{v(x)} = -\frac{v(x + \Delta x) - v(x)}{v(x + \Delta x)v(x)}.$$

由于 $v(x)$ 在 x 可导，$\lim_{\Delta x \to 0} v(x + \Delta x) = v(x) \neq 0$，故有

$$\lim_{\Delta x \to 0} \frac{\Delta y}{\Delta x} = \lim_{\Delta x \to 0}\left[-\frac{v(x + \Delta x) - v(x)}{v(x + \Delta x)v(x)} \cdot \frac{1}{\Delta x}\right]$$

$$= -\lim_{\Delta x \to 0} \frac{1}{v(x + \Delta x)v(x)} \cdot \lim_{\Delta x \to 0} \frac{v(x + \Delta x) - v(x)}{\Delta x}$$

$$= -\frac{v'(x)}{v^2(x)}.$$

所以 $y = \dfrac{1}{v(x)}$ 在 x 可导，且 $\left[\dfrac{1}{v(x)}\right]' = -\dfrac{v'(x)}{v^2(x)}$. 从而由 (2) 推出

$$\left[\frac{u(x)}{v(x)}\right]' = u'(x) \cdot \frac{1}{v(x)} + u(x)\left[\frac{1}{v(x)}\right]'$$

$$= u'(x)\frac{1}{v(x)} - u(x)\frac{v'(x)}{v^2(x)}$$

$$= \frac{u'(x)v(x) - u(x)v'(x)}{v^2(x)}.$$

推论 1　若 $u(x)$ 在 x 可导，c 是常数，则 $cu(x)$ 在 x 可导，且

$$(cu)' = cu'.$$

即求导时常数因子可以提到求导符号的外面来.

推论 2　乘积求导公式可以推广到有限个可导函数的乘积.

例如，若 u，v，w 都是区间 I 内的可导函数，则有

$$(uvw)' = u'vw + uv'w + uvw'.$$

推论 3　根据法则(3)，若 $u(x) = c$，则有

$$\left(\frac{c}{v}\right)' = -\frac{cv'}{v^2}.$$

例 1　求函数 $y = x^2 + \sin x - 2\cos x + \ln x - \log_2 5$ 的导数.

解　$y' = (x^2 + \sin x - 2\cos x + \ln x - \log_2 5)'$

$$= (x^2)' + (\sin x)' - 2(\cos x)' + (\ln x)' - (\log_2 5)'$$

$$= 2x + \cos x - 2(-\sin x) + \frac{1}{x}$$

$$= 2x + \cos x + 2\sin x + \frac{1}{x}.$$

例 2　求函数 $y = (x^2 - 2x + 3)(4x - 5)$ 的导数.

解　$y' = (x^2 - 2x + 3)'(4x - 5) + (x^2 - 2x + 3)(4x - 5)'$

$$= (2x - 2) \cdot (4x - 5) + (x^2 - 2x + 3) \cdot 4$$

$$= 12x^2 - 26x + 22.$$

例 3　求函数 $y = \ln x \cdot \sin 2x$ 的导数.

解　$y' = (\ln x \sin 2x)'$

$$= (2\ln x \cdot \sin x \cdot \cos x)'$$

$$= 2\big[(\ln x)'\sin x\cos x + \ln x(\sin x)'\cos x + \ln x\sin x(\cos x)'\big]$$

$$= 2\left(\frac{1}{x}\sin x\cos x + \ln x\cos^2 x - \ln x\sin^2 x\right)$$

$$= \frac{1}{x}\sin 2x + 2\ln x\cos 2x.$$

例 4　求函数 $y = \dfrac{x - a}{x + a}$ 的导数.

解　$y' = \dfrac{(x - a)'(x + a) - (x - a)(x + a)'}{(x + a)^2}$

$$= \frac{(x + a) - (x - a)}{(x + a)^2}$$

$$= \frac{2a}{(x+a)^2}.$$

例5　求下列函数的导数.

(1) $y = \sec x$;

(2) $y = \csc x$;

(3) $y = \tan x$;

(4) $y = \cot x$.

解　$(1)(\sec x)' = \left(\dfrac{1}{\cos x}\right)' = -\dfrac{(\cos x)'}{\cos^2 x} = \dfrac{\sin x}{\cos^2 x} = \sec x \tan x$;

$(2)(\csc x)' = \left(\dfrac{1}{\sin x}\right)' = -\dfrac{\cos x}{\sin^2 x} = -\csc x \cot x$;

$(3)(\tan x)' = \left(\dfrac{\sin x}{\cos x}\right)' = \dfrac{(\sin x)' \cdot \cos x - \sin x \cdot (\cos x)'}{\cos^2 x}$

$$= \frac{\cos x \cdot \cos x - \sin x \cdot (-\sin x)}{\cos^2 x} = \frac{\cos^2 x + \sin^2 x}{\cos^2 x} = \sec^2 x;$$

$(4)(\cot x)' = \left(\dfrac{\cos x}{\sin x}\right)' = \dfrac{(-\sin x)\sin x - \cos x \cos x}{\sin^2 x} = \dfrac{-1}{\sin^2 x} = -\csc^2 x$.

由此得

$$(\tan x)' = \frac{1}{\cos^2 x} = \sec^2 x;$$

$$(\cot x)' = -\frac{1}{\sin^2 x} = -\csc^2 x;$$

$$(\sec x)' = \sec x \tan x;$$

$$(\csc x)' = -\csc x \cot x.$$

例6　求函数 $y = \cos 2x$ 的导数.

解　$y' = (\cos 2x)' = (2\cos^2 x - 1)'$

$$= 2(\cos^2 x)'$$

$$= 2[(\cos x)'\cos x + \cos x(\cos x)']$$

$$= -2\sin x \cos x - 2\cos x \sin x$$

$$= -4\sin x \cos x$$

$$= -2\sin 2x.$$

例7　求曲线 $y = \dfrac{x^2 - 2x + 3}{x^2}$ 在点 $(1, 2)$ 处的切线方程.

解　在求一个函数的导数时，应先化简再求导，这样可以简化求导过程.

因为

$$y = \frac{x^2 - 2x + 3}{x^2} = 1 - \frac{2}{x} + \frac{3}{x^2},$$

所以

$$y' = \left(1 - \frac{2}{x} + \frac{3}{x^2}\right)' = 0 - \left(-\frac{2}{x^2}\right) + \left(-\frac{6}{x^3}\right) = \frac{2}{x^2} - \frac{6}{x^3}, \quad y'\big|_{x=1} = -4.$$

于是，曲线 $y = \dfrac{x^2 - 2x + 3}{x^2}$ 在点$(1, 2)$处的切线方程为

$$y - 2 = -4(x - 1),$$

即

$$4x + y - 6 = 0.$$

三、导数的基本公式

现在把前面推导的一些基本初等函数的结论汇总起来，得到导数的基本公式，见表 $2-1$，以便查阅.

表 $2-1$　导数的基本公式

$(1)(C)' = 0\ (C\ 为常数)$	$(2)(x^\mu)' = \mu x^{\mu-1}(\mu\ 为任意实数)$
$(3)(a^x)' = a^x \ln a (a > 0\ 且\ a \neq 1),$ 　　特别地：$(e^x)' = e^x$	$(4)(\log_a x)' = \dfrac{1}{x \ln a}(a > 0\ 且\ a \neq 1),$ 　　特别地：$(\ln x)' = \dfrac{1}{x}$
$(5)(\sin x)' = \cos x$	$(6)(\cos x)' = -\sin x$
$(7)(\tan x)' = \sec^2 x$	$(8)(\cot x)' = -\csc^2 x$
$(9)(\sec x)' = \sec x \tan x$	$(10)(\csc x)' = -\csc x \cot x$
$(11)(\arcsin x)' = \dfrac{1}{\sqrt{1-x^2}}$	$(12)(\arccos x)' = -\dfrac{1}{\sqrt{1-x^2}}$
$(13)(\arctan x)' = \dfrac{1}{1+x^2}$	$(14)(\text{arccot} x)' = -\dfrac{1}{1+x^2}$

注意：基本初等函数的导数为导数的基本公式. 表中有些公式我们将在后续学习中加以证明.

例 8　求下列函数的导数.

$(1) y = 2^x + x^4 + \log_3(x^3 e^2);$

$(2) y = e^x(\sin x - 2\cos x);$

$(3) y = \dfrac{ax + b}{cx + d}(ad - bc \neq 0).$

解　$(1)\ y' = (2^x)' + (x^4)' + (3\log_3 x + \log_3 e^2)'$

$$= 2^x \ln 2 + 4x^3 + \frac{3}{x \ln 3};$$

$(2)\ y' = (e^x)'(\sin x - 2\cos x) + e^x(\sin x - 2\cos x)'$

$$= e^x(\sin x - 2\cos x + \cos x + 2\sin x)$$

$$= e^x(3\sin x - \cos x);$$

$(3)\ y' = \dfrac{(ax + b)'(cx + d) - (ax + b)(cx + d)'}{(cx + d)^2} = \dfrac{ad - bc}{(cx + d)^2}.$

习题 §2－3

一、判断题

1. 函数积的导数等于函数导数的积. 　　　　　　　　　　（　　）

2. 函数商的导数等于函数导数的商. 　　　　　　　　　　（　　）

3. $(\dfrac{\cos x}{x})' = -\dfrac{\cos x + x\sin x}{x^2}$. 　　　　　　（　　）

二、求下列函数的导数

1. $y = (2x^2 - 1)(3x + 1)$. 　　　　2. $y = \dfrac{x^2 - x + 1}{x^2 + x + 1}$.

3. $y = x e^x (1 + \ln x)$. 　　　　4. $y = 3^x e^x - 2^x + e$.

5. $y = \dfrac{\ln x}{x^2 + 1}$. 　　　　6. $y = (x + 1)(x - 1)(x - 2)$.

7. $y = (2x^3 - 1)(3x^2 + x)$. 　　　　8. $y = \tan x - x$.

9. $y = \dfrac{\cos 2x}{\sin x - \cos x}$.

三、求下列函数的导数 y'

1. $y = \dfrac{\tan x}{x - 1}$. 　　　　2. $y = e^x - \sqrt{x}$.

3. $y = x^3 - \sin x$. 　　　　4. $y = e^x \tan x$.

5. $y = x\ln x$. 　　　　6. $y = x\cos x$.

§2－4　复合函数的导数和反函数的导数

本节讨论复合函数的求导法则与反函数的求导法则.

一、复合函数的导数

引例　求函数 $y = \cos 2x$ 的导数.

解法 Ⅰ：$y' = (\cos 2x)' = (2\cos^2 x - 1)' = 2(\cos^2 x)'$

$\qquad\qquad = 2(\cos x)'\cos x + \cos x(\cos x)'$

$\qquad\qquad = -2\sin x\cos x - 2\cos x\sin x$

$\qquad\qquad = -2\sin 2x$.

解法 Ⅱ：直接使用基本公式 $(\cos x)' = -\sin x$，得出 $(\cos 2x)' = -\sin 2x$.

两种解法得出两个结论，哪一个是正确的呢?

解法Ⅰ是正确的. 解法Ⅱ是错误的，它又错在何处呢?其错误的原因在于：$y = \cos 2x$

不是基本初等函数，而是 x 的复合函数，复合函数不能使用导数的基本公式.

定理 1（复合函数的求导法则） 如果函数 $u = \varphi(x)$ 在点 x 处可导，函数 $y = f(u)$ 在对应点 $u = \varphi(x)$ 可导，则复合函数 $y = f[\varphi(x)]$ 在点 x 可导，且

$$y' = \{f[\varphi(x)]\}' = f'(u)\varphi'(x).$$

也可以写成

$$\frac{\mathrm{d}y}{\mathrm{d}x} = \frac{\mathrm{d}y}{\mathrm{d}u} \cdot \frac{\mathrm{d}u}{\mathrm{d}x}$$

或

$$y'_x = y'_u \cdot u'_x.$$

复合函数求导法又称为**链式法则**. 事实上，链式法则还可以推广到多个可导函数的复合函数. 例如，设 $y = f(u)$，$u = \varphi(v)$，$v = \psi(x)$ 均为相应区间内的可导函数，且可以复合成函数

$$y = f\{\varphi[\psi(x)]\},$$

则有

$$\frac{\mathrm{d}y}{\mathrm{d}x} = \frac{\mathrm{d}y}{\mathrm{d}u} \cdot \frac{\mathrm{d}u}{\mathrm{d}v} \cdot \frac{\mathrm{d}v}{\mathrm{d}x}.$$

例 1 求 $y = \cos nx$ 的导数.

解 函数 $y = \cos nx$ 可以分解成 $y = \cos u$，$u = nx$，因此

$$y' = (\cos u)'(nx)' = -\sin u \cdot n = -n\sin nx.$$

例 2 求函数 $y = (x^2 + 1)^2$ 的导数.

解 函数 $y = (x^2 + 1)^2$ 可以看成由 $y = u^2$ 和 $u = x^2 + 1$ 复合而成，因此

$$\frac{\mathrm{d}y}{\mathrm{d}x} = \frac{\mathrm{d}y}{\mathrm{d}u}\frac{\mathrm{d}u}{\mathrm{d}x} = (u^2)'(x^2 + 1)' = 2x \times 2 \times (x^2 + 1) = 4x(x^2 + 1).$$

例 3 求幂函数 $y = x^\mu$（$x > 0$，μ 为一切实数）的导数.

解 由于 $y = x^\mu = \mathrm{e}^{\mu \ln x}$ 可以看做由指数函数 $y = \mathrm{e}^u$ 与对数函数 $u = \mu \ln x$ 复合而成的函数，故按公式有

$$y' = \mathrm{e}^u \cdot \mu \cdot \frac{1}{x} = \mu \mathrm{e}^{\mu \ln x} \cdot \frac{1}{x} = \mu x^{\mu-1},$$

即

$$(x^\mu)' = \mu x^{\mu-1} (x > 0).$$

*例 4 设函数 $f(x)$ 在 $[0, 1]$ 上可导，且 $y = f(\sin^2 x) + f(\cos^2 x)$，求 y'.

解
$$
\begin{aligned}
y' &= [f(\sin^2 x)]' + [f(\cos^2 x)]' \\
&= f'(\sin^2 x) \cdot (\sin^2 x)' + f'(\cos^2 x)(\cos^2 x)' \\
&= f'(\sin^2 x) \cdot 2\sin x \cos x + f'(\cos^2 x) \cdot 2\cos x(-\sin x) \\
&= \sin 2x[f'(\sin^2 x) - f'(\cos^2 x)].
\end{aligned}
$$

思考 求函数 $y = \ln|x|$ 的导数；

求函数 $y = \ln\cos x$ 的导数.

我们在比较熟练以后，解题时就可以不必写出中间变量，从而使求导过程相对简洁.

例 5　求 $y = \ln(x + \sqrt{x^2 + 1})$ 的导数.

解

$$
\begin{aligned}
y' &= \frac{1}{x + \sqrt{x^2 + 1}}(x + \sqrt{x^2 + 1})' \\
&= \frac{1}{x + \sqrt{x^2 + 1}}\Big[1 + \frac{1}{2\sqrt{x^2 + 1}}(x^2 + 1)'\Big] \\
&= \frac{1}{x + \sqrt{x^2 + 1}}\Big[1 + \frac{x}{\sqrt{x^2 + 1}}\Big] \\
&= \frac{1}{\sqrt{x^2 + 1}}.
\end{aligned}
$$

例 6　求函数 $y = \dfrac{1 - \tan^4 x}{\sec^2 x}$ 的导数.

解　先化简得

$$
y = \frac{1 - \tan^4 x}{\sec^2 x} = \frac{(1 + \tan^2 x)(1 - \tan^2 x)}{1 + \tan^2 x} = 1 - \tan^2 x,
$$

然后再求导数得

$$
y' = (1 - \tan^2 x)' = -2\tan x (\tan x)' = -2\tan x \sec^2 x.
$$

例 7　求下列函数的导数.

(1) $y = \ln(\arccos 2x)$；

(2) $y = a^{\sin^2 x}$；

(3) $y = \sin^2 x \sin x^2$.

解　(1) $y' = \dfrac{1}{\arccos 2x} \cdot \dfrac{-1}{\sqrt{1 - (2x)^2}} \cdot 2 = \dfrac{-2}{\sqrt{1 - 4x^2}\,\arccos 2x}$；

(2) $y' = a^{\sin^2 x}\ln a \cdot 2\sin x \cos x = a^{\sin^2 x}\sin 2x \cdot \ln a$；

(3) $y' = (\sin^2 x)' \sin x^2 + \sin^2 x (\sin x^2)'$

$\qquad = 2\sin x \cos x \sin x^2 + 2x \sin^2 x \cos x^2$.

二、反函数的导数

定理 2　设 $y = f(x)$ 为 $x = \varphi(y)$ 的反函数. 如果 $x = \varphi(y)$ 在某区间 I 内严格单调、可导且 $\varphi'(y) \neq 0$，则其反函数 $y = f(x)$ 也在对应的区间 I_x 内可导，且有

$$
f'(x) = \frac{1}{\varphi'(y)}
$$

或

$$
\frac{\mathrm{d}y}{\mathrm{d}x} = \frac{1}{\dfrac{\mathrm{d}x}{\mathrm{d}y}}.
$$

证　任取 $x \in I_x$ 及 $\Delta x \neq 0$，使 $x + \Delta x \in I_x$. 依假设 $y = f(x)$ 在区间 I_x 内也

严格单调，因此

$$\Delta y = f(x + \Delta x) - f(x) \neq 0.$$

又由假设可知 $f(x)$ 在 x 连续，故当 $\Delta x \to 0$ 时，$\Delta y \to 0$. 而 $x = \varphi(y)$ 可导且 $\varphi'(y) \neq 0$，所以

$$\lim_{\Delta x \to 0} \frac{\Delta y}{\Delta x} = \frac{1}{\lim\limits_{\Delta y \to 0} \dfrac{\Delta x}{\Delta y}} = \frac{1}{\varphi'(y)},$$

即 $y = f(x)$ 在 x 可导，并且 $f'(x) = \dfrac{1}{\varphi'(y)}$ 成立.

例8 求 $y = \arcsin x\,(-1 < x < 1)$ 的导数.

解 由于 $y = \arcsin x$，$x \in (-1, 1)$ 为 $x = \sin y$，$y \in \left(-\dfrac{\pi}{2}, \dfrac{\pi}{2}\right)$ 的反函数，且当 $y \in \left(-\dfrac{\pi}{2}, \dfrac{\pi}{2}\right)$ 时，$(\sin y)' = \cos y > 0$. 所以由公式 $f'(x) = \dfrac{1}{\varphi'(y)}$ 得

$$(\arcsin x)' = \frac{1}{(\sin y)'} = \frac{1}{\cos y} = \frac{1}{\sqrt{1 - \sin^2 y}} = \frac{1}{\sqrt{1 - x^2}}.$$

即

$$(\arcsin x)' = \frac{1}{\sqrt{1 - x^2}}.$$

同理可得

$$(\arccos x)' = -\frac{1}{\sqrt{1 - x^2}};$$

$$(\arctan x)' = \frac{1}{1 + x^2};$$

$$(\operatorname{arccot} x)' = -\frac{1}{1 + x^2}.$$

例9 求对数函数 $y = \log_a x\,(a > 0,\ a \neq 1)$ 的导数.

解 由于 $y = \log_a x$，$x \in (0, +\infty)$ 是 $x = a^y$，$y \in (-\infty, +\infty)$ 的反函数，因此

$$(\log_a x)' = \frac{1}{(a^y)'} = \frac{1}{a^y \ln a} = \frac{1}{x \ln a} \quad (a > 0, a \neq 1).$$

特别地，自然对数的导数为

$$(\ln x)' = \frac{1}{x}.$$

例10 证明：双曲线 $xy = a^2$ 上任一点处的切线与两坐标轴构成的三角形面积都等于 $2a^2$.

证 由于 $y = \dfrac{a^2}{x}$，$y' = -\dfrac{a^2}{x^2}$，故过双曲线 $xy = a^2$ 上任意一点 $\left(x_0, \dfrac{a^2}{x_0}\right)$ 的切线方程为

$$y - \frac{a^2}{x_0} = -\frac{a^2}{x_0^2}(x - x_0).$$

令 $x = 0$, 得 $y = \dfrac{a^2}{x_0} + \dfrac{a^2}{x_0} = \dfrac{2a^2}{x_0}$. 又令 $y = 0$, 得 $x = 2x_0$. 即切线在 y 轴和 x 轴上的截距分别为 $\dfrac{2a^2}{x_0}$ 和 $2x_0$. 因此所求三角形的面积为

$$S = \frac{1}{2}\left|\frac{2a^2}{x_0}\right| |2x_0| = 2a^2.$$

习题 §2−4

一、判断题

1. $\dfrac{\mathrm{d}\mathrm{e}^{\sin x}}{\mathrm{d}x} = (\mathrm{e}^{\sin x}) \cdot (\sin x)'.$　　　　　　　　　　(　　)

2. $(\ln\cos x)' = \tan x.$　　　　　　　　　　　　　　(　　)

3. $(\arctan\sqrt{x})' = \dfrac{1}{2(1+x)\sqrt{x}}.$　　　　　　　　(　　)

4. $(\sin^3 nx)' = 3n\sin^2 nx\sin nx.$　　　　　　　　(　　)

二、求下列函数的导数

1. $y = \dfrac{x}{1 - \sqrt{1-x}}.$　　　　　　　2. $y = \sqrt{a^2 - x^2}.$

3. $y = \mathrm{e}^{\tan\frac{1}{x}}.$　　　　　　　　4. $y = \ln\sqrt{\dfrac{1+x}{1-x}}.$

5. $y = \ln(a^2 - x^2).$　　　　　　　6. $y = \arcsin\dfrac{1}{x}.$

7. $y = \ln(1 - x^2).$　　　　　　　8. $y = \sin\ln x.$

9. $y = \ln\cos\dfrac{x}{2}.$

§2−5　高阶导数

在变速直线运动中, 位移函数 $s = s(t)$ 对时间 t 的导数为速度函数 $v = v(t)$, 即 $v = \dfrac{\mathrm{d}s}{\mathrm{d}t}$. 同样可以得到速度函数 $v = v(t)$ 对时间 t 的导数为加速度 $a = a(t)$, 即 $a = \dfrac{\mathrm{d}v}{\mathrm{d}t}$. 从而可以得到

$$a = \frac{\mathrm{d}v}{\mathrm{d}t} = \frac{\mathrm{d}}{\mathrm{d}t}\left(\frac{\mathrm{d}s}{\mathrm{d}t}\right)$$

或

$$a = \frac{\mathrm{d}v}{\mathrm{d}t} = \frac{\mathrm{d}^2 s}{\mathrm{d}t^2}.$$

一般地,若 $y = f(x)$ 的导数 $y' = f'(x)$ 仍可导,则称 $f'(x)$ 的导数为 $y = f(x)$ 的二阶导数,记为 $\dfrac{d^2y}{dx^2}$, $\dfrac{d^2f}{dx^2}$, y'', $f''(x)$ 等,即

$$\frac{d^2y}{dx^2} = \frac{d}{dx}\left(\frac{dy}{dx}\right), \quad \frac{d^2f}{dx^2} = \frac{d}{dx}\left(\frac{df}{dx}\right), \quad y'' = (y')', \quad f''(x) = [f(f'(x))]'.$$

类似地,称二阶导数的导数为三阶导数,三阶导数的导数为四阶导数,$\cdots$,$(n-1)$ 阶导数的导数为 n 阶导数.分别记为

$$\frac{d^3y}{dx^3}, \frac{d^4y}{dx^4}, \cdots, \frac{d^ny}{dx^n},$$

或

$$\frac{d^3f}{dx^3}, \frac{d^4f}{dx^4}, \cdots, \frac{d^nf}{dx^n},$$

或

$$y'''(x), y^{(4)}(x), \cdots, y^{(n)}(x),$$

或

$$f'''(x), f^{(4)}(x), \cdots, f^{(n)}(x).$$

二阶或二阶以上的导数称为高阶导数.相应地,称 $f'(x)$ 为一阶导数.

若函数 $f(x)$ 的 n 阶导数 $f^{(n)}(x)$ 存在,则称 $f(x)$ 的 n 阶可导,此时意味着 $f'(x)$,$f''(x)$,$\cdots$,$f^{(n-1)}(x)$ 都存在.

例 1　设 $y = x \arctan x$,求 y''.

解　$y' = \arctan x + \dfrac{x}{1+x^2}$.

$$y'' = \frac{1}{1+x^2} + \frac{1+x^2 - x \cdot 2x}{(1+x^2)^2}$$

$$= \frac{1}{1+x^2} + \frac{1-x^2}{(1+x^2)^2}$$

$$= \frac{2}{(1+x^2)^2}.$$

例 2　设 $y = x^3 e^{2x}$,求 y''.

解　$y' = 3x^2 e^{2x} + x^3 \cdot e^{2x} \cdot 2 = e^{2x}(2x^3 + 3x^2)$.

$$y'' = e^{2x} \cdot 2(2x^3 + 3x^2) + e^{2x}(6x^2 + 6x)$$

$$= e^{2x}(4x^3 + 12x^2 + 6x).$$

例 3　设 $y = \sin x$,求 $y^{(n)}$.

解　因为 $y = \sin x$ 是周期函数,求 n 阶导数时,通常的方法是先求出一阶、二阶、三阶等导数,从中归纳出 n 阶导数的表达式.因此,求 n 阶导数的关键在于从各阶导数中寻找共有的规律.

$$y' = \cos x = \sin\left(x + \frac{\pi}{2}\right),$$

$$y'' = \cos(x + \frac{\pi}{2}) = \sin(x + \frac{\pi}{2} + \frac{\pi}{2}) = \sin(x + \frac{2\pi}{2}),$$

$$y''' = \cos(x + \frac{2\pi}{2}) = \sin(x + \frac{2\pi}{2} + \frac{\pi}{2}) = \sin(x + \frac{3\pi}{2}),$$

......

所以

$$y^{(n)} = \sin(x + \frac{n\pi}{2}).$$

例 4 设 $y = a^x$，求 $y^{(n)}$.

解 $y' = a^x \ln a$，$y'' = a^x \ln^2 a$，$y''' = a^x \ln^3 a$，$\cdots$ 所以

$$y^{(n)} = a^x \ln^n a.$$

特别地，当 $a = e$ 时，有

$$(e^x)^{(n)} = e^x.$$

例 5 设 $f(x) = x^2 \ln x$，求 $f'''(2)$.

解 $f'(x) = 2x \ln x + x$；

$f''(x) = 2\ln x + 3$；

$f'''(x) = \dfrac{2}{x}$；

$f'''(2) = 1.$

习题 §2－5

一、判断题

1. 函数 $f(x)$ 的导函数再求一次导数就是 $f(x)$ 的二阶导数. （ ）

2. 速度对时间的导数是物体运动的加速度. （ ）

3. $f(x) = e^{2x}$ 的二阶导数为 $f''(x) = e^{2x}$. （ ）

二、求二阶导数 y''

1. $y = x^4 - e^x$. 　　　　　　2. $y = \ln(x - 1)$.

3. $y = \ln(2 + x)$. 　　　　　4. $y = x \ln x$.

5. $y = e^{3x-2}$.

三、证明：$x = e^t \sin t$，$y = e^t \cos t$，满足方程

$$(x + y)^2 \frac{d^2 y}{dx^2} = 2(x \frac{dy}{dx} - y).$$

四、求下列函数的高阶导数

1. $y = x e^x$，求 y''. 　　　　2. $y = e^{-x^2}$，求 y'''.

3. $y = \ln x$，求 y''. 　　　　4. $y = e^{2x}$，求 $y^{(50)}$.

§2−6 微分

一、微分的概念

在实际问题中，经常需要计算当自变量有一微小改变量时，相应地函数有多大变化的问题.

例如，一块正方形的金属薄片受温度变化的影响，其边长由 x_0 变到 $x_0 + \Delta x$ 时，金属薄片的面积改变了多少?如图 $2-5$ 所示.

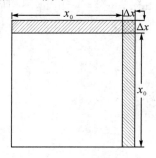

图 $2-5$

设正方形的边长为 x，面积为 $y = f(x) = x^2$.

当金属薄片受温度变化的影响，其边长 x 在 x_0 处取得增量 Δx 时，面积相应的改变量为 Δy，即

$$\Delta y = (x_0 + \Delta x)^2 - x_0^2 = 2x_0 \Delta x + (\Delta x)^2.$$

显然，Δy 由两部分组成:第一部分是 $2x_0 \Delta x$，是 Δx 的线性函数;第二部分 $(\Delta x)^2$ 是图中小正方形的面积.当 Δx 很小时，$(\Delta x)^2$ 在 Δy 中所起的作用很微小，可以忽略.因此 $\Delta y \approx 2x_0 \Delta x$，即 $2x_0 \Delta x$ 可作为面积改变量 Δy 的近似值.又因为 $f'(x_0) = 2x_0$，所以

$$\Delta y \approx f'(x_0) \cdot \Delta x.$$

事实上，这个结论对一般的可导函数也是成立的.

设函数 $y = f(x)$ 在点 x_0 处可导，即

$$\lim_{\Delta x \to 0} \frac{\Delta y}{\Delta x} = f'(x_0),$$

根据函数极限与无穷小的关系，有

$$\frac{\Delta y}{\Delta x} = f'(x_0) + \alpha,$$

式中，α 是当 $\Delta x \to 0$ 的无穷小，故

$$\Delta y = f'(x_0) \Delta x + \alpha \Delta x.$$

由此可知，函数的改变量 Δy 是由 $f'(x_0) \Delta x$ 和 $\alpha \Delta x$ 两项所组成的，当 $f'(x_0) \neq 0$ 时，由

$$\lim_{\Delta x \to 0} \frac{\alpha \Delta x}{\Delta x} = \lim_{\Delta x \to 0} \alpha = 0, \qquad \lim_{\Delta x \to 0} \frac{f'(x_0) \Delta x}{\Delta x} = f'(x_0) \neq 0$$

可知，$f'(x_0) \Delta x$ 是 Δx 的同阶无穷小，$\alpha \Delta x$ 是较 Δx 的高阶无穷小.

所以，当 $f'(x_0) \neq 0$ 时，在函数改变量 Δy 中起主要作用的是 $f'(x_0) \Delta x$，是 Δy 的主要部分，由于 $f'(x_0) \Delta x$ 是 Δx 的线性关系式，所以通常称 $f'(x_0) \Delta x$ 是 Δy 的**线性主部**.

当 $|\Delta x|$ 很小时，可用函数改变量的线性主部近似地代替函数的改变量，即

$$\Delta y \approx f'(x) \Delta x.$$

也就是说，当自变量在某点的改变量的绝对值很小时，函数在该点的相应改变量近似地等于函数在该点的导数与自变量改变量的乘积. 这一关系在近似计算中是经常出现的.

反之，若函数 $y = f(x)$ 在点 x_0 处的改变量 Δy 可以表示成

$$\Delta y = A \Delta x + o(\Delta x), \qquad \lim_{\Delta x \to 0} \frac{o(\Delta x)}{\Delta x} = 0,$$

则有

$$\frac{\Delta y}{\Delta x} = A + \frac{o(\Delta x)}{\Delta x},$$

这样

$$f'(x_0) = \lim_{\Delta x \to 0} \frac{\Delta y}{\Delta x} = \lim_{\Delta x \to 0} \left[A + \frac{o(\Delta x)}{\Delta x} \right] = A,$$

即

$$\Delta y = f'(x_0) \Delta x + o(\Delta x).$$

从前面函数在点 x_0 处的导数 $f'(x_0)$ 以及改变量 Δy 分析中，我们抽象出一种数学概念——微分.

定义　设函数 $y = f(x)$ 在点 x_0 处的某邻近小区间内有定义，若函数 $f(x)$ 在点 x_0 处的改变量 $\Delta y = f(x_0 + \Delta x) - f(x)$ 可表示成

$$\Delta y = A \Delta x + o(\Delta x),$$

式中，A 是仅与 x_0 有关的常数，$o(\Delta x)$ 是比 $\Delta x (\Delta x \to 0)$ 高阶的无穷小，则称函数 $f(x)$ 在点 x_0 处**可微**，并称其线性主部 $A \Delta x$ 为函数 $y = f(x)$ 在 x_0 处的**微分**，记为 $\mathrm{d}y |_{x=x_0}$，即 $\mathrm{d}y |_{x=x_0} = A \Delta x$，且有 $A = f'(x_0)$，故

$$\mathrm{d}y |_{x=x_0} = f'(x_0) \Delta x.$$

由定义可得下面的定理：

定理　函数 $y = f(x)$ 在 x_0 可微的充要条件是 $f(x)$ 在 x_0 可导.

证　充分性，由微分定义以及 $\Delta y = f'(x_0) \Delta x + \alpha \Delta x$ 直接得到.

必要性，设 $y = f(x)$ 在 x_0 可微，则有

$$\Delta y = A \Delta x + o(\Delta x)(\Delta x \to 0).$$

以 $\Delta x \neq 0$ 除上式两边，并令 $\Delta x \to 0$ 取极限，得

$$\lim_{\Delta x \to 0} \frac{\Delta y}{\Delta x} = A.$$

所以 $y = f(x)$ 在 x_0 可导，且 $f'(x_0) = A$.

若函数 $y = f(x)$ 在区间 I 内每一点都可微，则称 $f(x)$ 在 I 内可微，或称 $f(x)$ 是 I 内的可微函数. 函数 $f(x)$ 在 I 内的微分记作

$$dy = f'(x)\Delta x,$$

它不仅依赖于 Δx，而且也依赖于 x.

特别地，对于函数 $y = x$ 来说，由于 $(x)' = 1$，则有

$$dx = (x)'\Delta x = \Delta x.$$

所以，我们规定自变量的微分等于自变量的增量. 这样，函数 $y = f(x)$ 的微分可以写成

$$dy = f'(x)dx.$$

从而有

$$\frac{dy}{dx} = f'(x).$$

即函数的微分与自变量的微分之商等于函数的导数，因此，导数又有微商之称.

不难看出，现在用记号 $\dfrac{dy}{dx}$ 表示导数的方便之处.

例如，反函数的求导公式 $\dfrac{dy}{dx} = \dfrac{1}{\dfrac{dx}{dy}}$，可以看做 dy 与 dx 相除的一种代数变形.

由导数与微分的关系，只要知道函数的导数，就能立刻写出它的微分. 例如：

$$(x^\mu)' = \mu x^{\mu-1}(\mu \in \mathbf{R}) \Leftrightarrow d(x^\mu) = \mu x^{\mu-1}dx,$$

$$(e^x)' = e^x \Leftrightarrow d(e^x) = e^x dx,$$

$$(\sin x)' = \cos x \Leftrightarrow d(\sin x) = \cos x dx.$$

从上面的讨论和导数的定义可知：一元函数的可导与可微是等价的. 可导必可微，可微必可导.

微分与导数虽然有着密切的联系，但它们是有区别的：导数是函数在一点处的变化率，而微分是函数在一点处由自变量增量所引起的函数变化量的主要部分；导数的值只与 x 有关，而微分的值与 x 和 Δx 都有关.

例 1　求函数 $y = x^2$ 在 $x = 1$，$\Delta x = 0.01$ 时的 Δy 及 dy.

解　$\Delta y = (x + \Delta x)^2 - x^2 = 2x\Delta x + (\Delta x)^2 = 2 \times 1 \times 0.01 + 0.01^2 = 0.0201$；

$dy = (x^2)'\Delta x = 2x\Delta x$；

$dy\big|_{\substack{x=1 \\ \Delta x = 0.01}} = 2 \times 1 \times 0.01 = 0.02$.

可见，当 $|\Delta x|$ 足够小时，有 $dy \approx \Delta y$.

例 2　求函数的微分.

(1) $y = \ln\sin x$；

(2) $y = x\sin x$.

解　(1) $dy = d(\ln\sin x) = (\ln\sin x)'dx = \cot x dx$；

(2) $dy = d(x\sin x) = (x\sin x)'dx = (\sin x + x\cos x)dx$.

例 3　半径为 R 的球，其体积为 $V = \frac{4}{3}\pi R^3$，当半径增大 ΔR 时，求体积的改变量及微分.

解　体积的改变量为

$$\Delta V = \frac{4}{3}\pi(R+\Delta R)^3 - \frac{4}{3}\pi R^3 = 4\pi R^2 \Delta R + 4\pi R(\Delta R)^2 + \frac{4}{3}\pi(\Delta R)^3,$$

显然 $\Delta V = 4\pi R^2 \Delta R + o(\Delta R)$.

体积的微分为

$$\mathrm{d}V = \left(\frac{4}{3}\pi R^3\right)'\Delta R = 4\pi R^2 \Delta R.$$

二、微分的几何意义

如图 $2-6$ 所示，在曲线 $y = f(x)$ 上取一点 $A(x, y)$，过 A 作曲线的切线，切线的斜率为 $f'(x) = \tan\beta$.

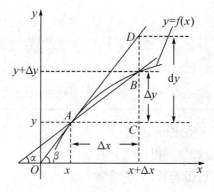

图 $2-6$

当自变量在 x 处取得改变量 Δx 时，我们得到曲线上另一点 $B(x+\Delta x, y+\Delta y)$，由图 $2-6$ 可知

$$AC = \Delta x, \quad CB = \Delta y, \quad CD = AC\tan\beta = f'(x)\Delta x = \mathrm{d}y.$$

也就是说，函数 $y = f(x)$ 的微分 $\mathrm{d}y$，等于曲线 $y = f(x)$ 在点 $A(x, y)$ 的切线 AD 的纵坐标对应于 Δx 的改变量，这就是微分的几何意义.

在几何上，函数的增量 Δy 表示曲线上两点 A、B 纵坐标的改变量，函数的微分 $\mathrm{d}y$ 表示曲线在点 A 处切线上两点 A、D 纵坐标的改变量. 当自变量的增量 $|\Delta x|$ 很小时，$BD = CD - CB$ 也很小，即 $CD \approx CB$，可用切线上的点的纵坐标改变量代替曲线上点的纵坐标改变量. 因而曲线上 AB 的弧线段与切线段 AD 十分接近，从而在点 $A(x, f(x))$ 附近，可用切线段近似代替曲线段. 在这种条件下，以直代曲的方法是微积分常用的方法.

三、微分的基本公式和微分的运算法则

由函数微分的定义

$$\mathrm{d}y = f'(x)\mathrm{d}x,$$

我们知道,要计算函数微分,只需求出函数的导数,再乘以函数自变量的微分即可.因此,微分的基本公式和运算法则均可由导数的基本公式和运算法则直接推出.

1. 微分的基本公式

微分的基本公式见表 $2-2$.

表 $2-2$　　微分的基本公式

$(1)\mathrm{d}(C) = 0(C$ 为任意常数)	$(2)\mathrm{d}(x^{\mu}) = \mu x^{\mu-1}\mathrm{d}x(\mu$ 为任意实数)
$(3)\mathrm{d}(a^{x}) = a^{x}\ln a\,\mathrm{d}x(a > 0$ 且 $a \neq 1)$	$(4)\mathrm{d}(\log_{a}x) = \dfrac{1}{x\ln a}\mathrm{d}x(a > 0$ 且 $a \neq 1)$
$(5)\ \mathrm{d}(\mathrm{e}^{x}) = \mathrm{e}^{x}\mathrm{d}x$	$(6)\mathrm{d}(\ln x) = \dfrac{1}{x}\mathrm{d}x$
$(7)\mathrm{d}(\sin x) = \cos x\,\mathrm{d}x$	$(8)\mathrm{d}(\cos x) = -\sin x\,\mathrm{d}x$
$(9)\mathrm{d}(\tan x) = \sec^{2}x\,\mathrm{d}x$	$(10)\mathrm{d}(\cot x) = -\csc^{2}x\,\mathrm{d}x$
$(11)\mathrm{d}(\sec x) = \sec x\tan x\,\mathrm{d}x$	$(12)\mathrm{d}(\csc x) = -\csc x\cot x\,\mathrm{d}x$
$(13)\mathrm{d}(\arcsin x) = \dfrac{1}{\sqrt{1-x^{2}}}\mathrm{d}x$	$(14)\mathrm{d}(\arccos x) = -\dfrac{1}{\sqrt{1-x^{2}}}\mathrm{d}x$
$(15)\mathrm{d}(\arctan x) = \dfrac{1}{1+x^{2}}\mathrm{d}x$	$(16)\mathrm{d}(\mathrm{arccot}x) = -\dfrac{1}{1+x^{2}}\mathrm{d}x$

2. 函数的和、差、积、商的微分法则

我们也不难从导数的运算法则得到微分的运算法则.

设 $u(x)$ 与 $v(x)$ 都是可微函数,c 为常数,则有:

$(1)\mathrm{d}[cu(x)] = c\,\mathrm{d}u(x)(c$ 为常数$)$;

$(2)\mathrm{d}[u(x) \pm v(x)] = \mathrm{d}u(x) \pm \mathrm{d}v(x)$;

$(3)\mathrm{d}[u(x)v(x)] = v(x)\mathrm{d}u(x) + u(x)\mathrm{d}v(x)$;

$(4)\mathrm{d}\Big[\dfrac{u(x)}{v(x)}\Big] = \dfrac{v(x)\mathrm{d}u(x) - u(x)\mathrm{d}v(x)}{v^{2}(x)}$.

3. 复合函数的微分法则

设函数 $y = f(u)$ 与 $u = \varphi(x)$ 均可微,则复合函数 $y = f[\varphi(x)]$ 的微分为

$$\mathrm{d}y = \{f[\varphi(x)]\}'_{x}\mathrm{d}x = f'(u)\varphi'(x)\mathrm{d}x = f'[\varphi(x)]\varphi'(x)\mathrm{d}x.$$

由于 $\mathrm{d}u = \varphi'(x)\mathrm{d}x$,因此,复合函数 $y = f[\varphi(x)]$ 的微分公式也可写成

$$\mathrm{d}y = f'(u)\mathrm{d}u.$$

这个公式与 $\mathrm{d}y = f'(x)\mathrm{d}x$ 在形式上完全一致,所含的内容却广泛得多,即无论 u 是自变量还是中间变量,$y = f(u)$ 的微分都可用 $f'(u)\mathrm{d}u$ 表示,这一性质称为**微分形式不变性**. 有时,利用一阶微分形式不变性求复合函数的微分比较方便.

例 4　求函数 $y = \mathrm{e}^{-x^{2}} \cdot \cos\dfrac{1}{x}$ 的微分.

解 $dy = \cos\dfrac{1}{x}d(e^{-x^2}) + e^{-x^2}d(\cos\dfrac{1}{x})$

$\qquad = \cos\dfrac{1}{x} \cdot e^{-x^2}d(-x^2) + e^{-x^2}(-\sin\dfrac{1}{x})d(\dfrac{1}{x})$

$\qquad = e^{-x^2}(-2x\cos\dfrac{1}{x} + \dfrac{1}{x^2}\sin\dfrac{1}{x})dx.$

例5 求 $y = \dfrac{3x^2-1}{3x^3} + \ln\sqrt{1+x^2} + \arctan x$ 的微分.

解 $y = \dfrac{1}{x} - \dfrac{1}{3x^3} + \dfrac{1}{2}\ln(1+x^2) + \arctan x,$

$\quad dy = d(\dfrac{1}{x}) - \dfrac{1}{3}d(\dfrac{1}{x^3}) + \dfrac{1}{2}d\ln(1+x^2) + d(\arctan x)$

$\qquad = -\dfrac{1}{x^2}dx + \dfrac{1}{x^4}dx + \dfrac{x}{1+x^2}dx + \dfrac{1}{1+x^2}dx$

$\qquad = \dfrac{1+x^5}{x^4+x^6}dx.$

例6 利用微分形式不变性, 求函数的微分:

(1) $y = \sin(x^2+2)$;

(2) $f(x) = e^{ax+bx^2}$.

解 (1) $dy = \cos(x^2+2)d(x^2+2) = 2x\cos(x^2+2)dx$;

$\quad$(2) $df(x) = e^{ax+bx^2}d(ax+bx^2) = (a+2bx)e^{ax+bx^2}dx.$

例7 在等式左端的括号中填入适当的函数, 使等式成立:

(1) $d(\qquad) = 2xdx$;

(2) $d(\qquad) = \sin 3x dx.$

解 (1) 因为 $d(x^2) = 2xdx$, 所以 $2xdx = d(x^2)$. 一般有 $d(x^2+C) = 2xdx$;

$\quad$(2) 因为 $d(\cos 3x) = -3\sin 3x dx$, 所以 $\sin 3x dx = -\dfrac{1}{3}d(\cos 3x) =$

$d(-\dfrac{1}{3}\cos 3x).$ 即 $d(-\dfrac{1}{3}\cos 3x) = \sin 3x dx$, 一般有 $d(-\dfrac{1}{3}\cos 3x + C) = \sin 3x dx.$

习题 §2-6

一、判断题

1. 函数的微分小于函数增量.   (   )

2. 函数的微分是可导函数在一点处改变量的线性主部; 函数在一点大于零, 则在该点的微分也大于零.   (   )

3. 自变量增量小于零时, 函数的微分也小于零.   (   )

二、将适当的函数填入括号内, 使等式成立

1. $d(\qquad) = 3xdx.$ 2. $d(\qquad) = \cos t dt.$

3. $\mathrm{d}(\qquad) = \dfrac{1}{1+x^2}\mathrm{d}x.$ 4. $\mathrm{d}(\qquad) = \mathrm{e}^{-t^2}\mathrm{d}t^2.$

5. $\mathrm{d}(\qquad) = \dfrac{1}{\sqrt{x}}\mathrm{d}x.$ 6. $\mathrm{d}(\sin^2 x) = (\qquad)\,\mathrm{d}\sin x.$

三、求函数在指定条件下的增量和微分

1. $y = 2x + 5$，x 从 0 变到 0.02.

2. $y = x^2 + 2x + 1$，x 从 2 变到 1.099.

四、求下列函数的微分

1. $y = x + \dfrac{1}{x} + 2\sqrt{x}.$ 2. $y = x\ln x - x.$

3. $y = \dfrac{x}{\sqrt{x^2+1}}.$ 4. $y = \mathrm{e}^{-x}\cos(3-x).$

五、设 $y = \sin x^2 + x\ln x - 3x + 2$，求 $\mathrm{d}y$.

§2−7 微分在近似计算中的作用

在解决工程问题时，常常会遇到一些复杂的计算问题，即便直接使用公式计算，也会很麻烦. 这时，我们可以用微分将一些复杂的计算公式改造成简单的近似公式，利用近似公式计算既可以保证计算的精度，又能使计算变得简单.

根据前面讨论，如果函数 $f(x)$ 在 x_0 的导数 $f'(x_0) \neq 0$，且 $|\Delta x|$ 很小时，有近似公式

$$\Delta y \approx \mathrm{d}y = f'(x_0)\Delta x.$$

这个式子也可以写成

$$\Delta y = f(x_0 + \Delta x) - f(x_0) \approx f'(x_0)\Delta x \tag{1}$$

或

$$f(x_0 + \Delta x) \approx f(x_0) + f'(x_0)\Delta x. \tag{2}$$

若令 $x = x_0 + \Delta x$，即 $\Delta x = x - x_0$，那么(2)式可以改写成

$$f(x) \approx f(x_0) + f'(x_0)(x - x_0). \tag{3}$$

一般地，如果 $f(x_0)$ 与 $f'(x_0)$ 易于计算，要计算函数 $f(x)$ 在 x_0 附近的改变量 Δy 的近似值，用公式(1)；利用公式(2)或(3)计算函数 $f(x)$ 在 x_0 附近的函数值的近似值 $f(x_0 + \Delta x)$.

事实上，由于 $f(x_0)$ 与 $f'(x_0)$ 易于计算，因此，这种近似计算就是用 x 的关系式 $f(x_0) + f'(x_0)(x - x_0)$ 来近似表达函数 $f(x)$. 从导数的几何意义可知，这就是用曲线 $y = f(x)$ 在点 $(x_0, f(x_0))$ 处的切线(切点邻近部分)来近似代替该曲线(即所谓的以直代曲).

例 1 有一批半径为 1 cm 的球，为减少表面粗糙度，要镀上一层铜，厚度为 0.01 cm，估计每只球需要用铜多少克？(铜的密度为 8.9 g/cm³)

解 先求出镀层的体积，再乘以密度，即为每只球用铜的质量.

因为镀层的体积等于两个球体体积之差，所以它就是球体 $V = \frac{4}{3}\pi r^3$ 当 R 从 R_0 取得增量 ΔR 时的增量 ΔV. 我们求 V 对 R 的导数：

$$V'|_{R=R_0} = (\frac{4}{3}\pi r^3)'\Big|_{R=R_0} = 4\pi R_0^2,$$

由(1)式得

$$\Delta V \approx 4\pi R_0^2 \Delta R.$$

因为 $R_0 = 1$，$\Delta R = 0.01$，所以

$$\Delta V \approx 4\pi \times 0.01 = 0.04\pi\,(\text{cm}^3).$$

于是每只球的用铜量约为

$$m = 0.04\pi \times 8.9 = 1.12(\text{g}).$$

例 2　求 $\sin 30°30'$ 的近似值.

解　令 $f(x) = \sin x$，则 $f'(x) = \cos x$，取 $x_0 = 30° = \frac{\pi}{6}$，$\Delta x = 30' = \frac{\pi}{360}$，代入公式(2)得

$$\sin 30°30' = \sin(\frac{\pi}{6} + \frac{\pi}{360}) \approx \sin\frac{\pi}{6} + \cos\frac{\pi}{6} \times \frac{\pi}{360}$$

$$= \frac{1}{2} + \frac{\sqrt{3}}{2} \times \frac{\pi}{360} \approx 0.5076.$$

接下来，我们推导一些常用的近似公式.

在(3)式中，取 $x_0 = 0$，于是得

$$f(x) \approx f(0) + f'(0)x. \tag{4}$$

当 $|x|$ 很小时，利用(4)，可推导出工程上常用的一些近似计算公式：

(1) $\sqrt[n]{1+x} \approx 1 + \frac{1}{n}x$，特别地，$\sqrt{1+x} \approx 1 + \frac{1}{2}x$	(2) $\frac{1}{1+x} \approx 1 - x$
(3) $(1+x)^\alpha \approx 1 + \alpha x\,(\alpha \in \mathbf{R})$	(4) $\text{e}^x \approx 1 + x$
(5) $\ln(1+x) \approx x$	(6) $\sin x \approx x$（x 为弧度）
(7) $\tan x \approx x$（x 为弧度）	(8) $\arctan x \approx x$（x 为弧度）

例 3　求 $\sqrt[3]{65}$ 的近似值.

解　由于 $\sqrt[3]{65} = \sqrt[3]{64+1} = 4 \times \sqrt[3]{1 + \frac{1}{64}}$，在公式 $(1+x)^\alpha \approx 1 + \alpha x$ 中，取 $x = \frac{1}{64}$，$\alpha = \frac{1}{3}$，得

$$\sqrt[3]{65} \approx 4(1 + \frac{1}{3} \times \frac{1}{64}) \approx 4.0208.$$

习题 §2-7

一、计算下列各式的近似值

1. $\sqrt[3]{996}$.

2. $\cos 29°$.

3. $\ln 1.01$.

4. $\tan 45°10'$.

二、当 $|x|$ 很小时，证明近似公式

1. $\mathrm{e}^x \approx 1+x$.

2. $\arctan x \approx x$.

3. $\ln(1+x) \approx x$.

三、半径为 $10\ \mathrm{cm}$ 的金属圆片，由于热胀冷缩，当半径的增量为 $1\ \mathrm{mm}$ 时，估算圆片面积的增量.

复习题二

一、判断题

1. $f'(x_0) = \left[f(x_0)\right]'$. 　　　　　　　　　　　　　　　　（　　）

2. $\lim\limits_{x \to x_0} \dfrac{f(x) - f(x_0)}{x - x_0} \neq f'(x_0)$. 　　　　　　　　　（　　）

3. 如果曲线 $y = f(x)$ 在 x_0 点不可导，则曲线在点 $(x_0, f(x_0))$ 处的切线不存在. 　　　　　　　　　　　　　　　　　　　　　　（　　）

4. 函数 $y = f(x)$ 在点 x_0 处连续，则 $f(x)$ 在点 x_0 处可导. 　（　　）

5. 函数 $y = f(x)$ 在点 x_0 处可微，则 $f(x)$ 在点 x_0 处连续. 　（　　）

6. 若函数 $y = f(x)$ 的自变量 x 在 x_0 处的增量 $\Delta x < 0$，则函数在 x_0 处的微分 $\mathrm{d}y < 0$. 　　　　　　　　　　　　　　　　　　（　　）

二、填空题

1. 设 $y = 4x^3 + 2x^2 - 5x + 2$，则 $y' = $ _____.

2. 设 $f(x) = 3\sin x - \cos x + 2$，则 $f'(x) = $ _____.

3. 设 $y = \dfrac{x}{1 + \sin x}$，则 $y' = $ _____.

4. $\mathrm{d}(\tan(x^2 + 1)) = $ _____.

5. $\mathrm{d}(\qquad\qquad) = a^{2x}\mathrm{d}(2x)$.

6. 设 $y = \arcsin 2x$，则 $y' = $ _____.

7. 设 $y' = \operatorname{arccot}\mathrm{e}^x$，则 $y'' = $ _____.

8. $\mathrm{d}(\sqrt{x^2 + 1}) = $ _____.

三、选择题

1. $\lim\limits_{\Delta x \to 0} \dfrac{f(x - \Delta x) - f(x)}{\Delta x} = ($ 　　 $)$.

A. $-f'(x)$ 　　　　　　　　　　　B. $f'(x_0)$

C. $-f'(x_0)$ 　　　　　　　　　　D. $\pm f'(x_0)$

2. 设 $y = \dfrac{1}{x^n}$，则 $y' = ($ 　　$)$.

A. $\dfrac{1}{nx^{n-1}}$ 　　　　　　　　　B. $\dfrac{n}{x^{n-1}}$

C. $-\dfrac{n}{x^{n-1}}$ 　　　　　　　　D. $-\dfrac{n}{x^{n+1}}$

3. 设 $y = \cos^2 x + 2$，则 $y' = ($ 　　$)$.

A. $\sin 2x$ 　　　　　　　　　　B. $-\sin 2x$

C. $-\sin^2 x$ 　　　　　　　　　D. $2\cos x$

4. 曲线 $y = x^2 + x - 2$ 在点 $(1, 0)$ 处的切线方程为（ 　　）.

A. $y = 2(x-1)$ 　　　　　　　　B. $y = 4(x-1)$

C. $y = 4x - 1$ 　　　　　　　　　D. $y = 3(x-1)$

5. 设 $y = x^3 + 3^x$，则 $\mathrm{d}y = ($ 　　$)$.

A. $(3x^2 + 3x)\mathrm{d}x$ 　　　　　　　B. $(3x^2 + \dfrac{3^x}{\ln 3})\mathrm{d}x$

C. $(3x^2 + 3^x \ln 3)\mathrm{d}x$ 　　　　　D. $(3x^2 + 3^x)\ln 3\,\mathrm{d}x$

四、 设 $f(x) = 10x^2$，试按定义求 $f'(-1)$.

五、 求曲线 $y = \sin x$ 在原点处的切线方程和法线方程.

六、 一质点以初速度 v_0 向上作抛物运动，其运动方程为

$$s = v_0 t - \frac{1}{2}gt^2 (v_0 > 0，为常数).$$

1. 求质点在 t 时刻的瞬时速度.

2. 何时质点的速度为零?

3. 求质点回到出发点时的速度.

七、 设 $f(x) = \begin{cases} x^2, & x \leqslant 1, \\ ax + b, & x > 1, \end{cases}$ 试确定 a, b 的值，使 $f(x)$ 在 $x = 1$ 可导.

八、 设 $g(x)$ 在 $x = 0$ 连续且可导，求 $f(x) = g(x)\sin 2x$ 在 $x = 0$ 的导数.

九、 设 $f(x)$ 对任意实数 x_1, x_2 有

$$f(x_1 + x_2) = f(x_1)f(x_2),$$

且 $f'(0) = 1, f(0) \neq 1$，试证 $f'(x) = f(x)$.

十、 设 $f(0) = 1, g(1) = 2, f'(0) = -1, g'(1) = -2$，求：

1. $\lim\limits_{x \to 0} \dfrac{\cos x - f(x)}{x}$.

2. $\lim\limits_{x \to 0} \dfrac{2^x f(x) - 1}{x}$.

3. $\lim\limits_{x \to 1} \dfrac{\sqrt{x}\, g(x) - 2}{x}$.

十一、求下列函数的导数

1. $y = 2x^2 - \dfrac{1}{x^3} + 5x + 1$.

2. $y = x^2 \sin x$.

3. $y = \dfrac{1}{\sqrt{x}} + \dfrac{\pi}{2}$.

4. $y = \dfrac{1}{x + \cos x}$.

十二、求下列函数在给定点处的导数

1. $y = \sin x - \cos x$，求 $y'\big|_{x = \frac{\pi}{6}}$ 和 $y'\big|_{x = \frac{\pi}{4}}$.

2. $p = \varphi \sin\varphi + \dfrac{1}{2}\cos\varphi$，求 $\dfrac{\mathrm{d}p}{\mathrm{d}\varphi}\Big|_{\varphi = \frac{\pi}{4}}$.

十三、设 $f(x)$ 可导，求下列函数的导数

1. $y = [f(x)]^2$.

2. $y = \mathrm{e}^{f(x)}$.

3. $y = f(x^2)$.

十四、设 $f(0) = 1$，$f'(0) = -1$，求极限 $\lim\limits_{x \to 1} \dfrac{f(\ln x) - 1}{1 - x}$.

十五、设 $f(x) = x^2 + \ln x$，求使得 $f''(x) > 0$ 的 x 取值范围.

第三章　　导数的应用

学习要求：

一、了解罗尔中值定理、拉格朗日中值定理；

二、会用洛必达法则求未定式的极限；

三、掌握判定函数单调性的方法，掌握函数极值与最值的求法；

四、掌握绘制函数图像的一般程序，能较准确地画出给定函数的图像；

五、理解函数极值的概念，理解曲线的凹凸与拐点的概念.

在建立了导数的概念之后，本章主要介绍微分中值定理，研究微分学的应用，即洛必达法则、极值、最值和函数图像的描绘等问题.

§3－1　　微分中值定理

微分中值定理是微分学的基本定理，它建立了导数与函数之间的关系式. 因微分中值定理所阐述的内容与所讨论的区间内的某点处的导数有关，故称之为微分中值定理.

定理 1（罗尔中值定理）　　如果函数 $y = f(x)$ 满足条件：

(1) 在闭区间 $[a, b]$ 上连续；

(2) 在开区间 (a, b) 内可导；

(3) $f(a) = f(b)$.

则在 (a, b) 内至少存在一点 ξ，使 $f'(\xi) = 0$.

几何解释： 若函数 $y = f(x)$ 是闭区间 $[a, b]$ 上的两端点高度相同的连续曲线，且在开区间 (a, b) 内至少有一个最高点或最低点，则曲线在最高点或最低点处一定有切线，且该点处的切线一定平行于 x 轴，或平行于弦 AB. 如图 3－1 所示.

注意： 罗尔中值定理中三个条件是结论成立的充分而不必要条件，即若函数 $y = f(x)$ 满足定理的三个条件，则结论一定成立. 罗尔中值定理只是指明了点 ξ 的存在性，并没有说明有多少个这样的点，也没有指出点 ξ 的具体位置.

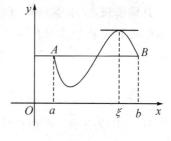

图 3－1

例 1　验证函数 $y = \sqrt{r^2 - x^2}(r > 0)$ 在区间 $[-r, r]$ 上是否满足罗尔中值定理，若满足，则求出定理中的 ξ.

解　设 $f(x) = \sqrt{r^2 - x^2}$，显然，$f(x)$ 在 $[-r, r]$ 上连续，在 $(-r, r)$ 内可导，且 $f(-r) = f(r) = 0$，满足罗尔中值定理的三个条件. 按照罗尔中值定理的结论，一定能在 $(-r, r)$ 内找到 ξ，使 $f'(\xi) = 0$.

由 $f'(x) = -\dfrac{x}{\sqrt{r^2 - x^2}}$，令 $f'(x) = 0$，解得 $x = 0$，$0 \in (-r, r)$.

取 $\xi = 0$，有 $f'(\xi) = f'(0) = 0$.

取消罗尔中值定理的第三个条件并改变相应的结论，即可得到微分学中的一个重要定理——拉格朗日中值定理.

定理 2(拉格朗日中值定理)　若函数 $y = f(x)$ 满足条件：

(1) 在闭区间 $[a, b]$ 上连续；

(2) 在开区间 (a, b) 内可导.

则在区间 (a, b) 内至少有一点 ξ(如图 3－2 所示)，使得

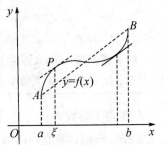

$$f'(\xi) = \frac{f(b) - f(a)}{b - a}.$$

此式称为**微分中值公式**或**拉格朗日公式**，其等价形式为

图 3－2

$$f(b) - f(a) = f'(\xi)(b - a) \ (a < \xi < b).$$

若令 $a = x$，$b = x + \Delta x$，则上式可写成

$$f(x + \Delta x) - f(x) = f'(\xi) \cdot \Delta x \ (x < \xi < x + \Delta x).$$

即

$$\Delta y = f'(\xi) \cdot \Delta x \ (x < \xi < x + \Delta x).$$

此式表明了函数的增量 Δy 与函数导数之间的关系，在微分中我们知道，当 $|\Delta x|$ 很小时，函数的增量 $\Delta y \approx f'(x)\Delta x$，而此式说明不论 Δx 的数值大小，函数的增量 Δy 总能准确地由函数 $y = f(x)$ 在某一点 ξ 的导数与 Δx 的乘积来表示. 因此，拉格朗日中值定理也称为**有限增量定理**，拉格朗日公式也称为**有限增量公式**.

几何解释：若函数 $y = f(x)$ 的图像是区间 $[a, b]$ 上的一条光滑连续曲线，则曲线在区间 (a, b) 内至少存在一点 ξ，使得曲线上的对应点 $P(\xi, f(\xi))$ 处的切线平行于弦 AB，即

$$f'(\xi) = \frac{f(b) - f(a)}{b - a} = k_{AB}.$$

证　因为弦 AB 所在直线的斜率为 $k_{AB} = \dfrac{f(b) - f(a)}{b - a}$，所以弦所在的直线方程为

$$y = \frac{f(b) - f(a)}{b - a}(x - a) + f(a).$$

作辅助函数

$$\varphi(x) = f(x) - \frac{f(b) - f(a)}{b - a}(x - a) - f(a).$$

由于 $\varphi(x)$ 是由已知函数 $f(x)$ 与线性函数 $\frac{f(b) - f(a)}{b - a}(x - a) - f(a)$ 所组成的，不难证明函数 $\varphi(x)$ 在 $[a, b]$ 上连续，在 (a, b) 内可导，且有 $\varphi(a) = \varphi(b) = 0$. 因此，$\varphi(x)$ 满足罗尔中值定理的条件，故在 (a, b) 内至少存在一点 ξ，使

$$\varphi'(\xi) = f'(\xi) - \frac{f(b) - f(a)}{b - a} = 0.$$

即

$$f'(\xi) = \frac{f(b) - f(a)}{b - a}.$$

例 2 函数 $f(x) = x^3 - 2x$ 在区间 $[0, 2]$ 上满足拉格朗日中值定理的条件吗？若满足，试写出其结论.

解 显然函数 $f(x) = x^3 - 2x$ 在区间 $[0, 2]$ 上连续，在区间 $(0, 2)$ 内可导，满足拉格朗日中值定理的条件，应用定理得

$$f'(x) = 3x^2 - 2, \quad f'(\xi) = \frac{f(2) - f(0)}{2 - 0},$$

即

$$3\xi^2 - 2 = \frac{4 - 0}{2 - 0} = 2.$$

由方程 $3\xi^2 = 4$，解得

$$\xi = \frac{2}{3}\sqrt{3} \in (0, 2), \quad \xi = -\frac{2}{3}\sqrt{3} \notin (0, 2)(舍去)$$

推论 1 若函数 $y = f(x)$ 在区间 (a, b) 内任一点的导数 $f'(x)$ 恒等于零，即 $f'(x) \equiv 0$，则在 (a, b) 内 $f(x)$ 是一个常数，即

$$f(x) = C.$$

例 3 求证：$\arctan x + \operatorname{arccot} x = \frac{\pi}{2}$ $(x \in (-\infty, +\infty))$.

证 构造辅助函数 $f(x) = \arctan x + \operatorname{arccot} x$，因为 $f(x)$ 在 $(-\infty, +\infty)$ 内可导，且

$$f'(x) = (\arctan x)' + (\operatorname{arccot} x)' = \frac{1}{1 + x^2} - \frac{1}{1 + x^2} = 0.$$

由推论 1，得

$$f(x) = \arctan x + \operatorname{arccot} x = C(C 为常数).$$

令 $x = 1$，得

$$f(1) = \arctan 1 + \operatorname{arccot} 1 = \frac{\pi}{4} + \frac{\pi}{4} = \frac{\pi}{2},$$

所以

$$f(x) = C = \frac{\pi}{2},$$

即
$$\arctan x + \operatorname{arccot} x = \frac{\pi}{2}(x \in (-\infty, +\infty)).$$

例 4 证明不等式 $x > \ln(1+x)\ (x > 0)$.

证 令 $f(x) = x - \ln(1+x)$，因为 $f(x)$ 是初等函数，在其定义域 $(-1, +\infty)$ 上连续，所以在 $[0, +\infty)$ 上连续. 由

$$f'(x) = 1 - \frac{1}{1+x}$$

可知，$f(x)$ 在 $(0, +\infty)$ 内可导，在 $(0, +\infty)$ 内任取一点 x，则 $f(x)$ 在区间 $[0, x]$ 上满足拉格朗日中值定理条件，所以至少存在一点 $\xi(0 < \xi < x)$，使得

$$f(x) - f(0) = f'(\xi)(x - 0).$$

而
$$f'(\xi) = 1 - \frac{1}{1+\xi} = \frac{\xi}{1+\xi},$$

因为 $x > 0$，所以 $\xi > 0$，$\dfrac{\xi}{1+\xi} > 0$，即 $f'(\xi) > 0$. 又 $f(0) = 0$，由 $f(x) - f(0) = f'(\xi)(x - 0)$，得

$$f(x) > 0,$$
于是有
$$x - \ln(1+x) > 0.$$
即
$$x > \ln(1+x).$$

习题 §3－1

一、下列函数在给定区间上是否满足罗尔中值定理的条件? 如满足，求出定理中的 ξ 值.

1. $f(x) = \sin x$，$[-\pi, \pi]$.

2. $f(x) = \dfrac{1}{1+x^2}$，$[-2, 2]$.

二、下列函数在给定区间上是否满足拉格朗日中值定理的条件? 如满足，求出定理中的 ξ 值.

1. $f(x) = \sqrt{x}$，$[1, 4]$.

2. $f(x) = \arctan x$，$[0, 1]$.

三、验证拉格朗日中值定理对函数 $f(x) = ax^2 + bx + c(a \neq 0)$ 所求得的点 ξ 恒位于区间的正中间.

四、证明：$\arcsin x + \arccos x = \dfrac{\pi}{2}(-1 \leqslant x \leqslant 1)$.

五、证明不等式

$$\frac{x}{1+x} < \ln(1+x) < x$$

对一切 $x > 0$ 成立.

§3-2　洛必达法则

两个无穷小量之比或两个无穷大量之比的极限，有的存在，有的不存在，通常称这类极限为"**未定式**"，记为 $\dfrac{0}{0}$ 或 $\dfrac{\infty}{\infty}$. 还有其他一些类型的未定式，如 $0 \cdot \infty$，$\infty - \infty$，1^{∞}，0^{0}，∞^{0} 等，但这些未定式一般都可以转化为 $\dfrac{0}{0}$ 或 $\dfrac{\infty}{\infty}$ 这种基本形式来计算. 对于未定式，即使它的极限存在，也不能用极限的运算法则求解. 为此，我们介绍一种求解未定式极限的重要方法，这就是洛必达法则. 它是以导数为工具求解未定式极限的方法.

一、$\dfrac{0}{0}$ 型未定式

定理 1（洛必达法则 1）　若函数 $f(x)$ 与 $g(x)$ 满足条件：

(1) $\lim\limits_{x \to x_0} f(x) = 0$，$\lim\limits_{x \to x_0} g(x) = 0$；

(2) $f(x)$ 与 $g(x)$ 在点 x_0 及 x_0 左右近旁内可导，且 $g'(x) \neq 0$；

(3) $\lim\limits_{x \to x_0} \dfrac{f'(x)}{g'(x)} = A$（或 ∞）.

则有

$$\lim_{x \to x_0} \frac{f(x)}{g(x)} = \lim_{x \to x_0} \frac{f'(x)}{g'(x)} = A（或 \infty）.$$

对于 $x \to \infty$ 时的 $\dfrac{0}{0}$ 未定式，定理 1 仍然适用.

例 1　$\lim\limits_{x \to 0} \dfrac{(1+x)^{\mu} - 1}{x}$.

解　这是 $\dfrac{0}{0}$ 型未定式，用洛必达法则，得

$$\lim_{x \to 0} \frac{(1+x)^{\mu} - 1}{x} = \lim_{x \to 0} \frac{\mu(1+x)^{\mu-1}}{1} = \mu.$$

例 2　$\lim\limits_{x \to +\infty} \dfrac{\dfrac{\pi}{2} - \arctan x}{\dfrac{1}{x}}$.

解　这是 $\dfrac{0}{0}$ 型未定式，用洛必达法则，得

$$\lim_{x \to +\infty} \frac{\dfrac{\pi}{2} - \arctan x}{\dfrac{1}{x}} = \lim_{x \to +\infty} \frac{-\dfrac{1}{1+x^2}}{-\dfrac{1}{x^2}} = \lim_{x \to +\infty} \frac{x^2}{1+x^2} = 1.$$

例 3 求 $\lim\limits_{x \to 0} \dfrac{x \cot x - 1}{x^2}$.

解 由于 $x \to 0$ 时，$x \cot x = \dfrac{x}{\tan x} \to 1$，故原极限为 $\dfrac{0}{0}$ 型，用洛必达法则，得

$$\lim_{x \to 0} \frac{x \cot x - 1}{x^2} = \lim_{x \to 0} \frac{x \cos x - \sin x}{x^2 \sin x}$$

$$= \lim_{x \to 0} \frac{x \cos x - \sin x}{x^3} \quad (\text{分母等价无穷小代换})$$

$$= \lim_{x \to 0} \frac{\cos x - x \sin x - \cos x}{3x^2}$$

$$= -\frac{1}{3} \lim_{x \to 0} \frac{\sin x}{x} = -\frac{1}{3}.$$

二、$\dfrac{\infty}{\infty}$ 型未定式

定理 2（洛必达法则 2） 若函数 $f(x)$ 与 $g(x)$ 满足条件：

(1) $\lim\limits_{x \to x_0} f(x) = \infty$，$\lim\limits_{x \to x_0} g(x) = \infty$；

(2) $f(x)$ 与 $g(x)$ 在点 x_0 及 x_0 左右近旁内可导，且 $g'(x) \neq 0$；

(3) $\lim\limits_{x \to x_0} \dfrac{f'(x)}{g'(x)} = A$（或 ∞）.

则有

$$\lim_{x \to x_0} \frac{f(x)}{g(x)} = \lim_{x \to x_0} \frac{f'(x)}{g'(x)} = A（或 \infty）.$$

对于 $x \to \infty$ 时的 $\dfrac{\infty}{\infty}$ 未定式，定理 2 仍然适用.

例 4 求 $\lim\limits_{x \to 0^+} \dfrac{\ln \cot x}{\ln x}$.

解 这是 $\dfrac{\infty}{\infty}$ 型未定式，用洛必达法则，得

$$\lim_{x \to 0^+} \frac{\ln \cot x}{\ln x} = \lim_{x \to 0^+} \frac{\tan x \cdot (-\csc^2 x)}{\dfrac{1}{x}}$$

$$= -\lim_{x \to 0^+} \frac{x}{\sin x \cos x} = -\lim_{x \to 0^+} \frac{2x}{\sin 2x} = -1.$$

例 5 求 $\lim\limits_{x \to +\infty} \dfrac{\ln x}{x^n}$.

解 这是 $\dfrac{\infty}{\infty}$ 型未定式，用洛必达法则，得

$$\lim_{x \to +\infty} \frac{\ln x}{x^n} = \lim_{x \to +\infty} \frac{\dfrac{1}{x}}{n x^{n-1}} = \lim_{x \to +\infty} \frac{1}{n x^n} = 0.$$

当 $x \to x_0$ 或 $x \to \infty$ 时，若 $\dfrac{f'(x)}{g'(x)}$ 仍是 $\dfrac{0}{0}$（或 $\dfrac{\infty}{\infty}$）型的未定式，且函数 $f'(x)$ 与 $g'(x)$

还能满足洛必达法则中的条件,则可继续使用洛必达法则,即

$$\lim_{\substack{x \to x_0 \\ (x \to \infty)}} \frac{f(x)}{g(x)} = \lim_{\substack{x \to x_0 \\ (x \to \infty)}} \frac{f'(x)}{g'(x)} = \lim_{\substack{x \to x_0 \\ (x \to \infty)}} \frac{f''(x)}{g''(x)} = \cdots$$

依次类推,直到求出所需极限为止.

例 6 求 $\lim\limits_{x \to 0} \dfrac{\tan x - x}{x - \sin x}$.

解 $\lim\limits_{x \to 0} \dfrac{\tan x - x}{x - \sin x} (\dfrac{0}{0}$ 型$) = \lim\limits_{x \to 0} \dfrac{\sec^2 x - 1}{1 - \cos x} = \lim\limits_{x \to 0} \dfrac{\tan^2 x}{1 - \cos x} (\dfrac{0}{0}$ 型$)$

$$= \lim_{x \to 0} \frac{2\tan x \cdot \sec^2 x}{\sin x} = \lim_{x \to 0} \frac{2}{\cos^3 x} = 2.$$

三、其他类型的未定式

洛必达法则不仅可以用来解决 $\dfrac{0}{0}$ 型和 $\dfrac{\infty}{\infty}$ 型未定式的极限问题,还可以用来解决 $0 \cdot \infty$, $\infty - \infty$, 1^∞, 0^0, ∞^0 等类型的未定式的极限问题. 求这几种未定式极限的基本方法就是设法将它们化为 $\dfrac{0}{0}$ 或 $\dfrac{\infty}{\infty}$ 型未定式,下面举例说明.

1. $0 \cdot \infty$ 型未定式

设 $\lim f(x) = 0$, $\lim g(x) = \infty$,则 $\lim f(x) \cdot g(x)$ 为 $0 \cdot \infty$ 型未定式,可将其变型为

$$\lim f(x) \cdot g(x) = \lim \frac{f(x)}{\dfrac{1}{g(x)}} (\frac{0}{0} \ 型)$$

或

$$\lim f(x) \cdot g(x) = \lim \frac{g(x)}{\dfrac{1}{f(x)}} (\frac{\infty}{\infty} \ 型),$$

即可用洛必达法则求极限了.

例 7 求 $\lim\limits_{x \to 0^+} x \ln x (0 \cdot \infty$ 型$)$.

解 $\lim\limits_{x \to 0^+} x \ln x = \lim\limits_{x \to 0^+} \dfrac{\ln x}{\dfrac{1}{x}} (\dfrac{\infty}{\infty}$ 型$) = \lim\limits_{x \to 0^+} \dfrac{\dfrac{1}{x}}{-\dfrac{1}{x^2}} = -\lim\limits_{x \to 0^+} x = 0.$

2. $\infty - \infty$ 型未定式

设 $\lim f(x) = \infty$, $\lim g(x) = \infty$,则 $\lim[f(x) - g(x)]$ 为 $\infty - \infty$ 型未定式,一般可通过通分化为 $\dfrac{0}{0}$ 或 $\dfrac{\infty}{\infty}$ 型未定式.

例8 $\lim\limits_{x \to \frac{\pi}{2}}(\sec x - \tan x)$ $(\infty - \infty$ 型$)$.

解 $\lim\limits_{x \to \frac{\pi}{2}}(\sec x - \tan x) = \lim\limits_{x \to \frac{\pi}{2}}\left(\dfrac{1}{\cos x} - \dfrac{\sin x}{\cos x}\right) = \lim\limits_{x \to \frac{\pi}{2}}\dfrac{1 - \sin x}{\cos x}$ $\left(\dfrac{0}{0}$ 型$\right)$

$$= \lim\limits_{x \to \frac{\pi}{2}}\dfrac{-\cos x}{-\sin x} = \lim\limits_{x \to \frac{\pi}{2}}\cot x = 0.$$

3. 1^{∞}, 0^{0}, ∞^{0} 型未定式

求这三种未定式的极限,实质上是求幂指函数 $[f(x)]^{g(x)}$ 的极限,根据对数恒等式,有

$$[f(x)]^{g(x)} = e^{\ln[f(x)]^{g(x)}} = e^{g(x) \cdot \ln f(x)},$$

故

$$\lim[f(x)]^{g(x)} = \lim e^{g(x)\ln f(x)} = e^{\lim g(x)\ln f(x)}.$$

指数位置的极限属于 $0 \cdot \infty$ 型未定式,求出此极限后,将其作为底数 e 的指数,即可得到原幂指函数的极限.

例9 求 $\lim\limits_{x \to +\infty}(\ln x)^{\frac{1}{x}}$ $(\infty^{0}$ 型$)$.

解 利用对数恒等式化为 $0 \cdot \infty$ 型,有 $(\ln x)^{\frac{1}{x}} = e^{\frac{1}{x}\ln(\ln x)}$,因为

$$\lim\limits_{x \to +\infty}\dfrac{1}{x}\ln(\ln x) \, (0 \cdot \infty \text{ 型}) = \lim\limits_{x \to +\infty}\dfrac{\ln(\ln x)}{x} \left(\dfrac{\infty}{\infty} \text{ 型}\right)$$

$$= \lim\limits_{x \to +\infty}\dfrac{\dfrac{1}{\ln x} \cdot \dfrac{1}{x}}{1} = \lim\limits_{x \to +\infty}\dfrac{1}{x \ln x} = 0,$$

所以

$$\lim\limits_{x \to +\infty}(\ln x)^{\frac{1}{x}} = e^{0} = 1.$$

例10 求 $\lim\limits_{x \to +\infty}\dfrac{e^x - e^{-x}}{e^x + e^{-x}}$.

解 $\lim\limits_{x \to +\infty}\dfrac{e^x - e^{-x}}{e^x + e^{-x}} \left(\dfrac{\infty}{\infty} \text{ 型}\right) = \lim\limits_{x \to +\infty}\dfrac{e^x + e^{-x}}{e^x - e^{-x}} \left(\dfrac{\infty}{\infty} \text{ 型}\right) = \lim\limits_{x \to +\infty}\dfrac{e^x - e^{-x}}{e^x + e^{-x}}.$

此题属于 $\dfrac{\infty}{\infty}$ 型未定式的极限问题,但两次使用洛必达法则后,又回到了原式,即使再使用洛必达法则,也总是互相转化、反复出现,无论使用多少次,总得不到结果. 若将分子、分母分别除以 e^x,则很容易得到结果,即

$$\lim\limits_{x \to +\infty}\dfrac{e^x - e^{-x}}{e^x + e^{-x}} = \lim\limits_{x \to +\infty}\dfrac{1 - e^{-2x}}{1 + e^{-2x}} = 1.$$

必须注意,对于一个分式极限式使用洛必达法则,其极限式必须是 $\dfrac{0}{0}$ 型或 $\dfrac{\infty}{\infty}$ 型未定式. 例如,极限 $\lim\limits_{x \to 0}\dfrac{ax}{e^x} = 0$,若不加以检验就应用洛必达法则,则得

$$\lim\limits_{x \to 0}\dfrac{ax}{e^x} = \lim\limits_{x \to 0}\dfrac{(ax)'}{(e^x)'} = \lim\limits_{x \to 0}\dfrac{a}{e^x} = a.$$

显然,这是错误的,其原因是 $\lim\limits_{x \to 0}\dfrac{ax}{e^x}$ 不是未定式. 另外,有一些极限虽然是未定式,但它不满足洛必达法则的条件,这种极限仍不能使用洛必达法则来求解.

例 11　求 $\lim\limits_{x\to\infty}\dfrac{x+\cos x}{x-\cos x}$.

解　极限式中,分子、分母的极限分别都不存在.它们在 $x\to\infty$ 时,分子、分母都向无穷大方向变化.因此,可视为 $\dfrac{\infty}{\infty}$ 型未定式,但是因为

$$\lim_{x\to\infty}\frac{(x+\cos x)'}{(x-\cos x)'}=\lim_{x\to\infty}\frac{1-\sin x}{1+\sin x},$$

等式右边,分子、分母振荡而无极限,故不能再用洛必达法则.事实上,原极限只要分子、分母分别除以 x 即可求出,即

$$\lim_{x\to\infty}\frac{x+\cos x}{x-\cos x}=\lim_{x\to\infty}\frac{1+\dfrac{\cos x}{x}}{1-\dfrac{\cos x}{x}}=1.$$

由此可见,洛必达法则虽然是求未定式极限的一种有效方法,可以使复杂运算化为简单运算,但它也不是万能的,有时会失效.这是因为洛必达法则仅说明了当满足条件时,其极限存在而且等于 $\lim\dfrac{f'(x)}{g'(x)}$,但并没有说明当 $\lim\dfrac{f'(x)}{g'(x)}$ 不存在时,$\lim\dfrac{f(x)}{g(x)}$ 是否存在.

应用洛必达法则,要首先确定分式极限式是不是未定式,再检验是否满足定理的条件,最后确定能不能使用它.

习题 §3－2

应用洛必达法则求极限.

1. $\lim\limits_{x\to0}\dfrac{\tan x}{\tan 3x}$.

2. $\lim\limits_{x\to0^+}\dfrac{\ln\sin ax}{\ln\sin bx}(a>0,b>0)$.

3. $\lim\limits_{x\to0}\dfrac{\sin(\sin x)}{x}$.

4. $\lim\limits_{x\to0}\dfrac{\arctan x}{3x}$.

5. $\lim\limits_{x\to0}\left(\dfrac{1}{x}-\dfrac{1}{e^x-1}\right)$.

6. $\lim\limits_{x\to+\infty}\dfrac{\sqrt{1+x^2}}{x}$.

§3－3　函数的单调性与极值

一、函数单调性判定

函数的单调性是函数的一个重要特性,是研究函数时首先需要讨论的问题.如果由单调性的定义出发去讨论函数的单调性,一般要进行繁杂的变形和运算,往往比较困难.然而我们学习导数之后,就可以很容易地解决这一问题了.

现在,我们用导数来研究函数的单调性.如图 3－3 所示,当函数 $f(x)$ 在区间

(a,b) 内单调递增时，它的曲线在区间 (a,b) 内是一条沿 x 轴正向上升的曲线，曲线的切线的倾角 α 是锐角，其斜率 $\tan\alpha>0$，即 $f'(x)>0$；当函数 $f(x)$ 在区间 (a,b) 内单调递减时，如图 3-4 所示，它的曲线在区间 (a,b) 内是一条沿 x 轴正向下降的曲线，曲线的切线的倾角 α 是钝角，其斜率 $\tan\alpha<0$，即 $f'(x)<0$.

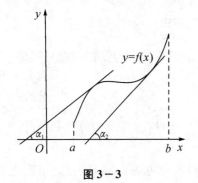 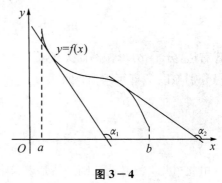

图 3-3　　　　　　　　　　　　　　　图 3-4

在某些个别点处，曲线的切线可能是水平的，所以在这些点处，函数的导数也可能为零. 我们把曲线上导数等于零的点，称为曲线的**驻点**.

因此，函数的单调性与函数导数的正负有密切的关系. 反之，能否用函数导数的符号来判定函数的单调性呢？下面的定理解决了这个问题.

定理 1（函数单调性的判定法）　设函数 $y=f(x)$ 在区间 $[a,b]$ 上连续，在区间 (a,b) 内可导.

(1) 若在区间 (a,b) 内，$f'(x)>0$，那么函数 $f(x)$ 在 $[a,b]$ 内单调增加；

(2) 若在区间 (a,b) 内，$f'(x)<0$，那么函数 $f(x)$ 在 $[a,b]$ 内单调减少.

证　设 x_1 和 x_2 是区间 $[a,b]$ 内的任意两点，且 $x_1<x_2$. 因为 $f(x)$ 在 (a,b) 内可导，所以 $f(x)$ 在闭区间 $[x_1,x_2]$ 上连续，在开区间 (x_1,x_2) 内可导，满足拉格朗日中值定理条件，因此有

$$f(x_2)-f(x_1)=f'(\xi)(x_2-x_1),\quad x_1<\xi<x_2.$$

由假设 $x_1<x_2$，知 $x_2-x_1>0$.

若 $f'(\xi)>0$，则 $f(x_2)-f(x_1)>0$，即 $f(x_2)>f(x_1)$. 由单调性定义知，函数 $f(x)$ 在 (a,b) 内单调增加；

若 $f'(\xi)<0$，则 $f(x_2)-f(x_1)<0$，即 $f(x_2)<f(x_1)$. 由单调性定义知，函数 $f(x)$ 在 (a,b) 内单调减少.

如果把这个判定法中闭区间换成其他各种区间（包括无穷区间），结论也成立.

需要注意的是，定理 1 只是一个函数在某一区间内单调递增（或递减）的充分条件，而不是必要条件，即满足了定理 1 的条件，则结论成立，但其逆命题不成立. 因为在区间 (a,b) 内的个别点处可能有 $f'(x)=0$（驻点），但这并不影响函数的单调性. 例如，函数 $f(x)=x^3$ 在 $(-\infty,+\infty)$ 内单调递增，但 $f'(x)=0$，即当 $x\in(-\infty,+\infty)$ 时，不总有 $f'(x)>0$.

例 1　判定函数 $y = x - \sin x$ 的单调性.

解　函数 $y = x - \sin x$ 的定义域为 $(-\infty, +\infty)$，且 $y' = 1 - \cos x$. 令 $y' = 0$，解得驻点 $x = 2k\pi (k \in \mathbf{Z})$，除这些孤立的驻点外，$y' > 0$. 因此，函数 $y = x - \sin x$ 在 $(-\infty, +\infty)$ 内单调增加.

大多数时候，函数在整个定义域上并不具有单调性，但在其各个部分区间上却具有单调性，如图 $3-5$ 所示. 函数 $f(x)$ 在有的区间上是单调增加的，如 $[a, x_1]$，$[x_2, x_3]$，$[x_4, x_5]$；而在有的区间上是单调减少的，如 $[x_1, x_2]$，$[x_3, x_4]$，$[x_5, b]$. 而且从图上容易看出，函数 $f(x)$ 在单调区间的分界点处的导数为零（驻点），或导数不存在（尖点）.

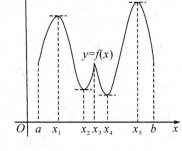

图 $3-5$

由此，可得出求函数单调区间的一般方法：

(1) 确定函数 $f(x)$ 的定义域；

(2) 求出 $f(x)$ 的全部驻点（即求出 $f'(x) = 0$ 的实根）和尖点（导数 $f'(x)$ 不存在的点），并用这两种点按从小到大的顺序把定义域分成若干个子区间；

(3) 列表，用 $f'(x)$ 的正、负号来判断各子区间内函数的单调性.

例 2　讨论函数 $f(x) = x^3 - 3x$ 的单调性.

解　函数 $f(x) = x^3 - 3x$ 在其定义域 $(-\infty, +\infty)$ 内连续，且
$$f'(x) = 3x^2 - 3 = 3(x+1)(x-1).$$

令 $f'(x) = 0$，得驻点 $x_1 = -1$，$x_2 = 1$，函数没有导数不存在的点. 点 x_1，x_2 把函数的定义域分成 $(-\infty, -1)$，$(-1, 1)$，$(1, +\infty)$ 三个子区间，列表如下：

x	$(-\infty, -1)$	-1	$(-1, 1)$	1	$(1, +\infty)$
$f'(x)$	$+$	0	$-$	0	$+$
$f(x)$	↗		↘		↗

从表中容易看到，$f(x)$ 在区间 $(-\infty, -1)$ 和 $(1, +\infty)$ 内单调增加；在区间 $(-1, 1)$ 内单调减少.

例 3　讨论函数 $f(x) = \dfrac{\mathrm{e}^x}{1+x}$ 的单调性.

解　函数 $f(x) = \dfrac{\mathrm{e}^x}{1+x}$ 是初等函数，在其定义域 $(-\infty, -1) \cup (-1, +\infty)$ 内连续，且
$$f'(x) = \frac{\mathrm{e}^x(1+x) - \mathrm{e}^x}{(1+x)^2} = \frac{x\mathrm{e}^x}{(1+x)^2}.$$

令 $f'(x) = 0$，解得 $x = 0$，所以，函数 $f(x)$ 的定义区间为 $(-\infty, -1)$，$(-1, 0)$，$(0, +\infty)$. 因为 $\mathrm{e}^x > 0$，$(1+x)^2 > 0$，所以 $f'(x)$ 的符号只取决于因子 x 的符号. 列表如下：

x	$(-\infty, -1)$	$(-1, 0)$	0	$(0, +\infty)$
$f'(x)$	$-$	$-$	0	$+$
$f(x)$	↘	↘		↗

从表中容易看到，$f(x)$ 在区间 $(-\infty, -1)$ 和 $(-1, 0)$ 内单调减少；在区间 $(0, +\infty)$ 内单调增加.

例 4 设成本函数为 $C(x) = 500 + 20x$，收益函数 $R(x) = x(100 - x)$，求利润函数 $L(x)$ 为非负值时的单调区间.

解 $L(x) = R(x) - C(x) = x(100 - x) - 500 - 20x = -x^2 + 80x - 500$.

$L(x)$ 的定义域为 $[0, +\infty)$，为了使收益函数为非负值，我们将讨论的范围限制在 $[0, 100]$.

$L'(x) = -2x + 80$，令 $L'(x) = 0$，解得 $x = 40$. 列表如下：

x	$[0, 40)$	40	$(40, 100]$
$L'(x)$	$+$	0	$-$
$L(x)$	↗		↘

因此，$L(x)$ 的递增区间为 $[0, 40)$，递减区间为 $(40, 100]$.

二、函数的极值

定义 1 设函数 $y = f(x)$ 在点 x_0 处及其邻近小区间内有定义. 若对点 x_0 邻近任意点 $x(x \neq x_0)$ 均有：

(1) $f(x) < f(x_0)$，则称 $f(x_0)$ 是 $f(x)$ 的一个**极大值**，点 x_0 为 $f(x)$ 的一个**极大值点**；

(2) $f(x) > f(x_0)$，则称 $f(x_0)$ 是 $f(x)$ 的一个**极小值**，点 x_0 为 $f(x)$ 的一个**极小值点**.

函数的极大值和极小值统称为函数的极值，极大值点和极小值点统称为函数的极值点.

如图 3-6 所示，x_1, x_3, x_5 是 $f(x)$ 的极大值点，$f(x_1), f(x_3), f(x_5)$ 是 $f(x)$ 的极大值；x_2 和 x_4 是 $f(x)$ 的极小值点，$f(x_2)$ 和 $f(x_4)$ 是 $f(x)$ 的极小值.

注意：函数的极值是一个局部性概念，而不是整体性概念. 它只是与极值点邻近的点的函数值相比是最大或最小，并不表示它在函数的整个定义区间内是最大或最小. 因而可能出现函数的某一极大值小于另一极小值的情形，如图 3-6 中的极大值 $f(x_1)$ 小于极小值 $f(x_4)$.

同时，由图 3-6 还能看出，可导函数 $f(x)$ 的极值点处曲线的切线总是与 x 轴平行的，因此，在极值点处曲线的切线斜率为零，即 $f'(x) = 0$. 另外，函数在不可导点处也可能有极值. 例如，函数 $f(x)$ 在点 $x = x_4$ 处不可导，但在点 $x = x_4$ 处取得极小值 $f(x_4)$.

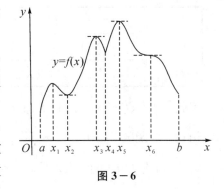

图 3-6

定理 2（极值存在的必要条件）　若函数 $y = f(x)$ 在点 x_0 处可导，则 $f(x)$ 在点 x_0 处取得极值的必要条件是 $f'(x_0) = 0$.

定理 2 说明可导函数的极值点必然是驻点，但驻点不一定是极值点. 例如，点 $x = 0$ 是函数 $y = x^3$ 的驻点，但不是 $y = x^3$ 的极值点；反过来，极值点也不一定是驻点. 例如，点 $x = 0$ 是函数 $y = |x|$ 的极值点，但不是驻点，因为 $f'(0)$ 不存在.

综上所述，求函数的极值的关键是寻找极值点，而可能的极值点只能是驻点和一阶导数不存在的点（尖点）. 怎样从驻点和尖点中找出极值点呢？回想到函数单调性的判定法可以知道，如果在可能的极值点的左侧邻近和右侧邻近函数的导数分别确定一定的符号，刚才的问题就容易解决了. 下面我们介绍利用函数的导数及单调性来确定函数极值的两种充分条件.

定理 3（第一种充分条件）　设函数 $y = f(x)$ 在点 x_0 处的邻近小区间内连续且可导（允许 $f'(x_0)$ 不存在）.

（1）如果在点 x_0 的左侧邻近，$f'(x) > 0$，在点 x_0 的右侧邻近，$f'(x) < 0$，则 $f(x_0)$ 是函数 $f(x)$ 的极大值，x_0 是极大值点；

（2）如果在点 x_0 的左侧邻近，$f'(x) < 0$，在点 x_0 的右侧邻近，$f'(x) > 0$，则 $f(x_0)$ 是函数 $f(x)$ 的极小值，x_0 是极小值点；

（3）如果在点 x_0 的左、右侧邻近 $f'(x)$ 同号，则 $f(x_0)$ 不是极值，x_0 不是极值点.

把必要条件和充分条件结合起来，即可求出函数的极值. 求函数极值和极值点的一般步骤如下：

（1）求出函数 $f(x)$ 的定义域及导数 $f'(x)$；

（2）令 $f'(x) = 0$，求出全部驻点和使导数不存在的点（尖点）；

（3）用上述各点将定义域分成若干个子区间，列表，判定各子区间内 $f'(x)$ 的正、负，确定各分点是否为极值点；

（4）把极值点代入函数 $f(x)$，求出极值并指明是极大值还是极小值.

例 5　求函数 $f(x) = 2x^3 + 3x^2 - 12x - 3$ 的极值点和极值.

解　函数 $f(x)$ 的定义域是 $(-\infty, +\infty)$，且
$$f'(x) = 6x^2 + 6x - 12 = 6(x + 2)(x - 1).$$

令 $f'(x) = 0$，得驻点 $x_1 = -2$，$x_2 = 1$.

驻点 $x_1 = -2$ 和 $x_2 = 1$ 将 $f(x)$ 的定义域分成 $(-\infty, -2)$，$(-2, 1)$，$(1, +\infty)$ 三个子区间，列表讨论如下：

x	$(-\infty, -2)$	-2	$(-2, 1)$	1	$(1, +\infty)$
$f'(x)$	$+$	0	$-$	0	$+$
$f(x)$	↗	极大值 17	↘	极小值 -10	↗

因此,极大点 $x=-2$,极大值 $f(-2)=17$;极小点 $x=1$,极小值 $f(1)=-10$.

例 6 求函数 $f(x)=\dfrac{2}{3}x-x^{\frac{2}{3}}$ 的单调区间和极值.

解 函数 $f(x)$ 的定义域为 $(-\infty, +\infty)$,且

$$f'(x)=\frac{2}{3}-\frac{2}{3}x^{-\frac{1}{3}}=\frac{2}{3}\left(1-\frac{1}{\sqrt[3]{x}}\right)=\frac{2}{3}\cdot\frac{\sqrt[3]{x}-1}{\sqrt[3]{x}}.$$

令 $f'(x)=0$,解得 $x=1$. 而当 $x=0$ 时,$f'(x)$ 不存在.

驻点 $x=1$ 和尖点 $x=0$ 将 $f(x)$ 的定义域分成 $(-\infty, 0)$,$(0, 1)$,$(1, +\infty)$ 三个子区间,列表讨论如下:

x	$(-\infty, 0)$	0	$(0, 1)$	1	$(1, +\infty)$
$f'(x)$	$+$	不存在	$-$		$+$
$f(x)$	↗	极大值 0	↘	极小值 $-\dfrac{1}{3}$	↗

因此,$(-\infty, 0)$,$(1, +\infty)$ 是函数 $f(x)$ 的单调递增区间,$(0, 1)$ 是函数 $f(x)$ 的单调递减区间;函数的极大值为 $f(0)=0$,极小值为 $f(1)=-\dfrac{1}{3}$.

定理 4(第二种充分条件) 设函数 $y=f(x)$ 在点 x_0 处有一阶和二阶导数,且 $f'(x_0)=0$,$f''(x_0)$ 存在.

(1) 若 $f''(x_0)<0$,则函数 $f(x)$ 在点 x_0 处取得极大值;

(2) 若 $f''(x_0)>0$,则函数 $f(x)$ 在点 x_0 处取得极小值;

(3) 若 $f''(x_0)=0$,则不能判断 $f(x_0)$ 是否是极值.

例 7 求函数 $f(x)=x-\dfrac{1}{3}x^3$ 的极值.

解 函数 $f(x)$ 的定义域为 $(-\infty, +\infty)$,且

$$f'(x)=1-x^2.$$

令 $f'(x)=0$,解得驻点 $x=\pm 1$. 又 $f''(x)=-2x$.

因为 $f'(-1)=0$,$f''(-1)=2>0$,所以,$f(x)$ 在 $x=-1$ 处取得极小值 $f(-1)=-\dfrac{2}{3}$;

因为 $f'(1)=0$,$f''(1)=-2<0$,所以,$f(x)$ 在 $x=1$ 处取得极大值 $f(-1)=\dfrac{2}{3}$.

一般来说,利用极值判别的第二种充分条件要比利用第一种充分条件简便得多,但是第一种充分条件在应用上要比第二种充分条件广泛得多. 这是因为函数 $f(x)$ 在点 x_0

处二阶导数 $f''(x_0) = 0$ 或不存在时，就不能用第二种充分条件来判断极值，这时函数 $f(x)$ 在点 x_0 处可能有极大值，也可能有极小值，还可能没有极值. 例如，函数 $f(x) = x^4$，$g(x) = x^3$，$h(x) = -x^2$，在点 $x = 0$ 处均有 $f'(x) = f''(x) = 0$，但 $f(x) = x^4$ 在 $x = 0$ 处取得极小值，$h(x) = -x^2$ 在 $x = 0$ 处取得极大值，而 $g(x) = x^3$ 在点 $x = 0$ 处没有极值. 又如，函数 $f(x) = |x|$ 在点 $x = 0$ 处 $f'(x)$ 不存在，因而不能用第二种充分条件来判断，但 $f(x) = |x|$ 在点 $x = 0$ 处有极小值 $f(x) = 0$.

习题 §3－3

一、判断题

1. 如果函数 $f(x)$ 在 (a, b) 内单调递增，则函数 $-f(x)$ 在 (a, b) 内单调递减.

　　　　　　　　　　　　　　　　　　　　　　　　　　　　（　　）

2. 单调函数的导数必为单调函数.　　　　　　　　　　　　　（　　）

3. 如果 $f'(x_0) = 0$，则 $x = x_0$ 为函数 $f(x)$ 的极值点.　　（　　）

4. 极大值总比极小值大.　　　　　　　　　　　　　　　　　　（　　）

5. 任何二次函数均有唯一的极值点.　　　　　　　　　　　　（　　）

二、填空题

函数的单调性：函数 $f(x)$ 在某个区间 (a, b) 内，若 $f'(x) > 0$，则 $f(x)$ 为_____；若 $f'(x) < 0$，则 $f(x)$ 为_____；若 $f'(x) = 0$，则 $f(x)$ 为_____.

三、选择题

1. 关于 x 的函数 $f(x) = x^3 + 3x^2 + 3x - a$ 的极值点的个数有（　　）.

　　A. 2 个　　　　　　　　　　　　B. 1 个

　　C. 0 个　　　　　　　　　　　　D. 由 a 确定

2. 设 $y = x - \ln x$，则此函数在区间 $(0, 1)$ 内为（　　）.

　　A. 单调递增　　　　　　　　　　B. 有增有减

　　C. 单调递减　　　　　　　　　　D. 不确定

3. $f'(x_0) = 0$ 是可导函数 $y = f(x)$ 在点 $x = x_0$ 处有极值的（　　）.

　　A. 充分不必要条件　　　　　　　B. 必要不充分条件

　　C. 充要条件　　　　　　　　　　D. 非充分非必要条件

4. 函数 $f(x)$ 在开区间 (a, b) 可导，导函数 $f'(x)$ 在 (a, b) 内的图像如第 4 题图所示，则函数 $f(x)$ 在开区间 (a, b) 内有极小值点（　　）.

　　A. 1 个　　　　　　　　　　　　B. 2 个

　　C. 3 个　　　　　　　　　　　　D. 4 个

四、求函数的单调区间

1. $f(x) = \ln x$.

2. $f(x) = x^3 - 3x^2 - 9x + 2$.

3. $f(x) = 2x^2 - \ln x$.

五、求函数的单调区间和极值

1. $f(x) = (x-1)^2(x+1)$.

2. $f(x) = (x-1)^2 - 1$.

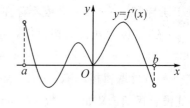

第 4 题图

§3－4　函数的最大值和最小值

在科研、生产实际中，常常需要解决这样一些问题：在一定条件下，"用料最省"、"产量最多"、"成本最低" 等，这些问题在数学上有时可归结为求某一函数的最大值和最小值(最大值和最小值通称为最值) 的问题.

在第一章中我们介绍了函数的最值概念，以及连续函数在闭区间上一定存在最大值和最小值的性质. 下面介绍函数最值的求解方法. 为了方便，我们通过其概念和性质，给出最值求解的基本准则，并在此基础上讨论最值的求解方法.

一般地，设函数 $y = f(x)$ 在闭区间 $[a, b]$ 上连续，点 x_0 处的函数值 $f(x_0)$ 与区间上其余各点的函数值 $f(x)(x \neq x_0)$ 相比较.

(1) 若总有 $f(x_0) \geqslant f(x)$ 成立，则称 $f(x_0)$ 为函数 $y = f(x)$ 在区间 $[a, b]$ 上的**最大值**，称点 x_0 为 $y = f(x)$ 在 $[a, b]$ 上的**最大值点**；

(2) 若总有 $f(x_0) \leqslant f(x)$ 成立，则称 $f(x_0)$ 为函数 $y = f(x)$ 在区间 $[a, b]$ 上的**最小值**，称点 x_0 为 $y = f(x)$ 在 $[a, b]$ 上的**最小值点**.

由极值与最值的定义可知，极值是局部性概念，在一个区间内可能有多个数值不同的极大值或极小值；而最值是整体性概念，是所考察的区间上全部函数值的最大者或最小者. 函数 $f(x)$ 在区间 $[a, b]$ 上的最大值点可能不止一个，但最大值只能有一个；最小值点也可能不止一个，但最小值也只能有一个.

事实上，从最值的求解准则我们知道，最值求解的思路很简单，就是比较函数值. 但是，考察一个区间上的全部函数值，显然是不现实的. 那么，我们应当在区间上选择哪些点来考察呢?

如果 $f(x)$ 在区间 (a, b) 上的一点 x_0 处取得最值，则 x_0 为 $f(x)$ 的极值点，即 x_0 是 $f(x)$ 的驻点，或一阶不可导点，即尖点. 另外，最值也可能在区间端点 $x = a$ 或 $x = b$ 处取得. 因此，$f(x)$ 在区间 $[a, b]$ 上取得最值的点有可能是驻点、一阶不可导点和端点. 我们可以不考察极值，直接比较这三种点的函数值，即可求得最大值和最小值.

求函数 $f(x)$ 在区间 $[a, b]$ 上的最值的一般步骤如下：

(1) 求出函数 $f(x)$ 在区间 (a, b) 内的所有驻点和尖点，并计算各点的函数值(不必判断在这些点是否取得极值)；

（2）求出函数 $f(x)$ 在端点的函数值 $f(a)$ 和 $f(b)$；

（3）比较前面求出的所有函数值，其中最大者就是函数 $f(x)$ 在区间 $[a,b]$ 上的最大值，最小者就是 $f(x)$ 在区间 $[a,b]$ 上的最小值.

例1　求函数 $f(x) = x^3 - 3x^2 - 9x + 5$ 在 $[-2,4]$ 上的最大值与最小值.

解　$f(x)$ 在 $[-2,4]$ 上连续，故必存在最大值与最小值. 令

$$f'(x) = 3x^2 - 6x - 9 = 3(x+1)(x-3) = 0,$$

得驻点 $x = -1$ 和 $x = 3$，因为

$$f(-1) = 10, \quad f(3) = -22, \quad f(-2) = 3, \quad f(4) = -15,$$

所以，$f(x)$ 的最大值 $f(-1) = 10$，最小值 $f(3) = -22$.

在求函数的最值时，特别需要指明的是下述情形：$f(x)$ 在某区间 I 内可导且有唯一的驻点 x_0，并且这个驻点 x_0 是函数 $f(x)$ 的极值点，那么，当 $f(x_0)$ 是极大值时，$f(x_0)$ 就是 $f(x)$ 在 I 上的最大值（如图 $3-7$(a) 所示）；当 $f(x_0)$ 是极小值时，$f(x_0)$ 就是 $f(x)$ 在 I 上的最小值（如图 $3-7$(b) 所示）.

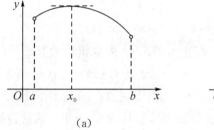　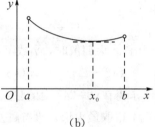

　　　　(a)　　　　　　　　　　　　　　(b)

图 3－7

如果连续函数 $f(x)$ 在区间 $[a,b]$ 上单调递增，则 $f(x)$ 的最小值与最大值分别是 $f(a)$ 和 $f(b)$；如果连续函数 $f(x)$ 在区间 $[a,b]$ 上单调递减，则 $f(x)$ 的最小值与最大值分别是 $f(b)$ 和 $f(a)$.

例2　求函数 $f(x) = \mathrm{e}^{-x^2}$ 在给定区间的最值.

(1) $[1,2]$；

(2) $(-\infty, +\infty)$.

解　(1) $f'(x) = -2x\mathrm{e}^{-x^2} < 0$，因此函数 $f(x)$ 在区间 $[1,2]$ 上单调递减，所以函数 $f(x)$ 在区间 $[1,2]$ 上的最大值为 $f(1) = \mathrm{e}^{-1}$，最小值为 $f(2) = \mathrm{e}^{-4}$.

(2) 令 $f'(x) = -2x\mathrm{e}^{-x^2} = 0$，得驻点 $x = 0$.

又 $f''(x) = 2(2x^2 - 1)\mathrm{e}^{-x^2}$，$f''(0) < 0$，因此，函数 $f(x)$ 在 $x = 0$ 处取得极大值 $f(0) = 1$，所以函数 $f(x)$ 在区间 $(-\infty, +\infty)$ 的最大值为 $f(0) = 1$.

还需注意的是，在实际问题中，往往根据问题的性质建立的函数 $f(x)$，在定义区间 (a,b) 内是可导的，并且函数 $f(x)$ 在 (a,b) 内只有一个驻点 x_0，那么不必讨论 $f(x_0)$ 是不是极值，就可以断定 $f(x_0)$ 是最大值或最小值.

例3　用边长为 $48\ \mathrm{cm}$ 的正方形铁皮做一个无盖的铁盒，在铁皮的四角各截去面积相等的四个小正方形（如图 $3-8$(a) 所示），然后把四周折起，焊成一铁盒（如图 $3-8$(b)

所示),问在四周截去多大的正方形才能使所有的铁盒容积最大?

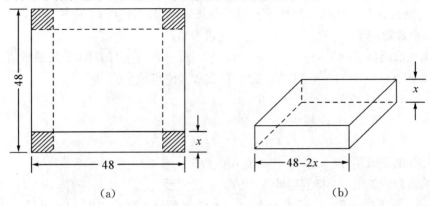

图 3－8

解　设截去的小正方形的边长为 x cm,铁盒容积为 V cm³.

根据题意有

$$V = x(48 - 2x)^2, \quad x \in (0, 24).$$

问题归结为求 x 为何值时,函数 V 在区间$(0, 24)$内取得最大值.

$$V' = (48 - 2x)^2 + 2x(48 - 2x)(-2) = 12(24 - x)(8 - x).$$

令 $V' = 0$,求得在$(0, 24)$内的驻点 $x = 8$,由于函数在$(0, 24)$内只有一个驻点,因此,当 $x = 8$ 时,V 取最大值,即当截去的正方形边长为 8 cm 时,铁盒容积最大.

例 4　从半径为 R 的圆铁片上截下中心角为 φ 的扇形卷成一圆锥形漏斗,问 φ 取多大时做成的漏斗的容积最大?

解　设所做漏斗的顶半径为 r,高为 h,则有

$$2\pi r = R\varphi, \quad r = \sqrt{R^2 - h^2}.$$

漏斗的容积 V 为

$$V = \frac{1}{3}\pi r^2 h = \frac{1}{3}\pi h(R^2 - h^2), \quad 0 < h < R.$$

由于 h 由中心角 φ 唯一确定,故将问题转化为先求函数 $V = V(h)$ 在$(0, R)$上的最大值.

令 $V' = \frac{1}{3}\pi R^2 - \pi h^2 = 0$,得唯一驻点 $h = \dfrac{R}{\sqrt{3}}$.从而有

$$\varphi = \frac{2\pi}{R}\sqrt{R^2 - h^2}\,\Big|_{h = \frac{R}{\sqrt{3}}} = \frac{2}{3}\sqrt{6}\,\pi.$$

因此,根据问题的实际意义可知,$\varphi = \dfrac{2}{3}\sqrt{6}\,\pi$ 时能使漏斗的容积最大.

习题 §3－4

一、判断题

1. 函数的最大值就是函数的最值. （ ）

2. 函数 $y = \dfrac{1}{x}$ 在定义域内既无最大值，又无最小值. （ ）

3. 如果可导函数 $f(x)$ 在 (a, b) 内只有一个极值点 x_0，那么 $f(x_0)$ 就是 $f(x)$ 的最值.
（ ）

二、求函数的最值

1. $y = x^4 - 2x^2 - 5, x \in [-2, 3]$.

2. $y = x^2 + \dfrac{1}{x}, x \in [1, 4]$.

3. $y = \arctan \dfrac{1-x}{1+x}, x \in [0, 1]$.

4. $y = \sqrt[3]{(x^2 - 2x)^2}, x \in [0, 3]$.

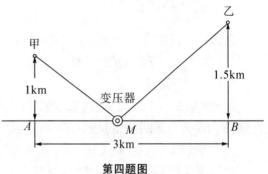

第四题图

三、 某企业生产每批某种产品 x 单位的成本 $C(x) = 3 + x$（万元），得到收入 $R(x) = 6x - x^2$，为了提高经济效益，每批生产产品多少个单位，才能使利润最大？

四、 甲、乙两单位合用一台变压器，其位置如图所示. 若两单位用相同型号、相同成本的线材架设电线，问变压器设在输电干线何处时，所需线材最短？

§3－5 函数图形的讨论

描绘初等函数图像是讨论初等函数的重要内容，我们可以通过函数的图像更进一步掌握函数的变化规律. 怎样才能更为准确地描绘出函数的图像呢？这是接下来我们要做的工作. 本章 §3－3 里，我们利用函数的导数讨论了函数的单调性、极值，结合我们前面讨论过的函数的其他性质，使我们能了解函数变化的一些基本情况，这对于描绘函数的图形有很大的作用. 但是，知道这些，还不能比较准确地描绘函数的图像. 例如，图3－9中的函数 $y = x^2$ 和 $y = \sqrt{x}$ 在区间 $[0, +\infty)$ 内都是单调递增的函数，但弯曲方向相反. 函数 $y = x^2$ 的曲线弧向上弯曲，而函数 $y = \sqrt{x}$ 的曲线弧向下弯曲. 因此，需要研究函数曲线弯曲的方向，即函数曲线的凹凸性.

考察图 3－10，若沿着连续曲线上各点作切线，我们可以发现：有时切线总在曲线的下方；有时切线总在曲线的上方；有时切线穿过曲线. 这些现象的实质，就是下面要介绍的曲线的凹凸性.

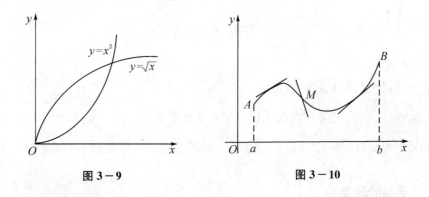

图 3－9　　　　　　　　　　图 3－10

一、曲线的凹凸性

定义 1　设曲线 $y = f(x)$ 在开区间 (a, b) 内可导.

（1）如果 $y = f(x)$ 的曲线弧位于其每点处切线的上方,则称它在 (a, b) 内是凹的,区间 (a, b) 为凹区间;

（2）如果 $y = f(x)$ 的曲线弧位于其每点处切线的下方,则称它在 (a, b) 内是凸的,区间 (a, b) 为凸区间;

（3）曲线凹与凸或凸与凹的两段弧的分界点,称为曲线的拐点.

怎样用导数去判断曲线的凹凸性呢?

我们观察图 3－11、图 3－12,明显可以看出:随着 x 的增大,在凸曲线弧上各点的切线的倾角逐渐变小,即导函数 $f'(x)$ 为减函数,从而有 $f''(x) < 0$;

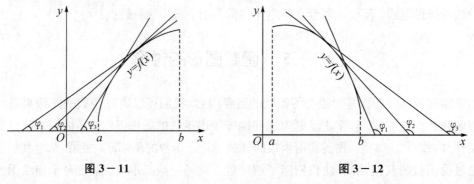

图 3－11　　　　　　　　　　图 3－12

再观察图 3－13、图 3－14,也明显可以看出:随着 x 的增大,在凹曲线弧上各点的切线的倾角逐渐变大,即导函数 $f'(x)$ 为增函数,从而有 $f''(x) > 0$.

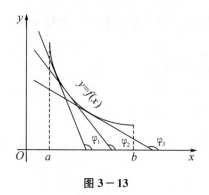

图 3－13

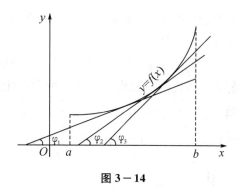

图 3－14

也就是说，函数曲线在某个区间的凹凸性，显然是与函数在这个区间的二阶导数的符号有关的，因此有下述定理.

定理 1 设函数 $f(x)$ 在开区间 (a,b) 内有二阶导数.

(1) 如果在 (a,b) 内，$f''(x)>0$，则曲线 $y=f(x)$ 在 (a,b) 内是凹的；

(2) 如果在 (a,b) 内，$f''(x)<0$，则曲线 $y=f(x)$ 在 (a,b) 内是凸的.（证明略）

例 1 讨论曲线 $y=\sin x$ 在 $(0,2\pi)$ 内的凹凸性.

解 $y'=\cos x$，$y''=-\sin x$.

为了讨论 y'' 在 $(0,2\pi)$ 内的符号，令 $y''=0$，即 $\sin x=0$，在开区间 $(0,2\pi)$ 内解得一个实根：$x=\pi$. 这个实根将区间 $(0,2\pi)$ 分成两个部分：$(0,\pi)$，$(\pi,2\pi)$. 显然，二阶导数 y'' 分别在两区间内的符号不变. 现列表讨论如下（表中的"$\cup$"、"$\cap$"分别表示曲线是凹的、凸的）：

x	$(0,\pi)$	π	$(\pi,2\pi)$
y''	$-$	0	$+$
y	$\cap$	拐点$(\pi,0)$	$\cup$

因此，如图 3－15 所示，曲线 $y=\sin x$ 在区间 $(0,\pi)$ 内是凸的；在区间 $(\pi,2\pi)$ 内是凹的. 点 $(\pi,0)$ 是拐点.

为了方便讨论函数凹凸性和拐点，我们给出关于拐点存在的必要条件和判定的充分条件.

事实上，如果 $f(x)$ 在 x_0 左右附近内二阶可导，且 $(x_0,f(x_0))$ 为曲线 $y=f(x)$ 的拐点，则 $f''(x_0)=0$.

注意：条件 $f''(x_0)=0$ 是 $(x_0,f(x_0))$ 为拐点的必要条件，并非是充分的. 例如 $y=x^4$，有 $y''=12x^2\geqslant0$，且

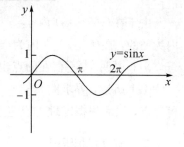

图 3－15

等号仅当 $x=0$ 时成立，因此曲线 $y=x^4$ 在 $(-\infty,+\infty)$ 内是凹的. 也就是说，虽然 $y''|_{x=0}=0$，但 $(0,0)$ 不是该曲线的拐点.

下面介绍判别拐点的充分条件.

定理 2 设 $f(x)$ 在 x_0 某邻域内二阶可导，$f''(x_0)=0$. 若 $f''(x)$ 在 x_0 的左、右两

侧分别有确定的符号,并且符号相反,则$(x_0, f(x_0))$是曲线的拐点;若符号相同,则$(x_0, f(x_0))$不是拐点.

有了前面的结论,我们就可以较为方便地解决函数凹凸性的问题.

例2 讨论高斯曲线$y = \mathrm{e}^{-x^2}$的凹凸性.

解 $y' = -2x\mathrm{e}^{-x^2}$,$y'' = 2(2x^2 - 1)\mathrm{e}^{-x^2} = 2(\sqrt{2}x - 1)(\sqrt{2}x + 1)\mathrm{e}^{-x^2}$.

所以,当$2x^2 - 1 > 0$,即$x > \dfrac{1}{\sqrt{2}}$或$x < -\dfrac{1}{\sqrt{2}}$时,$y'' > 0$;当$2x^2 - 1 < 0$,即$-\dfrac{1}{\sqrt{2}} < x < \dfrac{1}{\sqrt{2}}$时,$y'' < 0$.

因此,在区间$\left(-\infty, -\dfrac{1}{\sqrt{2}}\right)$与$\left(\dfrac{1}{\sqrt{2}}, +\infty\right)$内,曲线是凹的;在区间$\left(-\dfrac{1}{\sqrt{2}}, \dfrac{1}{\sqrt{2}}\right)$内,曲线是凸的.

根据例1的讨论知,点$\left(-\dfrac{1}{\sqrt{2}}, \dfrac{1}{\sqrt{e}}\right)$与$\left(\dfrac{1}{\sqrt{2}}, \dfrac{1}{\sqrt{e}}\right)$都是高斯曲线$y = \mathrm{e}^{-x^2}$的拐点.

例3 求曲线$y = x^{\frac{1}{3}}$的凹凸区间拐点.

解 函数$y = x^{\frac{1}{3}}$的定义域为$(-\infty, +\infty)$.

当$x \neq 0$时,$y' = \dfrac{1}{3}x^{-\frac{2}{3}}$,$y'' = -\dfrac{2}{9}x^{-\frac{5}{3}}$.

显然,当$x = 0$时,$y = 0$,y',y''不存在.因此,二阶导数在$(-\infty, +\infty)$内不连续,且没有零点.但$x = 0$把区间$(-\infty, +\infty)$分成两个区间$(-\infty, 0)$,$(0, +\infty)$,列表讨论如下:

x	$(-\infty, 0)$	0	$(0, +\infty)$
y''	$+$	0	$-$
y	$\cup$		$\cap$

由于在$(-\infty, 0)$内$y'' > 0$,在$(0, +\infty)$内$y'' < 0$,因此,曲线$y = x^{\frac{1}{3}}$在$(-\infty, 0)$内为凹的,在$(0, +\infty)$内为凸的.按拐点的定义,可知点$(0, 0)$是曲线的拐点.

例3说明y''不存在的点也可能是拐点.

综上所述,寻求曲线$y = f(x)$的拐点,只需先找到使得$f''(x_0) = 0$的点及二阶不可导点,然后根据定理1或定理2去判定.

二、函数的渐近线

有些函数的定义域或值域都是有限区间,此时函数的图像局限于一定的范围内,如圆、椭圆等;而有些函数的定义域是无穷区间,如抛物线、双曲线等.当定义域为无穷区间时,有些曲线上的动点在离原点无限远的过程中,会与某一直线无限接近,这种直线称为曲线的渐近线.

如果曲线上的一点沿着曲线趋于无穷远时,该点与某条直线的距离趋于零,则称此直线为曲线的渐近线. 渐近线分为水平渐近线、铅直渐近线、斜渐近线三种.

定义 2 (1) 如果函数 $y = f(x)$ 的定义域是无穷区间, 且

$$\lim_{\substack{x \to +\infty \\ (x \to -\infty)}} f(x) = b,$$

则称直线 $y = b$ 是 $y = f(x)$ 在 $x \to +\infty(-\infty)$ 时的**水平渐近线**.

(2) 若曲线 $y = f(x)$ 在点 x_0 间断, 且

$$\lim_{x \to x_0} f(x) = \infty$$

或

$$\lim_{\substack{x \to x_0^- \\ (x \to x_0^+)}} f(x) = +\infty(-\infty),$$

则称直线 $x = x_0$ 为曲线 $y = f(x)$ 的一条**铅直渐近线**.

曲线的铅直渐近线的数目不受限制, 可以存在多条. 例如, 函数 $y = \tan x$ 有无数条铅直渐近线.

(3) 如果函数 $y = f(x)$ 的定义域是无穷区间, 且

$$\lim_{\substack{x \to +\infty \\ (x \to -\infty)}} [f(x) - (kx + b)] = 0,$$

则称直线 $y = kx + b(x \neq 0)$ 为曲线 $y = f(x)$ 的**斜渐近线**, 其中:

$$k = \lim_{\substack{x \to +\infty \\ (x \to -\infty)}} \frac{f(x)}{x}, \quad b = \lim_{\substack{x \to +\infty \\ (x \to -\infty)}} [f(x) - kx].$$

例 4 求曲线 $y = \dfrac{x^2 - 2x + 3}{x^2}$ 的水平渐近线和铅直渐近线.

解 因为 $\lim\limits_{x \to \infty} \dfrac{x^2 - 2x + 3}{x^2} = 1$, 所以直线 $y = 1$ 是曲线的水平渐近线.

又因为点 $x = 0$ 是曲线 $y = \dfrac{x^2 - 2x + 3}{x^2}$ 的间断点, 且 $\lim\limits_{x \to 0} \dfrac{x^2 - 2x + 3}{x^2} = \infty$, 所以直线 $x = 0$ 是曲线的铅直渐近线.

例 5 求下列曲线的渐近线.

(1) $y = \sqrt{x^2 - x + 1}$;

(2) $y = \dfrac{\ln(1 + x)}{x}$.

解 (1) $y = \sqrt{x^2 - x + 1}$ 的定义域为 $(-\infty, +\infty)$, 且

$$\lim_{x \to +\infty} \frac{\sqrt{x^2 - x + 1}}{x} = 1, \quad \lim_{x \to -\infty} \frac{\sqrt{x^2 - x + 1}}{x} = -1,$$

$$\lim_{x \to +\infty} (\sqrt{x^2 - x + 1} - x) = -\frac{1}{2}, \quad \lim_{x \to -\infty} (\sqrt{x^2 - x + 1} + x) = \frac{1}{2}.$$

所以, $y = \sqrt{x^2 - x + 1}$ 在 $x \to +\infty$ 时有斜渐近线 $y = x - \dfrac{1}{2}$, 在 $x \to -\infty$ 时有斜渐近线 $y = -x + \dfrac{1}{2}$.

(2) $y = \dfrac{\ln(1+x)}{x}$ 的定义域是 $(-1, 0) \cup (0, +\infty)$.

由于 $\lim\limits_{x \to +\infty} \dfrac{\ln(1+x)}{x} = 0$, 所以 $y = \dfrac{\ln(1+x)}{x}$ 有水平渐近线 $y = 0$.

由于 $\lim\limits_{x \to -1^+} \dfrac{\ln(1+x)}{x} = +\infty$, 所以 $y = \dfrac{\ln(1+x)}{x}$ 有铅直渐近线 $x = -1$.

三、函数图像的描绘

我们讨论了函数的单调性、极值、凹凸性、拐点和渐近线等曲线性态,结合函数的定义域、值域、奇偶性、周期性等特性,就能够较好地描绘函数的图像.

函数作图的一般步骤如下:

(1) 确定函数的定义域、值域;

(2) 考察函数的奇偶性与周期性;

(3) 确定函数 $f'(x) = 0$ 及 $f'(x)$ 不存在的点,考察函数的单调区间、极值与极值点;

(4) 确定函数 $f''(x) = 0$ 及 $f''(x)$ 不存在的点,考察曲线的凹凸区间与拐点(列表讨论);

(5) 考察渐近线,曲线有渐近线时,求出其渐近线;

(6) 确定函数的某些特殊点,如与两坐标轴的交点以及曲线控制点等;

(7) 根据上述讨论结果画出函数的图形.

例 6　作出函数 $y = \dfrac{1}{3}x^3 - x$ 的图像.

解　(1) 定义域:函数 $y = \dfrac{1}{3}x^3 - x$ 的定义域为 $(-\infty, +\infty)$;

(2) 函数的对称性:函数是奇函数,它的图像关于原点对称;

(3) 找与 y 轴的交点: $x = 0$, $y = 0$, 即曲线与 y 轴交于 $(0, 0)$;

(4) $y' = x^2 - 1$, 由 $y' = 0$, 得驻点 $x_1 = -1$, $x_2 = 1$;

(5) $y'' = 2x$, 由 $y'' = 0$, 得 $x = 0$;

(6) 没有渐近线;

(7) 列表讨论并描绘函数图像(如图 3 - 16 所示).

x	$(-\infty, -1)$	-1	$(-1, 0)$	0	$(0, 1)$	1	$(1, +\infty)$
y'	$+$	0	$-$	-1	$-$	0	$+$
y''	$-$	-2	$-$	0	$+$	2	$+$
y	$\nearrow$, $\cap$	极大值 $\dfrac{2}{3}$	$\searrow$, $\cap$	拐点 $(0, 0)$	$\searrow$, $\cup$	极小值 $-\dfrac{2}{3}$	$\nearrow$, $\cup$

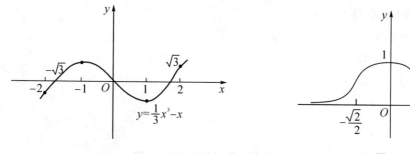

图 3－16　　　　　　　　　　　　图 3－17

例7 作出函数 $y = e^{-x^2}$ 的图像.

解 （1）函数的定义域为 $(-\infty, +\infty)$；

（2）函数是偶函数，它的图像关于 y 对称；

（3）$y' = -2x e^{-x^2}$，由 $y' = 0$，得驻点 $x = 0$；

（4）$y'' = 2e^{-x^2}(2x^2 - 1)$，由 $y'' = 0$，得 $x = -\dfrac{\sqrt{2}}{2}$，$x = +\dfrac{\sqrt{2}}{2}$．

（5）列表讨论并描绘函数图像（如图 3－17 所示）；

x	$(-\infty, -\frac{\sqrt{2}}{2})$	$-\frac{\sqrt{2}}{2}$	$(-\frac{\sqrt{2}}{2}, 0)$	0	$(0, \frac{\sqrt{2}}{2})$	$\frac{\sqrt{2}}{2}$	$(\frac{\sqrt{2}}{2}, +\infty)$
y'	$+$	$+$	$+$	0	$-$	$-$	$-$
y''	$+$	0	$-$		$-$	0	$+$
y	↗，∪	拐点 $(-\frac{\sqrt{2}}{2}, e^{-\frac{1}{2}})$	↗，∩	极大值 1	↘，∩	拐点 $(\frac{\sqrt{2}}{2}, e^{-\frac{1}{2}})$	↘，∪

（6）由于 $\lim\limits_{x \to +\infty} e^{-x^2} = \lim\limits_{x \to -\infty} e^{-x^2} = 0$，所以，$y = 0$（即 x 轴）为 $y = e^{-x^2}$ 的水平渐近线.

习题 §3－5

一、判断题

1. 极值点必是拐点. （　　）

2. 如果点 $(x_0, f(x_0))$ 是拐点，且函数 $y = f'(x)$ 的二阶导数存在，则有 $f''(x_0) = 0$. （　　）

3. 三次函数曲线有唯一拐点. （　　）

4. 如果 $f''(x_0)$ 不存在，则点 $(x_0, f(x_0))$ 不是拐点. （　　）

二、填空题

1. 如果 $(0, 1)$ 是曲线 $y = x^3 + bx^2 + c$ 的拐点，则 $b = $ _____，$c = $ _____．

2. 曲线 $y = x e^x$ 的凹区间是_____，凸区间是_____，拐点是_____．

3. 如果 $f''(x_0)$ 不存在，则点 $(x_0, f(x_0))$ _____ 是曲线的拐点.

三、求函数的凹凸区间和拐点

1. $y = x^3 - 3x^2 + 3$.

2. $y = x^4 + 2x^2 - 15$.

3. $y = x^2 + \dfrac{1}{x}$.

§3-6　导数在经济中的应用

一、边际分析

1. 边际函数

在经济分析中,通常用平均变化率和瞬时变化率来描述因变量 y 关于自变量 x 的变化情况. 显然,平均变化率是函数 y 的改变量 Δy 与自变量 x 的改变量 Δx 之比,即 $\dfrac{\Delta y}{\Delta x}$; 而瞬时变化率则表示在 x 的某一个值的"边缘"上 y 的变化情况,即当 x 的一个给定值的改变量 Δx 趋于 0 时平均变化率 $\dfrac{\Delta y}{\Delta x}$ 的极限. 显然,此极限就是函数 y 在点 x 处的导数. 因而,导函数 $y' = f'(x)$ 也称为边际函数.

定义 1　若函数 $y = f(x)$ 在 x 可导,则称导函数 $f'(x)$ 为函数 $f(x)$ 的**边际函数**, 导函数 $f'(x)$ 在点 $x = x_0$ 处的导数 $f'(x_0)$ 称为**边际函数值**.

由函数的微分意义可知,当自变量 x 从点 x_0 处改变一个单位时,函数 $y = f(x)$ 近似地改变 $f'(x_0)$ 个单位,即

$$\Delta y \left.\right|_{\substack{x=x_0 \\ \Delta x=1}} \approx \mathrm{d}y \left.\right|_{\substack{x=x_0 \\ \mathrm{d}x=1}} = f'(x)\mathrm{d}x \left.\right|_{\substack{x=x_0 \\ \Delta x=1}} = f'(x_0).$$

用边际函数来分析经济量的变化时,就称为**边际分析**. 在实际应用中,解释边际函数的值的具体意义时可以略去"近似"二字.

在经济分析中,边际函数主要有边际成本函数、边际收益函数、边际利润函数等.

2. 边际成本

边际成本是成本的变化率. 在经济学中,边际成本表示产量增加一个单位时所增加的成本,或增加这一个单位产品的生产成本.

定义 2　总成本函数 $C = C_0 + C(q)$ 的导数 $C'(q)$,称为边际成本函数,简称边际成本,记为 MC. 其中,C_0 为固定成本,$C(q)$ 为可变成本,q 为产量. 可见,**边际成本与固定成本无关**.

$MC = \dfrac{\mathrm{d}C}{\mathrm{d}q} = C'(q)$,它表示总成本 C 对产量 q 的变化率.

例 1　设某工厂生产一种产品的总成本函数 $C(q) = 200 + 2q + 0.05q^2$ 元(q 为产量). 求产量为 2000 时的边际成本,并说明它的经济意义.

解　边际成本函数为 $C'(q) = 2 + 0.1q$，又 $C'(2000) = 2 + 0.1 \times 2000 = 202$. 即当产量达到 2000 个单位时，再多生产一个单位（2000 个）产品，总成本将增加 202 元.

3. 边际收益

在经济学中，**边际收益**就是增加一个单位的销售量所增加的销售收入. 收益和边际收益都是产量的函数.

设 p 为商品价格，q 为商品量，R 为总收益，R' 为边际收益，则有需求函数 $p = p(q)$，收益函数 $R = R(q) = q \cdot p(q)$，边际收益函数 $R' = R'(q) = p'(q) \cdot q + p(q)$.

边际收益也称为多销售一个单位产品时总收益的增量，即边际收益为总收益关于产品销量 q 的变化率.

设某产品的销售量为 q 时，总收益 $R = R(q)$，于是，当 $R(q)$ 可导时，边际收益为

$$R'(q) = \lim_{\Delta q \to 0} \frac{R(q + \Delta q) - R(q)}{\Delta q}.$$

即边际收益是总收益函数 $R = R(q)$ 关于销量 q 的导数，其经济意义是：$R'(q)$ 近似等于销量为 q 时再多销售一个单位产品所增加的收益，这是因为

$$R'(q) \approx \Delta R(q) = R(q + 1) - R(q).$$

也可以理解为：在产量为 q 的基础上，再增加（或减少）生产一个单位产品所增加（或减少）的总收入量.

例2　已知某产品的价格是销售量 q 的函数，即 $p = p(q) = 60 - 0.5q$，求销售 q 单位的边际收益和边际价格.

解　因为收益函数 $R = R(q) = q \cdot p(q) = 60q - 0.5q^2$，所以边际收益

$$R'(q) = 60 - q.$$

边际价格 $p = p(q)$ 的导数

$$p' = p'(q) = (60 - 0.5q)' = -0.5.$$

上式表明销售一件产品其价格应减少 0.5 元.

4. 边际利润

设某产品销量为 q 时的总利润为 $L = L(q)$，于是，当 $L(q)$ 可导时，称 $L'(q)$ 为销量为 q 时的**边际利润**，记为 ML. 它近似等于销量为 q 时再多销售一个单位产品所增加的利润.

由于总利润为总收益与总成本之差，即

$$L(q) = R(q) - C(q).$$

上式两边求导，得

$$ML = L'(q) = R'(q) - C'(q).$$

即边际利润等于边际收益与边际成本之差.

$L(q)$ 取得最大值的必要条件为：$L'(q) = 0$，即 $R'(q) = C'(q)$. 因此，取得最大利润的必要条件是边际收益等于边际成本.

$L(q)$ 取得最大值的充分条件为：$L''(q) < 0$，即 $R''(q) < C''(q)$. 因此，取得最大利

润的充分条件是边际收益的变化率小于边际成本的变化率.

例 3　已知某产品的价格是销量 q 的函数,即 $p = p(q) = 60 - 2q$,求销售 q 单位的边际收益和边际价格.

解　因为收益函数 $R = R(q) = q \cdot p(q) = 60q - 2q^2$,所以边际收益为

$$R'(q) = 60 - 4q.$$

边际价格(称函数 $p = p(q)$ 的导数 $p'(q)$ 为边际价格)为

$$p'(q) = (60 - 2q)' = -2.$$

即若要每多销售一单位产品,其价格应减少 2 个单位.

5. 最大利润

利润是衡量企业经济效益的一个主要指标.在一定的设备条件下,如何经营才能获得最大的利润,是企业管理中的一个现实问题.

例 4　某厂生产某种产品 q 件时的总成本函数为 $C(q) = 20 + 4q + 0.01q^2$(元),单位销售价格为 $p(q) = 14 - 0.01q$(元 / 件),问产量为多少时可使利润达到最大?最大利润是多少?

解　由题意,收入函数为 $R = p(q)q = 14q - 0.01q^2$,于是,利润函数为

$$L = R - C = (14q - 0.01q^2) - (20 + 4q + 0.01q^2) = -0.02q^2 + 10q - 20.$$

令 $L' = -0.04q + 10 = 0$,解得 $q = 250$.

因为 $L''(250) = -0.04 < 0$,所以当 $q = 250$ 时,函数取得极大值.又因为是唯一的极值点,所以就是最大值点.即产量 $q = 250$ 件时取得最大利润 $L(250) = 1230$.

二、弹性分析

函数改变量与函数变化率均是绝对改变量.在经济分析中,仅研究绝对改变量是远远不够的,还需要研究函数的相对改变量与相对变化率,于是,我们引入弹性的概念.

1. 弹性函数

给定变量 u,它在某处的改变量 Δu 称为绝对改变量.给定改变量 Δu 与变量在该处的值 u 之比 $\dfrac{\Delta u}{u}$,称为相对改变量.

定义 3　设函数 $y = f(x)$ 在点 x_0 的左右邻近小区间内有定义,且 $f(x_0) \neq 0$.则函数的相对改变量 $\dfrac{\Delta y}{y_0}$ 与自变量的相对改变量 $\dfrac{\Delta x}{x_0}$ 之比

$$\frac{\Delta y / y_0}{\Delta x / x_0} = \frac{[f(x_0 + \Delta x) - f(x_0)] / f(x_0)}{\Delta x / x_0}$$

称为函数 $f(x)$ 在点 x_0 与点 $x_0 + \Delta x$ 之间的**弧弹性**. 若极限

$$\lim_{\Delta x \to 0} \frac{\Delta y / y_0}{\Delta x / x_0} = \lim_{\Delta x \to 0} \frac{[f(x_0 + \Delta x) - f(x_0)] / f(x_0)}{\Delta x / x_0} = \frac{x_0}{y_0} \cdot f'(x_0)$$

存在,则称此极限值为函数 $f(x)$ 在点 x_0 处的相对变化率,也称为**点弹性**,记为 $\eta \mid_{x = x_0}$

或 $\frac{Ey}{Ex}\big|_{x=x_0}$ ，即

$$\frac{Ey}{Ex}\big|_{x=x_0} = \frac{x_0}{y_0} \cdot \frac{\mathrm{d}y}{\mathrm{d}x}\big|_{x=x_0} = \frac{x_0}{y_0} \cdot f'(x_0).$$

一般地，如果函数 $y = f(x)$ 在区间 I 内可导，且 $f(x) \neq 0$，则称

$$\frac{Ey}{Ex} = \frac{x}{y} \cdot \frac{\mathrm{d}y}{\mathrm{d}x} = \frac{x}{f(x)} \cdot f'(x)$$

为函数 $f(x)$ 在区间 I 内的**点弹性函数**，简称**弹性函数**. 记为 $\frac{Ey}{Ex}$ 或 $\frac{Ef(x)}{Ex}$.

由弹性定义可知，弹性是指反应性. 它表示随着 x 的变化 $f(x)$ 变化幅度的大小，即 $f(x)$ 对 x 的变化所反应的强烈程度或灵敏度. 同时还可以看出，函数的弹性与量纲无关，即与各有关变量所用的计量单位无关. 这使弹性概念在经济学中得到广泛的应用. 因为在经济学中，各种商品的计量单位不可能是相同的. 比较不同商品的弹性时，可以不受计量单位的限制. 弹性实质上是表示当自变量变化百分之一时，函数变化的百分数 —— $\frac{Ey}{Ex}\%$.

用弹性函数来分析经济量的变化就称为**弹性分析**.

例 5 求函数 $f(x) = \frac{x}{x+3}$ 在 $x = 1$ 处的弹性，并说明其意义.

解 $\frac{Ef(x)}{Ex} = \frac{3}{(x+3)^2} \cdot \frac{(x+3)x}{x} = \frac{3}{x+3}$，$\eta\big|_{x=1} = \frac{3}{x+3}\big|_{x=1} = 0.75$.

它表示当 $x = 1$ 时，再增加 1%，函数值便从 $f(1) = \frac{1}{3}$ 再相应增加 0.75%.

2. 需求弹性

需求弹性刻画当商品价格变动时需求变动的强弱程度. 由弹性的定义知，若某商品的市场需求量为 Q，价格为 p，需求函数 $Q = Q(p)$ 可导，则称

$$\varepsilon_Q = \frac{EQ}{Ep} = \frac{p}{Q} \cdot \frac{\mathrm{d}Q}{\mathrm{d}p}$$

为商品的**需求价格弹性**，简称**需求弹性**.

根据经济理论，需求函数是单调减函数，所以需求弹性一般取负值.

当 $\varepsilon_Q = -1$（即 $|\varepsilon_Q| = 1$）时，称为单位弹性，此时商品需求量变动的百分比与价格变动的百分比相等.

当 $\varepsilon_Q < -1$（即 $|\varepsilon_Q| > 1$）时，称为高弹性，此时商品需求量变动的百分比高于价格变动的百分比，价格的变动对需求量的影响较大.

当 $-1 < \varepsilon_Q < 0$（即 $|\varepsilon_Q| < 1$）时，称为低弹性，此时商品需求量变动的百分比低于价格变动的百分比，价格的变动对需求量的影响较小.

例 6 设需求函数 $Q = Q(p) = 250 - 25p$，求：

(1) 需求弹性函数；

(2) 在 $p=3$，$p=5$，$p=8$ 处的弹性，并说明其经济意义.

解　(1) 需求弹性函数为

$$\varepsilon_Q = \frac{EQ}{Ep} = \frac{p}{Q} \cdot \frac{\mathrm{d}Q}{\mathrm{d}p} = \frac{-25p}{250-25p} = \frac{-p}{10-p}.$$

(2) $\varepsilon_Q|_{p=3} = \frac{-3}{10-3} = \frac{-3}{7} \approx -0.43;$

$$\varepsilon_Q|_{p=5} = \frac{-5}{10-5} = -1;$$

$$\varepsilon_Q|_{p=8} = \frac{-8}{10-8} = \frac{-8}{2} = -4.$$

其经济意义为：当 $p=3$ 时，$\varepsilon_Q \approx -0.43$，即 $-1 < \varepsilon_Q < 0$. 这表明需求变动的幅度小于价格变动的幅度，当价格上涨 1% 时，需求只减少 0.43%，即价格的变动对需求量的影响不大.

当 $p=8$ 时，$\varepsilon_Q = -4 < -1$，这表明需求变动的幅度大于价格变动的幅度. 当价格上涨 1% 时，需求减少 4%，即价格的变动对需求量的影响较大.

当 $p=5$ 时，$\varepsilon_Q = -1$，这表明需求与价格变动的幅度相同，当价格上涨 1% 时，需求减少 1%；当价格下降 1% 时，需求增加 1%.

3. 弹性与收益

在经济分析中，应用商品的需求价格弹性可以指明当价格变动时销售总收益的变动情况.

总收益 R 是商品的价格与销售量 Q 的乘积，即

$$R = p \cdot Q = p \cdot Q(p),$$

$$R' = Q(p) + p \cdot Q'(p) = Q(p)\left[1 + \frac{p}{Q(p)} \cdot Q'(p)\right] = Q(p)(1+\varepsilon_Q).$$

(1) 当 $\varepsilon_Q < -1$ 时，$R' < 0$，总收益函数 R 是单调减函数. 在这种情况下，提高价格，总收益将随之减少，这是因为需求富有弹性，需求下降的幅度大于价格提高的幅度.

(2) 当 $-1 < \varepsilon_Q < 0$ 时，$R' > 0$，总收益函数 R 是单调增函数. 这时，总收益随价格的提高而增加，也就是说，当需求是低弹性时，由于需求下降的幅度小于价格提高的幅度，因而，提高价格可使总收益增加.

(3) 当 $\varepsilon_Q = -1$ 时，$R' = 0$，这时总收益是常数，总收益不会因价格变动而变动.

综上所述，总收益的变化受需求弹性的制约，随商品需求的变化而变化，其关系如图 $3-18$ 所示.

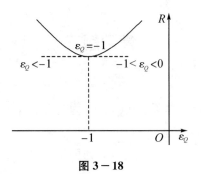

图 3－18

例7　设需求函数 $Q = Q(p) = 250 - 25p$，求：

(1) 需求弹性函数；

(2) 在 $p = 2$，$p = 5$，$p = 8$ 处的弹性，并说明其经济意义；

(3) p 为何值时，收益最大?最大收益是多少?

解　(1) 根据弹性的定义，有

$$\varepsilon(p) = \frac{EQ}{Ep} = \frac{p}{Q(p)} \cdot Q'(p) = -\frac{25p}{250 - 25p} = \frac{p}{p - 10}.$$

(2) $\varepsilon(2) = \dfrac{2}{2 - 10} = -0.25$，$\varepsilon(5) = \dfrac{5}{5 - 10} = -1$，$\varepsilon(8) = \dfrac{8}{8 - 10} = -4$.

其经济意义如下：

当 $p = 2$ 时，$\varepsilon_Q = -0.25 > -1$，说明需求为低弹性，即需求变动的幅度小于价格变动的幅度. 价格的变动对需求量的影响不大，当价格上涨 1% 时，需求减少 0.25%.

当 $p = 5$ 时，$\varepsilon_Q = -1$，说明需求为单位弹性，需求的变动幅度等于价格的变动幅度. 当价格上涨 1% 时，需求减少 1%；当价格下降 1% 时，需求增加 1%.

当 $p = 8$ 时，$\varepsilon_Q = -4 < -1$，说明需求为高弹性，即需求变动的幅度大于价格变动的幅度. 价格的变动对需求量的影响很大，当价格上涨 1% 时，需求减少 4%.

(3) $R = p \cdot Q = p(250 - 25p) = 250p - 25p^2$.

令 $R' = 250 - 50p = 0$，解得 $p = 5$，此时 $R(5) = 625$. 即当 $p = 5$ 时收益最大，最大收益为 625.

习题 §3－6

某产品生产 x 单位的成本 C 为 x 的函数，即 $C = C(x) = 1100 + \dfrac{1}{1200}x^2$，求：

1. 生产 900 单位时的成本和平均单位成本.

2. 生产 900 到 1000 单位时成本的平均变化率.

3. 生产 900 及 1000 单位时的边际成本.

复习题三

一、判断题

1. 如果 $f(x)$ 在 $[a, b]$ 上连续，在 (a, b) 内可导，且 $f(a) = f(b)$，则至少存在一点 $\xi \in (a, b)$，使得 $f'(\xi) = 0$.   (   )

2. 函数 $f(x) = x^3 + 3ax^2 + 3bx + c$，如果 $a^2 - b > 0$，则 $f(x)$ 有两个驻点.   (   )

3. 函数 $f(x) = 3 - x^2$ 有极大值 3.   (   )

4. 设 $f(x) = |\ln x|$，则 $x = 1$ 是 $f(x)$ 的极小值点.   (   )

5. 点 $(0, 0)$ 是曲线 $y = x^2$ 的拐点.   (   )

6. 曲线 $y = x^2$ 没有拐点.   (   )

7. 函数 $f(x)$ 在 (a, b) 内单调，则 $f(x)$ 在 (a, b) 内无极值.   (   )

8. $y = 0$ 是曲线 $y = \dfrac{1}{x-1}$ 的一条水平渐近线.   (   )

二、填空题

1. 极限 $\lim\limits_{x \to +\infty} \dfrac{\ln x}{x} = $ _____.

2. 设 $f(x) = x^3 - 3x^2 + 1$ 在区间_____ 函数单调递增，在区间_____ 函数单调递减；在区间_____ 曲线是凹的，在区间_____ 曲线是凸的.

3. 函数 $y = \dfrac{\ln x}{x}$ 的极值点是 _____；拐点为 _____；渐近线方程为_____.

4. 函数 $f(x) = x^3 - 3x^2 + 5$ 在 $[-2, 2]$ 上的最大值为_____；最小值为_____.

三、选择题

1. 设函数 $y = (x^2 - 4)^2$，则在区间 $(-2, 0)$ 和 $(2, +\infty)$ 内分别为(   ).

    A. 单调递增，单调递增   B. 单调递增，单调递减

    C. 单调递减，单调递增   D. 单调递减，单调递减

2. 设函数 $y = |x^2 - 3x + 2|$，则(   ).

    A. y 有极小值，但无极大值   B. y 有极小值 0，但无极大值

    C. y 有极大值 $\dfrac{1}{4}$，但无极小值   D. y 有极小值 0，极大值 $\dfrac{1}{4}$

3. 下列函数在区间 $(0, 1)$ 内为减函数的是(   ).

    A. $f(x) = x^3 + x^2$ B. $f(x) = x + 2\cos x$

    C. $f(x) = e^x - x$ D. $f(x) = \ln x + \dfrac{1}{x}$

4. 曲线 $y = 2x - 2x^2 + x^4$，则在区间 $(1, 2)$ 和 $(2, 4)$ 内，曲线分别为（　　）.

  A. 凸的，凸的　　　　　　　　　B. 凸的，凹的

  C. 凹的，凸的　　　　　　　　　D. 凹的，凹的

四、 求 $y = x^3$ 的驻点，并由 $y = x^3$ 的图形判别驻点是否为极值点.

五、 设 $f(x)$ 在 $[a, b]$ 上连续，在 (a, b) 内可导（$0 < a < b$），试证：存在 $\xi \in (a, b)$，使

$$f(b) - f(a) = \xi f'(\xi) \ln \frac{b}{a}.$$

六、求下列极限

1. $\lim\limits_{x \to 1} \dfrac{\ln x}{x - 1}$.

2. $\lim\limits_{\theta \to 0} \dfrac{\cos(\frac{\pi}{2}\cos\theta)}{\sin\theta}$.

3. $\lim\limits_{x \to 0} \dfrac{\mathrm{e}^x - \cos x}{\sin x}$.

4. $\lim\limits_{x \to 0} \dfrac{x - \tan x}{x^3}$.

5. $\lim\limits_{x \to 0^+} \dfrac{\ln\sin 3x}{\ln\sin x}$.

6. $\lim\limits_{x \to +\infty} \dfrac{\ln\ln x}{x}$.

七、确定下列函数的单调区间，并求出它们的极值

1. $y = x^3(1 - x)$.

2. $y = \dfrac{x}{1 + x^2}$.

八、证明下列不等式

1. 当 $x > 0$ 时，$1 + \dfrac{x}{2} > \sqrt{1 + x}$.

2. 当 $x > 0$ 时，$1 + x\ln(x + \sqrt{1 + x^2}) > \sqrt{1 + x^2}$.

九. 求下列函数的最大值与最小值

1. $y = x^4 - 4x^3 + 8$，$x \in [-1, 1]$.

2. $y = 4\mathrm{e}^x + \mathrm{e}^{-x}$，$x \in [-1, 1]$.

十、确定下列函数的凹凸性区间与拐点

1. $y = 2x^3 - 3x^2 - 36x + 25$.

2. $y = x + \dfrac{1}{x}$.

3. $y = x^2 + \dfrac{1}{x}$.

4. $y = \ln(x^2 + 1)$.

十一、 问 a 和 b 为何值时，点 $(1, 3)$ 为曲线 $y = ax^3 + bx^2$ 的拐点.

十二、 试确定曲线 $y = ax^3 + bx^2 + cx + d$ 中 a, b, c, d 的值，使得点 $(-2, 44)$ 为驻点，$(1, -10)$ 为拐点.

十三、作下列函数的图形

1. $y = x + \mathrm{e}^{-x}$.

2. $y = x - \ln x$.

第四章　　不定积分

在第二章中，我们讨论了求一个已知函数的导数（或微分）的问题．在科学技术和经济管理的许多问题中，我们往往还会遇到与此相反的问题：已知一个函数的导数，求这个函数．这就是本章将要讨论的不定积分问题．本章将重点介绍不定积分的概念、性质和基本积分方法．

§4－1　　不定积分的概念及性质

一、原函数

有许多实际问题，要求我们解决微分法的逆运算，就是要由某函数的已知导数去求原来的函数．

例如，已知自由落体任意时刻 t 的运动速度为 $v(t) = gt$，求自由落体的运动规律（设运动开始时，物体在原点）．这个问题就是要从关系式 $s'(t) = gt$ 还原出 $s(t)$ 来，即反着用导数公式，易知：$s(t) = \dfrac{1}{2}gt^2$，这就是所求的运动规律．

一般地，如果已知 $F'(x) = f(x)$，如何求 $F(x)$？为此，引出下述定义．

定义 1　设 $f(x)$ 是定义在某一区间内的已知函数，如果存在函数 $F(x)$，使得在该区间内的任一点 x，都有

$$F'(x) = f(x)$$

或

$$\mathrm{d}F(x) = f(x)\mathrm{d}x,$$

则称 $F(x)$ 为函数 $f(x)$ 的一个原函数．

例如：$(\sin x)' = \cos x$，即 $\sin x$ 是 $\cos x$ 的原函数．

$$\left[\ln(x + \sqrt{1 + x^2})\right]' = \frac{1}{\sqrt{1 + x^2}},$$ 即 $\ln(x + \sqrt{1 + x^2})$ 是 $\dfrac{1}{\sqrt{1 + x^2}}$ 的原函数.

原函数存在定理 如果函数 $f(x)$ 在闭区间 $[a, b]$ 上连续,则 $f(x)$ 在该区间 I 上一定有原函数,即存在区间上的可导函数 $F(x)$,使得对任取 $x \in I$,有 $F'(x) = f(x)$.

注意:

(1) 由于初等函数在其定义区间上是连续函数,因此,初等函数在其定义区间上都有原函数;

(2) 如果 $f(x)$ 在 I 上有一个原函数 $F(x)$,则它就有无穷多个原函数,而且全体原函数具有 $F(x) + C$ 的形式,其中 C 为任意常数.

从定义 1 可知,若 $F(x)$ 是 $f(x)$ 在区间 I 上的一个原函数,则对任意常数 C,$F(x) + C$ 也是 $f(x)$ 在 I 上的原函数,因为在 I 上总有

$$\left[F(x) + C\right]' = F'(x) = f(x).$$

又如果 $G(x)$ 也是 $f(x)$ 在 I 上的一个原函数,则在 I 上有

$$\left[G(x) - F(x)\right]' = G'(x) - F'(x) = f(x) - f(x) \equiv 0,$$

从而推知 $G(x) - F(x)$ 在 I 上是一个常数 C,即 $G(x) - F(x) = C$ 或 $G(x) = F(x) + C$.

所以,一个函数的任意两个原函数的差是常数.

二、不定积分

定义 2 若函数 $F(x)$ 是函数 $f(x)$ 的一个原函数,则函数 $f(x)$ 的全体原函数 $F(x) + C$(C 为任意常数) 称为函数 $f(x)$ 的不定积分,记为 $\int f(x) \mathrm{d}x$,即

$$\int f(x) \mathrm{d}x = F(x) + C.$$

式中,$\int$ 为积分号,x 为积分变量,$f(x)$ 为被积函数,$f(x)\mathrm{d}x$ 为被积表达式,C 为积分常数.

由不定积分的定义可知:若求已知函数 $f(x)$ 的不定积分,只需求出 $f(x)$ 的一个原函数,然后再加上任意常数 C 即可.

在不致混淆的情况下,不定积分也简称积分;求已知函数的不定积分的运算称为对该函数进行积分运算,所采用的方法称为积分法.

例 1 因为 $\left(\dfrac{x^3}{3}\right)' = x^2$,得

$$\int x^2 \mathrm{d}x = \frac{x^3}{3} + C.$$

例 2 因为 $x > 0$ 时,$(\ln x)' = \dfrac{1}{x}$;$x < 0$ 时,$\left[\ln(-x)\right]' = \dfrac{1}{-x}(-x)' = \dfrac{1}{x}$,得

$$(\ln |x|)' = \frac{1}{x},$$

因此有

$$\int \frac{1}{x} \mathrm{d}x = \ln |x| + C.$$

三、不定积分的性质

由原函数与不定积分的概念可得:

(1) $\dfrac{\mathrm{d}}{\mathrm{d}x} \displaystyle\int f(x)\mathrm{d}x = f(x)$ 或 $\mathrm{d}\displaystyle\int f(x)\mathrm{d}x = f(x)\mathrm{d}x$;

(2) $\displaystyle\int F'(x)\mathrm{d}x = F(x) + C$ 或 $\displaystyle\int \mathrm{d}F(x) = F(x) + C$.

上述性质表明,若先积分后微分,则两者的作用相互抵消;反之,若先微分后积分,则在两者的作用相互抵消后,加上任意常数 C. 它们表达了积分与微分的互逆关系,同时也表明了可以利用微分运算检验积分的结果是否正确.

例 3   验证 $\displaystyle\int \frac{1}{x^2} \mathrm{d}x = -\frac{1}{x} + C$ 是否正确.

解   因为 $\left(-\dfrac{1}{x} + C\right)' = (-x^{-1})' = x^{-2} = \dfrac{1}{x^2}$,所以 $\displaystyle\int \frac{1}{x^2} \mathrm{d}x = -\frac{1}{x} + C$.

四、不定积分的几何意义

不定积分的几何意义如图 4 − 1 所示.

设 $F(x)$ 是 $f(x)$ 的一个原函数,则 $y = F(x)$ 在平面上表示一条曲线,称它为 $f(x)$ 的一条积分曲线. 于是 $f(x)$ 的不定积分表示一族积分曲线,它们是由 $f(x)$ 的某一条积分曲线沿着 y 轴方向作任意平行移动而产生的所有积分曲线组成的. 显然,曲线族中的每一条积分曲线在同一横坐标 x 处有互相平行的切线,其斜率都等于 $f(x)$.

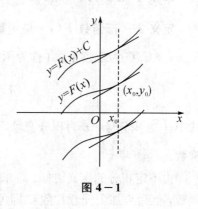

图 4 − 1

在求原函数的具体问题中,往往先求出原函数的一般表达式 $y = F(x) + C$,再从中确定一个满足条件 $y(x_0) = y_0$(称为初始条件)的原函数 $y = y(x)$. 从几何上讲,就是从积分曲线族中找出一条通过点 (x_0, y_0) 的曲线.

例 4   设曲线通过点 $(0, 1)$,且其上任一点处的切线斜率等于该点横坐标的平方,求此曲线的方程.

解   设所求曲线的方程为 $y = y(x)$,按题意有 $y' = x^2$,于是 $y = \dfrac{x^3}{3} + C$.

因为这条曲线通过点 $(0, 1)$,代入上式可得 $C = 1$. 故所求曲线的方程为

$$y = \frac{x^3}{3} + 1.$$

习题 §4−1

一、填空题

1. $x^2 + \sin x$ 的一个原函数是_____，而_____ 的原函数是 $x^2 + \sin x$.

2. 设 $f(x)$ 是连续函数，则 $\mathrm{d}\int f(x)\mathrm{d}x =$ _____，$\int \mathrm{d}f(x) =$ _____.

   $\dfrac{\mathrm{d}}{\mathrm{d}x}\int f(x)\mathrm{d}x =$ _____，$\int f'(x)\mathrm{d}x =$ _____（其中 $f'(x)$ 连续）.

3. 通过点 $(\dfrac{\pi}{6}, 1)$ 的积分曲线 $y = \int \sin x\,\mathrm{d}x$ 的切线方程是_____.

二、选择题

1. $\int f(x)\mathrm{d}x = \mathrm{e}^x\cos 2x + c$，则 $f(x) = ($ 　　$)$.

   A. $\mathrm{e}^x(\cos 2x - 2\sin 2x)$　　　　B. $\mathrm{e}^x(\cos 2x - 2\sin 2x) + c$

   C. $\mathrm{e}^x\cos 2x$　　　　　　　　　D. $-\mathrm{e}^x\sin 2x$

2. 若 $F(x)$，$G(x)$ 均为 $f(x)$ 的原函数，则 $F'(x) - G'(x) = ($ 　　$)$.

   A. $f(x)$　　　　　　　　　　B. 0

   C. $F(x)$　　　　　　　　　　D. $f'(x)$

3. 函数 $f(x)$ 的（　　）原函数，称为 $f(x)$ 的不定积分.

   A. 任意一个　　　　　　　　　B. 所有

   C. 唯一　　　　　　　　　　　D. 某一个

三、一曲线过原点且在曲线上每一点 (x, y) 处的切线斜率等于 x^3，求这曲线的方程.

四、一物体由静止开始运动，t 秒末的速度是 $3x^2$ 米/秒，问：

1. 在 3 秒末物体与出发点之间的距离是多少？

2. 物体走完 360 米需多少时间？

五、证明函数 $\sin^2 x$，$-\dfrac{1}{2}\cos 2x$，$-\cos^2 x$ 都是 $\sin 2x$ 的原函数.

§4−2　不定积分的基本公式与直接积分法

一、不定积分的基本公式

由于求不定积分是求导数的逆运算，根据不定积分的定义，如果
$$F'(x) = f(x),$$
则

$$\int f(x)\mathrm{d}x = F(x) + C.$$

这样，由基本初等函数的求导法则，容易得到相应的不定积分的基本公式.

例如，由$(\sin x)' = \cos x$，得

$$\int \cos x\,\mathrm{d}x = \sin x + C.$$

我们将基本积分公式列表如下，这些公式是求不定积分的基础，必须熟记：

	$F'(x) = f(x)$	$\int f(x)\mathrm{d}x = F(x) + C$
1	$(C)' = 0$	$\int 0\mathrm{d}x = C$
2	$(\dfrac{x^{\alpha+1}}{\alpha+1})' = x^{\alpha}\ (\alpha \neq -1)$	$\int x^{\alpha}\mathrm{d}x = \dfrac{x^{\alpha+1}}{\alpha+1} + C\ (\alpha \neq -1)$
3	$(x)' = 1$	$\int \mathrm{d}x = x + C$
4	$(\ln x)' = \dfrac{1}{x}$	$\int \dfrac{\mathrm{d}x}{x} = \ln|x| + C$
5	$(\dfrac{a^x}{\ln a})' = a^x$	$\int a^x \mathrm{d}x = \dfrac{a^x}{\ln a} + C$
6	$(\mathrm{e}^x)' = \mathrm{e}^x$	$\int \mathrm{e}^x \mathrm{d}x = \mathrm{e}^x + C$
7	$(\sin x)' = \cos x$	$\int \cos x\,\mathrm{d}x = \sin x + C$
8	$(-\cos x)' = \sin x$	$\int \sin x\,\mathrm{d}x = -\cos x + C$
9	$(\tan x)' = \sec^2 x$	$\int \dfrac{\mathrm{d}x}{\cos^2 x} = \int \sec^2 x\,\mathrm{d}x = \tan x + C$
10	$(-\cot x)' = \csc^2 x$	$\int \dfrac{\mathrm{d}x}{\sin^2 x} = \int \csc^2 x\,\mathrm{d}x = -\cot x + C$
11	$(\sec x)' = \sec x \cdot \tan x$	$\int \sec x \tan x\,\mathrm{d}x = \sec x + C$
12	$(-\csc x)' = \csc x \cdot \cot x$	$\int \csc x \cot x\,\mathrm{d}x = -\csc x + C$
13	$(\arcsin x)' = \dfrac{1}{\sqrt{1-x^2}}$	$\int \dfrac{\mathrm{d}x}{\sqrt{1-x^2}} = \arcsin x + C$
14	$(\arctan x)' = \dfrac{1}{1+x^2}$	$\int \dfrac{\mathrm{d}x}{1+x^2} = \arctan x + C$

例 1　求$\int x^2 \mathrm{d}x$.

解　由于$(\dfrac{x^3}{3})' = x^2$，所以$\dfrac{x^3}{3}$是x^2的一个原函数，因此

$$\int x^2 \, \mathrm{d}x = \frac{x^3}{3} + C.$$

例 2　求不定积分 $\int \sqrt{x} \, \mathrm{d}x$.

解　$\int \sqrt{x} \, \mathrm{d}x = \int x^{\frac{1}{2}} \, \mathrm{d}x = \frac{1}{\frac{1}{2}+1} x^{\frac{1}{2}+1} + C = \frac{2}{3} x^{\frac{3}{2}} + C.$

二、不定积分的基本运算法则

由不定积分的定义与导数的运算法则，可以推出不定积分的下述两个运算法则：

法则 1　两个函数代数和的不定积分等于这两个函数的不定积分的代数和，即

$$\int [f(x) \pm g(x)] \mathrm{d}x = \int f(x) \mathrm{d}x \pm \int g(x) \mathrm{d}x.$$

对于有限个函数的代数和，法则 1 也是成立的. 即

$$\int [f_1(x) \pm f_2(x) \pm \cdots \pm f_n(x)] \mathrm{d}x = \int f_1(x) \mathrm{d}x \pm \int f_2(x) \mathrm{d}x \pm \cdots \pm \int f_n(x) \mathrm{d}x.$$

法则 2　被积函数中不为零的常数因子可以提到积分号前面，即当 k 为不等于零的常数时，有

$$\int k f(x) \mathrm{d}x = k \int f(x) \mathrm{d}x \quad (k \text{ 为常数}, k \neq 0).$$

三、直接积分法

利用基本积分公式以及基本运算法则求不定积分的方法称为直接积分法. 用直接积分法可求出某些简单函数的不定积分.

例 3　求 $\int \sqrt{x} \, (x-5) \mathrm{d}x$.

解　$\displaystyle \int \sqrt{x} \, (x-5) \mathrm{d}x = \int (x^{\frac{3}{2}} - 5x^{\frac{1}{2}}) \mathrm{d}x$

$$= \int x^{\frac{3}{2}} \mathrm{d}x - 5 \int x^{\frac{1}{2}} \mathrm{d}x$$

$$= \frac{2}{5} x^{\frac{5}{2}} - \frac{10}{3} x^{\frac{3}{2}} + C$$

$$= \frac{2}{5} x^2 \sqrt{x} - \frac{10}{3} x \sqrt{x} + C.$$

例 4　求 $\int (\mathrm{e}^x - 3\cos x + 2^x \mathrm{e}^x) \mathrm{d}x$.

解　$\displaystyle \int (\mathrm{e}^x - 3\cos x + 2^x \mathrm{e}^x) \mathrm{d}x = \int \mathrm{e}^x \mathrm{d}x - 3 \int \cos x \, \mathrm{d}x + \int (2\mathrm{e})^x \mathrm{d}x$

$$= \mathrm{e}^x - 3\sin x + \frac{(2\mathrm{e})^x}{\ln(2\mathrm{e})} + C$$

$$= \mathrm{e}^x - 3\sin x + \frac{(2\mathrm{e})^x}{1 + \ln 2} + C.$$

例 5 求 $\int (x+1)\left(x-\dfrac{1}{x}\right)\mathrm{d}x$.

解 $\int (x+1)\left(x-\dfrac{1}{x}\right)\mathrm{d}x = \int\left(x^2+x-1-\dfrac{1}{x}\right)\mathrm{d}x$

$$= \int x^2\,\mathrm{d}x + \int x\,\mathrm{d}x - \int \mathrm{d}x - \int\frac{1}{x}\mathrm{d}x$$

$$= \frac{1}{3}x^3 + \frac{1}{2}x^2 - x - \ln|x| + C.$$

例 6 求 $\int \dfrac{1+x+x^2}{x(1+x^2)}\mathrm{d}x$.

解 $\int \dfrac{1+x+x^2}{x(1+x^2)}\mathrm{d}x = \int \dfrac{(1+x^2)+x}{x(1+x^2)}\mathrm{d}x$

$$= \int\frac{1}{x}\mathrm{d}x + \int\frac{1}{1+x^2}\mathrm{d}x$$

$$= \ln|x| + \arctan x + C.$$

例 7 求 $\int \tan^2 x\,\mathrm{d}x$.

解 $\int \tan^2 x\,\mathrm{d}x = \int(\sec^2 x - 1)\mathrm{d}x$

$$= \int\sec^2 x\,\mathrm{d}x - \int\mathrm{d}x$$

$$= \tan x - x + C.$$

例 8 求 $\int \sin^2 \dfrac{x}{2}\mathrm{d}x$.

解 $\int \sin^2 \dfrac{x}{2}\mathrm{d}x = \int \dfrac{1-\cos x}{2}\mathrm{d}x$

$$= \int\frac{1}{2}\mathrm{d}x - \frac{1}{2}\int\cos x\,\mathrm{d}x$$

$$= \frac{1}{2}(x - \sin x) + C.$$

直接积分法的关键：能将被积函数通过恒等变形为代数和形式，而且构成代数和的每一项都能用基本积分公式求出积分，即可利用直接积分法.

习题 §4-2

一、判断题

1. $\int \dfrac{2}{x}\mathrm{d}x = \ln 2|x| + C.$ (   )

2. $\int a^x\,\mathrm{d}x = a^x \ln a + C.$ (   )

3. $\int x^3\,\mathrm{d}x = 4x^4 + C.$ (   )

4. $\displaystyle\int \sin x \, \mathrm{d}x = \cos x + C.$ （　　）

5. $\displaystyle\int \frac{\mathrm{d}x}{\sqrt{1-x^2}} = -\arccos x + C.$ （　　）

二、求下列不定积分

1. $\displaystyle\int (\sqrt{x} - 1)(x + \frac{1}{\sqrt{x}}) \, \mathrm{d}x.$

2. $\displaystyle\int (\frac{1}{\sqrt{x}} - 2\sin x + \frac{3}{x}) \, \mathrm{d}x.$

3. $\displaystyle\int \sec x (\sec x - \tan x) \, \mathrm{d}x.$

4. $\displaystyle\int \frac{x^2 + \sin^2 x}{x^2 \sin^2 x} \, \mathrm{d}x.$

5. $\displaystyle\int \frac{1}{\sin^2 x \cos^2 x} \, \mathrm{d}x.$

6. $\displaystyle\int \frac{2 - \sqrt{1-x^2}}{\sqrt{1-x^2}} \, \mathrm{d}x.$

7. $\displaystyle\int (2^x + 3^x)^2 \, \mathrm{d}x.$

8. $\displaystyle\int (1 - \frac{1}{x^2}) \sqrt{x\sqrt{x}} \, \mathrm{d}x.$

§4-3　换元积分法

利用基本积分公式及直接积分法，只能求出少量形式较为简单的积分. 对于比较复杂的积分，由于不能直接积分，我们总是设法把它变形为能利用基本积分公式的形式后，再进行计算. 下面所介绍的换元积分法就是用途最为广泛的积分方法.

一、第一类换元积分法（或称凑微分法）

我们先来看一个例子，求 $\displaystyle\int \cos 3x \, \mathrm{d}x$，因为被积函数是复合函数，在基本积分公式中没有相对应的公式，因此我们不能使用直接积分法求解. 但是，如果我们把已知积分作下列变形：

$$\int \cos 3x \, \mathrm{d}x = \frac{1}{3} \int 3\cos 3x \, \mathrm{d}x = \frac{1}{3} \int \cos 3x \, \mathrm{d}(3x),$$

令 $u = 3x$，则上式变为

$$\int \cos 3x \, \mathrm{d}x = \frac{1}{3} \int \cos u \, \mathrm{d}u.$$

如果可以把 $\displaystyle\int \cos x \, \mathrm{d}x = \sin x + C$ 用到 $\displaystyle\int \cos u \, \mathrm{d}u$ 上，那么，计算的结果为

$$\int \cos 3x \, \mathrm{d}x = \frac{1}{3} \int \cos u \, \mathrm{d}u = \frac{1}{3} \sin u + C = \frac{1}{3} \sin 3x + C.$$

容易验证 $\dfrac{1}{3} \sin 3x$ 是 $\cos 3x$ 的一个原函数，也就是说，上述结果正确. 现在我们能否把公式 $\displaystyle\int \cos x \, \mathrm{d}x$（其中 x 是积分变量）用到 $\displaystyle\int \cos u \, \mathrm{d}u$ 上去（其中 u 是 x 的函数，且 u 是积分

变量）呢？回答是肯定的.

为此，我们给出下述定理.

定理 1 设 $F(u)$ 为 $f(u)$ 的原函数，即

$$\int f(u)\mathrm{d}u = F(u) + C, \ u = \varphi(x) \ \text{可微},$$

则

$$\int f[\varphi(x)]\varphi'(x)\mathrm{d}x = \int f[\varphi(x)]\mathrm{d}\varphi(x) = F[\varphi(x)] + C$$

称为第一类换元积分公式.

容易看出，公式就是把已知积分 $\int f(u)\mathrm{d}u = F(u) + C$ 中的 u 换成了函数 $\varphi(x)$，所以说基本积分公式中的积分变量 x 换成积分变量 u 后公式仍成立，这就大大扩展了基本积分公式的使用范围.

根据以上结论，我们可以把用第一类换元积分法求不定积分的过程表示为

$$\int g(x)\mathrm{d}x \xlongequal{\text{凑微分}} \int f[\varphi(x)]\varphi'(x)\mathrm{d}x = \int f[\varphi(x)]\mathrm{d}\varphi(x)$$

$$\xlongequal[\text{令}\ \varphi(x) = u]{\text{换元}} \int f(u)\mathrm{d}u = F(u) + C \xlongequal[u = \varphi(x)]{\text{回代}} F[\varphi(x)] + C.$$

在使用定理 1 时，还要注意以下几点：

(1) $F[\varphi(x)]$ 不是 $f[\varphi(x)]$ 的原函数，因为 $(F[\varphi(x)])' = f[\varphi(x)]\varphi'(x)$；

(2) $F(u)$ 是 $f(u)$ 的原函数是针对积分变量 u 而言的，$F[\varphi(x)]$ 是 $f[\varphi(x)]\varphi'(x)$ 的原函数是针对积分变量 x 而言的；

(3) 运用第一类换元积分法关键在于积分变量的改变，即设法将被积函数凑成 $f[\varphi(x)]\varphi'(x)$ 的形式，再令 $u = \varphi(x)$ 变成不定积分 $\int f(u)\mathrm{d}u$ 进行计算，最后用 $u = \varphi(x)$ 进行回代；

(4) 在 $u = \varphi(x)$ 下，$f[\varphi(x)] = f(u)$，$\varphi'(x)\mathrm{d}x = \mathrm{d}u$.

例 1 求 $\int 2\cos 2x \mathrm{d}x$.

解 作变换 $u = 2x$，则有

$$\int 2\cos 2x \mathrm{d}x = \int (2x)'\cos 2x \mathrm{d}x = \int \cos 2x \mathrm{d}2x = \int \cos u \mathrm{d}u = \sin u + C,$$

再以 $u = 2x$ 代入，即得

$$\int 2\cos 2x \mathrm{d}x = \sin 2x + C.$$

例 2 求 $\int \tan x \mathrm{d}x$.

解 $\int \tan x \mathrm{d}x = \int \dfrac{\sin x}{\cos x}\mathrm{d}x$，因为 $-\sin x \mathrm{d}x = \mathrm{d}\cos x$，所以如果设 $u = \cos x$，那么 $\mathrm{d}u = -\sin x \mathrm{d}x$，即 $-\mathrm{d}u = \sin x \mathrm{d}x$，因此

$$\int \tan x \, \mathrm{d}x = \int \frac{\sin x}{\cos x} \mathrm{d}x = -\int \frac{\mathrm{d}u}{u} = -\ln |u| + C = -\ln |\cos x| + C.$$

类似地，可得

$$\int \cot x \, \mathrm{d}x = \ln |\sin x| + C.$$

运算中的换元过程在熟练之后可以省略，即不必写出积分变量 u，而只需在处理问题的过程中灵活地使用 $\varphi(x) = u$，利用基本积分公式直接积分即可.

例 3　求 $\displaystyle\int \frac{1}{3+2x} \mathrm{d}x$.

解　$\displaystyle\int \frac{1}{3+2x} \mathrm{d}x = \frac{1}{2} \int \frac{1}{3+2x} (3+2x)' \mathrm{d}x$

$$= \frac{1}{2} \int \frac{1}{3+2x} \mathrm{d}(3+2x)$$

$$= \frac{1}{2} \ln |3+2x| + C.$$

例 4　求 $\displaystyle\int (2x\mathrm{e}^{x^2} + x\sqrt{1-x^2}) \mathrm{d}x$.

解　$\displaystyle\int (2x\mathrm{e}^{x^2} + x\sqrt{1-x^2}) \mathrm{d}x = \int 2x\mathrm{e}^{x^2} \mathrm{d}x + \int x\sqrt{1-x^2} \mathrm{d}x$

$$= \int \mathrm{e}^{x^2} \mathrm{d}x^2 - \frac{1}{2} \int (1-x^2)^{\frac{1}{2}} \mathrm{d}(1-x^2)$$

$$= \mathrm{e}^{x^2} - \frac{1}{3} (1-x^2)^{\frac{3}{2}} + C.$$

例 5　求 $\displaystyle\int \frac{1}{a^2+x^2} \mathrm{d}x$.

解　$\displaystyle\int \frac{1}{a^2+x^2} \mathrm{d}x = \frac{1}{a^2} \int \frac{1}{1+(\frac{x}{a})^2} \mathrm{d}x$

$$= \frac{1}{a} \int \frac{1}{1+(\frac{x}{a})^2} \mathrm{d}(\frac{x}{a})$$

$$= \frac{1}{a} \arctan \frac{x}{a} + C.$$

例 6　求 $\displaystyle\int \frac{1}{x^2-a^2} \mathrm{d}x$.

解　$\displaystyle\int \frac{1}{x^2-a^2} \mathrm{d}x = \frac{1}{2a} \int (\frac{1}{x-a} - \frac{1}{x+a}) \mathrm{d}x$

$$= \frac{1}{2a} \Big[\int \frac{1}{x-a} \mathrm{d}(x-a) - \int \frac{1}{x+a} \mathrm{d}(x+a) \Big]$$

$$= \frac{1}{2a} [\ln |x-a| - \ln |x+a|] + C$$

$$= \frac{1}{2a} \ln \left| \frac{x-a}{x+a} \right| + C.$$

例7 求 $\int \cos^2 x \, \mathrm{d}x$.

解 $\int \cos^2 x \, \mathrm{d}x = \int \dfrac{1+\cos 2x}{2} \mathrm{d}x = \dfrac{1}{2}\Big[\int \mathrm{d}x + \int \cos 2x \, \mathrm{d}x\Big]$

$\qquad\qquad = \dfrac{x}{2} + \dfrac{1}{4}\int \cos 2x \, \mathrm{d}2x = \dfrac{x}{2} + \dfrac{1}{4}\sin 2x + C.$

同一积分可以有几种不同的解法,其结果形式上可能不同,但实际上它们最多相差一个积分常数 C.如果需要验证积分是否正确,只需将结果求导,若求导结果与被积函数相同就是正确的.

例8 求 $\int \sin^3 x \cos^5 x \, \mathrm{d}x$.

解法1 $\int \sin^3 x \cos^5 x \, \mathrm{d}x = -\int \sin^2 x \cos^5 x \, \mathrm{d}(\cos x)$

$\qquad\qquad\qquad = -\int (1-\cos^2 x)\cos^5 \mathrm{d}(\cos x)$

$\qquad\qquad\qquad = -\int \cos^5 x \, \mathrm{d}(\cos x) + \int \cos^7 x \, \mathrm{d}(\cos x)$

$\qquad\qquad\qquad = -\dfrac{1}{6}\cos^6 x + \dfrac{1}{8}\cos^8 x + C.$

解法2 $\int \sin^3 x \cos^5 x \, \mathrm{d}x = \int \sin^3 x \cos^4 x \, \mathrm{d}(\sin x)$

$\qquad\qquad\qquad = \int \sin^3 x (1-\sin^2 x)^2 \mathrm{d}(\sin x)$

$\qquad\qquad\qquad = \int (\sin^3 x - 2\sin^5 x + \sin^7 x)\mathrm{d}(\sin x)$

$\qquad\qquad\qquad = \dfrac{1}{4}\sin^4 x - \dfrac{1}{3}\sin^6 x + \dfrac{1}{8}\sin^8 x + C.$

容易验证

$$\Big(-\dfrac{1}{6}\cos^6 x + \dfrac{1}{8}\cos^8 x + C\Big)' = \Big(\dfrac{1}{4}\sin^4 x - \dfrac{1}{3}\sin^6 x + \dfrac{1}{8}\sin^8 x + C\Big)'.$$

第一类换元积分法(凑微分法)的关键:改变积分变量,并以新的积分变量重新观察被积函数时,能用基本积分公式求出积分,即可利用第一类换元积分法(凑微分法).

二、第二类换元积分法(或称变量置换法)

求不定积分除直接用公式外,主要思路是改变被积表达式以及积分变量,使之成为与基本积分公式形式相同的形式.第一类积分换元法,通过选择新积分变量 u,用 $u = \varphi(x)$ 进行换元,从而使 $\int f[\varphi(x)]\varphi'(x)\mathrm{d}x$ 化成 $\int f(u)\mathrm{d}u$,即能用推广的基本积分公式求出.但有些积分,例如 $\int \dfrac{\mathrm{d}x}{1+\sqrt{x}}$,$\int \sqrt{a^2-x^2}\,\mathrm{d}x$,$\cdots$ 等,却需要作相反方式的换元.即令 $x = \psi(x)$,才能比较顺利地求出结果.

例 9 求 $\int \dfrac{\mathrm{d}x}{1+\sqrt{x}}$.

解 求这个积分的难点是分式的分母中出现的根式,不能用凑微分法求解,为此我们先作代换,把根式消去. 令 $\sqrt{x}=t$,$x=t^2$,则 $\mathrm{d}x=2t\,\mathrm{d}t$. 于是

$$\int \frac{\mathrm{d}x}{1+\sqrt{x}} = \int \frac{2t\,\mathrm{d}t}{1+t} = 2\int (1-\frac{1}{1+t})\mathrm{d}t$$

$$= 2(t-\ln|1+t|)+C$$

$$= 2[\sqrt{x}-\ln(1+\sqrt{x})]+C.$$

这个积分过程的理论依据是下面要介绍的第二类换元积分法.

定理 2 设 $x=\psi(t)$ 是单调的可导函数,且 $\psi'(t)\neq 0$,又设 $f[\psi(t)]\psi'(t)$ 具有原函数,则

$$\int f(x)\mathrm{d}x = \int f[\psi(t)]\psi'(t)\mathrm{d}t$$

称为第二类换元积分公式. 其中 $t=\psi^{-1}(x)$ 为 $x=\psi(t)$ 的反函数.

例 10 求 $\int \sqrt{a^2-x^2}\,\mathrm{d}x(a>0)$.

解 被积函数含有二次根式,不能像简单根式那样代换,令 $\sqrt{a^2-x^2}=t$,可以利用三角函数恒等式(如图 $4-2$ 所示)$\sin^2 x+\cos^2 x=1$,使其有理化. 为此,令 $x=a\sin t$,$-\dfrac{\pi}{2}\leqslant t\leqslant \dfrac{\pi}{2}$,则

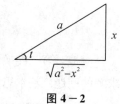

图 $4-2$

$$\sqrt{a^2-x^2}=a\cos t,\quad \mathrm{d}x=a\cos t\,\mathrm{d}t,$$

因此有

$$\int \sqrt{a^2-x^2}\,\mathrm{d}x = \int a\cos t\, a\cos t\,\mathrm{d}t$$

$$= a^2\int \cos^2 t\,\mathrm{d}t$$

$$= a^2\int \frac{1+\cos 2t}{2}\mathrm{d}t$$

$$= \frac{a^2}{2}t+\frac{a^2}{4}\sin 2t+C$$

$$= \frac{a^2}{2}t+\frac{a^2}{2}\sin t\cos t+C$$

$$= \frac{a^2}{2}\arcsin \frac{x}{a}+\frac{a^2}{2}\frac{x}{a}\frac{\sqrt{a^2-x^2}}{a}+C$$

$$= \frac{a^2}{2}\arcsin \frac{x}{a}+\frac{1}{2}x\sqrt{a^2-x^2}+C.$$

例 11   求 $\displaystyle\int \frac{\mathrm{d}x}{\sqrt{a^2+x^2}}\ (a>0)$.

解   为了去掉被积函数中的根号（如图 $4-3$ 所示），利用

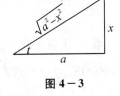

图 $4-3$

$1+\tan^2 x = \sec^2 x$，令 $x=a\tan t,\ -\dfrac{\pi}{2}\leqslant t\leqslant\dfrac{\pi}{2}$，则

$$\sqrt{a^2+x^2}=a\sec t,\quad \mathrm{d}x=a\sec^2 t\,\mathrm{d}t,$$

因此有

$$\begin{aligned}
\int \frac{\mathrm{d}x}{\sqrt{a^2+x^2}} &= \int \frac{1}{a\sec t}a\sec^2 t\,\mathrm{d}t \\
&= \int \sec t\,\mathrm{d}t \\
&= \ln|\sec t+\tan t|+C \\
&= \ln\left|\frac{\sqrt{a^2+x^2}}{a}+\frac{x}{a}\right|+C \\
&= \ln|x+\sqrt{x^2+a^2}|+C_1.
\end{aligned}$$

式中，$C_1=C-\ln a$. 用类似方法可得

$$\int \frac{\mathrm{d}x}{\sqrt{x^2-a^2}}=\ln|x+\sqrt{x^2-a^2}|+C.$$

一般地，第二类换元积分法常用于解决被积函数中含有根式，同时用其他积分法不易求解的问题. 基本思路是通过代换消去根号. 对于一个积分应该做怎样的代换，要具体分析. 当被积函数含 $\sqrt{a^2-x^2}$ 或 $\sqrt{x^2\pm a^2}$ 时，通常采用如下的三角代换消去根号：

（1）含有 $\sqrt{a^2-x^2}$ 时，可令 $x=a\sin t$ 或 $x=a\cos t$；

（2）含有 $\sqrt{x^2+a^2}$ 时，可令 $x=a\tan t$ 或 $x=a\cot t$；

（3）含有 $\sqrt{x^2-a^2}$ 时，可令 $x=a\sec t$ 或 $x=a\csc t$.

但应注意的是，不是被积函数含有根式就一定要用第二类换元积分法，第二类换元积分法较第一类换元积分法的运算要繁琐很多，因此，能用第一类换元积分法求解的积分，应尽可能运用第一类换元积分法去解决问题.

例 12   用两种换元法，求不定积分 $\displaystyle\int \frac{x}{\sqrt{x+2}}\mathrm{d}x$，并比较两种求法.

解法 1   用第一类换元积分法，则有

$$\begin{aligned}
\int \frac{x}{\sqrt{x+2}}\mathrm{d}x &= \int \frac{(x+2)-2}{\sqrt{x+2}}\mathrm{d}x \\
&= \int\left(\sqrt{x+2}-\frac{2}{\sqrt{x+2}}\right)\mathrm{d}x \\
&= \int\left(\sqrt{x+2}-\frac{2}{\sqrt{x+2}}\right)\mathrm{d}(x+2)
\end{aligned}$$

$$= \frac{2}{3} \sqrt{(x+2)^3} - 4\sqrt{x+2} + C.$$

解法 2　用第二类换元积分法，令 $\sqrt{x+2} = t$，则 $x = t^2 - 2, \mathrm{d}x = 2t\,\mathrm{d}t$，有

$$\int \frac{x}{\sqrt{x+2}}\mathrm{d}x = \int \frac{t^2-2}{t} 2t\,\mathrm{d}t$$

$$= 2\int (t^2-2)\,\mathrm{d}t$$

$$= \frac{2t^3}{3} - 4t + C$$

$$\xlongequal{回代} \frac{2}{3}\sqrt{(x+2)^3} - 4\sqrt{x+2} + C.$$

类似地，思考以下积分的求法：$\int \frac{x}{\sqrt{x^2+2}}\mathrm{d}x$，$\int x\sqrt{4-x^2}\,\mathrm{d}x$ 等.

根据前面例题的结论，我们可以把下列的积分作为公式使用：

1. $\int \tan x\,\mathrm{d}x = -\ln|\cos x| + C.$

2. $\int \cot x\,\mathrm{d}x = \ln|\sin x| + C.$

3. $\int \sec x\,\mathrm{d}x = \ln\left|\tan(\frac{\pi}{4}+\frac{x}{2})\right| + C = \ln|\sec x + \tan x| + C.$

4. $\int \csc x\,\mathrm{d}x = \ln\left|\tan\frac{x}{2}\right| + C = \ln|\csc x - \cot x| + C.$

5. $\int \frac{\mathrm{d}x}{x^2+a^2} = \frac{1}{a}\arctan\frac{x}{a} + C. \ (a>0)$

6. $\int \frac{\mathrm{d}x}{x^2-a^2} = \frac{1}{2a}\ln\left|\frac{x-a}{x+a}\right| + C. \ (a>0)$

7. $\int \frac{\mathrm{d}x}{\sqrt{x^2+a^2}} = \ln(x+\sqrt{x^2+a^2}) + C.$

8. $\int \frac{\mathrm{d}x}{\sqrt{x^2-a^2}} = \ln\left|x+\sqrt{x^2-a^2}\right| + C.$

9. $\int \frac{\mathrm{d}x}{\sqrt{a^2-x^2}} = \arcsin\frac{x}{a} + C. \ (a>0)$

10. $\int \sqrt{a^2-x^2}\,\mathrm{d}x = \frac{x}{2}\sqrt{a^2-x^2} + \frac{a^2}{2}\arcsin\frac{x}{a} + C. \ (a>0)$

习题 §4-3

一、填空题

1. $\mathrm{d}x = \underline{\hspace{2cm}}\mathrm{d}(2-3x).$

2. $x\,\mathrm{d}x = \underline{\hspace{2cm}}\mathrm{d}(2x^2-1).$

3. $\dfrac{\ln x}{x}\mathrm{d}x = \ln x\,\mathrm{d}\,$_____ $= \mathrm{d}\,$_____.

4. $\sin\dfrac{x}{3}\mathrm{d}x = $_____ $\mathrm{d}(\cos\dfrac{x}{3})$.

5. $\dfrac{1}{1+9x^2}\mathrm{d}x = $_____ $\mathrm{d}(\arctan 3x)$.

6. $\dfrac{x\,\mathrm{d}x}{\sqrt{1-x^2}} = $_____ $\mathrm{d}(\sqrt{1-x^2})$.

二、求下列不定积分

1. $\displaystyle\int \sin 2x\,\mathrm{d}x$.

2. $\displaystyle\int \mathrm{e}^{3x}\,\mathrm{d}x$.

3. $\displaystyle\int \sqrt{1-2x}\,\mathrm{d}x$.

4. $\displaystyle\int \dfrac{1}{1+3x}\mathrm{d}x$.

5. $\displaystyle\int \dfrac{x\tan\sqrt{1+x^2}}{\sqrt{1+x^2}}\mathrm{d}x$.

6. $\displaystyle\int \dfrac{\sin x+\cos x}{(\sin x-\cos x)^3}\mathrm{d}x$.

7. $\displaystyle\int \mathrm{e}^x\sin\mathrm{e}^x\,\mathrm{d}x$.

8. $\displaystyle\int \dfrac{\sin x}{1+\cos x}\mathrm{d}x$.

9. $\displaystyle\int \dfrac{\mathrm{d}x}{\sqrt{x}(1+x)}$.

10. $\displaystyle\int \dfrac{\mathrm{d}x}{4x^2+4x+5}$.

11. $\displaystyle\int \dfrac{1}{\sqrt{x^2-1}}\mathrm{d}x$.

三、用指定的变换计算 $\displaystyle\int \dfrac{\mathrm{d}x}{x\sqrt{x^2-1}}(x>1)$.

1. $x = \sec t$.

2. $x = \dfrac{1}{t}$.

§4-4　分部积分法

换元积分法是一种重要的积分法,但它不能解决某类简单函数的不定积分,例如 $\displaystyle\int x\sin x\,\mathrm{d}x$, $\displaystyle\int x\mathrm{e}^x\,\mathrm{d}x$, $\displaystyle\int \mathrm{e}^x\sin x\,\mathrm{d}x$ 等. 本节将从函数乘积的微分公式出发,导出另一种常用的积分法——分部积分法.

设 $u = u(x)$, $v = v(x)$,则有
$$(uv)' = u'v + uv'$$
或
$$\mathrm{d}(uv) = v\,\mathrm{d}u + u\,\mathrm{d}v,$$
两端求不定积分,得
$$\int (uv)'\mathrm{d}x = \int vu'\mathrm{d}x + \int uv'\mathrm{d}x$$

或

$$\int \mathrm{d}(uv) = \int v \mathrm{d}u + \int u \mathrm{d}v,$$

即

$$\int u \mathrm{d}v = uv - \int v \mathrm{d}u$$

或

$$\int uv' \mathrm{d}x = uv - \int vu' \mathrm{d}x.$$

上式称为不定积分的分部积分公式，利用分部积分公式求不定积分的方法称为分部积分法. 它的特点是把左边积分 $\int u \mathrm{d}v$ 换成右边积分 $\int v \mathrm{d}u$，即左、右两边的积分中 u 与 v 交换位置. 因而，如果 $\int v \mathrm{d}u$ 比 $\int u \mathrm{d}v$ 容易，就可试用此法.

下面，我们根据例题进行简单的归纳.

例 1　求 $\int x \cos x \mathrm{d}x$.

解　$\displaystyle \int x \cos x \mathrm{d}x = \int x \mathrm{d}\sin x$

$$= x \sin x - \int \sin x \mathrm{d}x$$

$$= x \sin x + \cos x + C.$$

例 2　求 $\int x^2 \mathrm{e}^x \mathrm{d}x$.

解　$\displaystyle \int x^2 \mathrm{e}^x \mathrm{d}x = \int x^2 \mathrm{d}\mathrm{e}^x$

$$= x^2 \mathrm{e}^x - \int \mathrm{e}^x \mathrm{d}x^2$$

$$= x^2 \mathrm{e}^x - 2 \int x \mathrm{e}^x \mathrm{d}x$$

$$= x^2 \mathrm{e}^x - 2\left(x \mathrm{e}^x - \int \mathrm{e}^x \mathrm{d}x\right)$$

$$= x^2 \mathrm{e}^x - 2x \mathrm{e}^x + 2\mathrm{e}^x + C.$$

注意：由例 1 和例 2 可以看出，当被积函数是幂函数与正弦（余弦）函数的乘积或幂函数与指数函数的乘积做分部积分时，取幂函数为 u，其余部分取为 $\mathrm{d}v$.

例 3　求 $\int x \ln x \mathrm{d}x$.

解　$\displaystyle \int x \ln x \mathrm{d}x = \frac{1}{2} \int \ln x \mathrm{d}x^2$

$$= \frac{1}{2}\left(x^2 \ln x - \int x^2 \mathrm{d}\ln x\right)$$

$$= \frac{1}{2} \left(x^2 \ln x - \int x \, dx \right)$$

$$= \frac{1}{2} \left(x^2 \ln x - \frac{1}{2} x^2 \right) + C$$

$$= \frac{1}{2} x^2 \ln x - \frac{1}{4} x^2 + C.$$

例 4　求 $\int x \arctan x \, dx$.

解　
$$\int x \arctan x \, dx = \frac{1}{2} \int \arctan x \, dx^2$$

$$= \frac{1}{2} \left(x^2 \arctan x - \int x^2 \, d\arctan x \right)$$

$$= \frac{1}{2} \left(x^2 \arctan x - \int \frac{x^2}{1+x^2} \, dx \right)$$

$$= \frac{1}{2} \left[x^2 \arctan x - \int (1 - \frac{1}{1+x^2}) \, dx \right]$$

$$= \frac{1}{2} (x^2 \arctan x - x + \arctan x) + C.$$

注意：由例 3 和例 4 可以看出，当被积函数是幂函数与对数函数的乘积或幂函数与反三角函数的乘积做分部积分时，取对数函数或反三角函数为 u，其余部分取为 dv.

例 5　求 $\int e^x \sin x \, dx$.

解　
$$\int e^x \sin x \, dx = \int \sin x \, de^x$$

$$= e^x \sin x - \int e^x \, d\sin x$$

$$= e^x \sin x - \int e^x \cos x \, dx$$

$$= e^x \sin x - \int \cos x \, de^x$$

$$= e^x \sin x - (e^x \cos x - \int e^x \, d\cos x)$$

$$= e^x \sin x - e^x \cos x - \int e^x \sin x \, dx,$$

于是得

$$2 \int e^x \sin x \, dx = e^x (\sin x - \cos x).$$

即

$$\int e^x \sin x \, dx = \frac{1}{2} e^x (\sin x - \cos x) + C.$$

采用例 5 的方法求积分，需要分部积分两次，在出现原来的形状后，将所求积分看成未知数，解方程即可.

在计算不定积分时，有时还需同时使用换元法和分部积分法等方法.

例6　求 $\int e^{\sqrt{x}}\, dx$.

解　令 $\sqrt{x}=t$，则 $x=t^2$，$dx=2t\,dt$，因此有

$$\int e^{\sqrt{x}}\, dx=\int e^t 2t\,dt=2\int t e^t\,dt=2(t e^t-e^t)+C=2e^{\sqrt{x}}(\sqrt{x}-1)+C.$$

分部积分的关键：第一步利用凑微分的方法"凑"后，以新的积分变量观察被积函数有没有基本公式可利用，如 $\int u\,dv$，在交换此时积分的被积函数和积分变量位置后的积分，即 $\int v\,du$ 要更容易积出，就可利用分部积分法.

总结以上各种积分方法，只有直接积分法是直接运用积分基本公式，第一、二类换元积分法和分部积分中，都用到了"凑"微分的方法，包括下节积分表的使用，也要熟悉微分的"凑"法.

习题 §4－4

一、利用分部积分法积分

$I=\int \dfrac{dx}{x}$，其方法如下：

$$I=\int \frac{1}{x}\,dx=\frac{1}{x}x-\int x\,d\left(\frac{1}{x}\right)=1-\int\left(-x\,\frac{1}{x^2}\right)dx=1+\int\frac{dx}{x}=1+I,$$

由此得 $0=1$. 试问这个解法错在何处？

二、填空题

1. $\displaystyle\int x e^{-x}\,dx=-\int x\,d\underline{\qquad\qquad}=\underline{\qquad\qquad}$.

2. $\displaystyle\int \arccos x\,dx=x\arccos x-\underline{\qquad\qquad}=\underline{\qquad\qquad}$.

三、求下列不定积分

1. $\displaystyle\int x^2\ln x\,dx$.

2. $\displaystyle\int x\cos 3x\,dx$.

3. $\displaystyle\int \arctan x\,dx$.

4. $\displaystyle\int x^3 e^{-x^2}\,dx$.

§4－5　　积分表的使用

不定积分的计算方法灵活，运算量比较大. 人们为了方便，把常用的积分公式汇集在一起，称为积分表(见本书附录). 求积分时，可根据被积函数的类型，在积分表内查得其结果. 当然，有时还是需要经过简单的变形才能在积分表中查到. 下面举例说明积分表的查法.

1. 在积分表中能直接查到的积分

例 1　查表求 $\int \dfrac{\mathrm{d}x}{x(3+2x)^2}$.

解　被积函数含 $ax+b$ 因式，在积分表(一)类中，查到公式9，当 $a=2$，$b=3$ 时，得

$$\int \frac{\mathrm{d}x}{x(3+2x)^2} = \frac{1}{3(3+2x)} - \frac{1}{9}\ln\left|\frac{3+2x}{x}\right| + C.$$

例 2　查表求 $\int \dfrac{\mathrm{d}x}{5+4\sin x}$.

解　被积函数含 $a+b\sin x$ 因式，在积分表(十一)类中，查到公式 103 或 104，因为 $a=5$，$b=4$，$a^2 > b^2$，所以用公式 103 得

$$\int \frac{\mathrm{d}x}{5+4\sin x} = \frac{2}{\sqrt{5^2-4^2}}\arctan\frac{5\tan\dfrac{x}{2}+4}{\sqrt{5^2-4^2}} + C$$

$$= \frac{2}{3}\arctan\left[\frac{5}{3}\left(\tan\frac{x}{2}+\frac{4}{5}\right)\right] + C.$$

2. 先进行变量代换，再查表

例 3　查表求 $\int \sqrt{4x^2-9}\,\mathrm{d}x$.

解　该积分在积分表中直接查不到，但有 $\int \sqrt{x^2-a^2}\,\mathrm{d}x$ 的公式，因此需要进行变量代换，令 $u=2x$，则 $\mathrm{d}u=2\mathrm{d}x$，于是，由积分表中的公式 53 有

$$\int \sqrt{4x^2-9}\,\mathrm{d}x = \frac{1}{2}\int \sqrt{u^2-3^2}\,\mathrm{d}u$$

$$= \frac{1}{2}\left(\frac{u}{2}\sqrt{u^2-3^2} - \frac{3^2}{2}\ln|u+\sqrt{u^2-3^2}|\right) + C$$

$$= \frac{1}{2}\left(\frac{2x}{2}\sqrt{4x^2-9} - \frac{9}{2}\ln|2x+\sqrt{4x^2-9}|\right) + C$$

$$= \frac{x}{2}\sqrt{4x^2-9} - \frac{9}{4}\ln|2x+\sqrt{4x^2-9}| + C.$$

3. 使用递推公式

例 4　查表求 $\int \dfrac{\mathrm{d}x}{\sin^4 x}$.

解　被积函数中含三角函数，在积分表(十一)类中查到公式 97，递推公式为

$$\int \frac{\mathrm{d}x}{\sin^n x} = -\frac{1}{n-1}\frac{\cos x}{\sin^{n-1}x} + \frac{n-2}{n-1}\int \frac{\mathrm{d}x}{\sin^{n-2}x}.$$

当 $n=4$ 时，原积分为

$$\int \frac{\mathrm{d}x}{\sin^4 x} = -\frac{1}{3}\frac{\cos x}{\sin^3 x} + \frac{2}{3}\int \frac{1}{\sin^2 x}\mathrm{d}x = -\frac{1}{3}\frac{\cos x}{\sin^3 x} - \frac{2}{3}\cot x + C.$$

要特别指出的是，求不定积分虽然是求导数的逆运算，但求不定积分远比求导数困

难得多. 对于任意初等函数, 只要可导, 肯定能求出其导数, 但是有一些初等函数, 尽管它们的原函数存在, 却不一定能用初等函数的形式表示, 例如 $\int \dfrac{\sin x}{x} \mathrm{d}x$, $\int \mathrm{e}^{-x^2} \mathrm{d}x$, $\int \sin(x^2)\mathrm{d}x$, $\int \dfrac{1}{\ln x}\mathrm{d}x$, $\int \dfrac{\mathrm{d}x}{\sqrt{1-\varepsilon\sin^2 x}}(0<\varepsilon<1)$ 等都不能用初等函数表示.

习题 §4−5

利用积分表求下列各不定积分.

1. $\displaystyle\int \dfrac{1}{x^2+2x+7}\mathrm{d}x$.

2. $\displaystyle\int \dfrac{15}{(x^2+5)^2}\mathrm{d}x$.

3. $\displaystyle\int \sqrt{2x^2+9}\,\mathrm{d}x$.

4. $\displaystyle\int \ln^3 x\,\mathrm{d}x$.

5. $\displaystyle\int \sin^6 x\,\mathrm{d}x$.

6. $\displaystyle\int \mathrm{e}^{2x}\cos x\,\mathrm{d}x$.

7. $\displaystyle\int \dfrac{3}{5-4\cos x}\mathrm{d}x$.

8. $\displaystyle\int \dfrac{1}{x^2\sqrt{9x^2-4}}\mathrm{d}x$.

复习题四

一、填空题

1. 设 x^3 为 $f(x)$ 的一个原函数, 则 $\mathrm{d}f(x) = $ _____.

2. $\displaystyle\int f'(2x)\mathrm{d}x = $ _____.

3. 已知 $\displaystyle\int f(x)\mathrm{d}x = \sin^2 x + C$, 则 $f(x) = $ _____.

4. 设 $f(x)$ 有一原函数 $\dfrac{\sin x}{x}$, 则 $\displaystyle\int xf'(x)\mathrm{d}x = $ _____.

5. $\displaystyle\int x\sin 3x\,\mathrm{d}x = $ _____.

6. $\displaystyle\int \sin^3 x\,\mathrm{d}x = $ _____.

7. $\displaystyle\int \dfrac{1}{\sqrt{x}}\mathrm{e}^{\sqrt{x}}\mathrm{d}x = $ _____.

8. $\displaystyle\int \dfrac{1-\sin x}{x+\cos x}\mathrm{d}x = $ _____.

9. 设 $f(x)$ 为连续函数, 则 $\displaystyle\int f^2(x)\mathrm{d}f(x) = $ _____.

10. 已知 $\displaystyle\int f(x)\mathrm{d}x = F(x)+C$, 则 $\displaystyle\int \dfrac{f(\ln x)}{x}\mathrm{d}x = $ _____.

二、选择题

1. 设 $f(x)$ 是可导函数，则 $(\int f(x)\mathrm{d}x)'$ 为(　　).

   A. $f(x)$ B. $f(x)+C$

   C. $f'(x)$ D. $f'(x)+C$

2. 设 $f(x)$ 是连续函数，且 $\int f(x)\mathrm{d}x = F(x)+C$，则下列各式中正确的是(　　).

   A. $\int f(x^2)\mathrm{d}x = F(x^2)+C$ B. $\int f(3x+2)\mathrm{d}x = F(3x+2)+C$

   C. $\int f(\mathrm{e}^x)\mathrm{d}x = F(\mathrm{e}^x)+C$ D. $\int f(\ln 2x)\frac{1}{x}\mathrm{d}x = F(\ln 2x)+C$

3. $\int (\frac{1}{1+x^2})'\mathrm{d}x = ($　　$).$

   A. $\dfrac{1}{1+x^2}$ B. $\dfrac{1}{1+x^2}+C$

   C. $\arctan x$ D. $\arctan x +C$

4. 若 $f'(x) = g'(x)$，则下列式子中一定成立的有(　　).

   A. $f(x) = g(x)$ B. $\int \mathrm{d}f(x) = \int \mathrm{d}g(x)$

   C. $(\int \mathrm{d}f(x))' = (\int \mathrm{d}g(x))'$ D. $f(x) = g(x)+1$

5. $\int [f(x)+xf'(x)]\mathrm{d}x = ($　　$).$

   A. $f(x)+C$ B. $f'(x)+C$

   C. $xf(x)+C$ D. $f^2(x)+C$

三、先计算下列各组中的不定积分，然后比较其积分方法

1. $\int \sin x\mathrm{d}x$，$\int \sin^2 x\mathrm{d}x$，$\int \sin^3 x\mathrm{d}x$，$\int \sin^4 x\mathrm{d}x$.

2. $\int \ln x\mathrm{d}x$，$\int x\ln x\mathrm{d}x$，$\int \dfrac{\ln x}{x}\mathrm{d}x$，$\int \dfrac{\mathrm{d}x}{x\ln x}$.

3. $\int \sqrt{4-x^2}\,\mathrm{d}x$，$\int \sqrt{x^2+4}\,\mathrm{d}x$，$\int \sqrt{x^2-4}\,\mathrm{d}x$，$\int x\sqrt{x^2-4}\,\mathrm{d}x$.

四、计算下列不定积分

1. $\int (\dfrac{1}{x}+4^x)\mathrm{d}x.$ 2. $\int \dfrac{\mathrm{d}x}{\mathrm{e}^x-\mathrm{e}^{-x}}.$

3. $\int \dfrac{x}{(1-x)^3}\mathrm{d}x.$ 4. $\int \dfrac{2x^2+3}{x^2+1}\mathrm{d}x.$

5. $\int x\sqrt{x^2+3}\,\mathrm{d}x.$ 6. $\int \dfrac{\mathrm{e}^x}{2-3\mathrm{e}^x}\mathrm{d}x.$

7. $\int \dfrac{1}{\sqrt{4-9x^2}}\mathrm{d}x.$ 8. $\int \dfrac{x}{\sqrt{x+2}}\mathrm{d}x.$

9. $\int (\frac{1}{x} + \ln x) e^x dx$.

10. $\int \ln(1 + x^2) dx$.

11. $\int e^{-x} \sin 2x dx$.

12. $\int \frac{\ln x}{\sqrt{x}} dx$.

第五章　　定积分及其应用

定积分是微积分学中最重要的概念之一，和导数概念一样，它是以极限概念为基础，在解决一系列实际问题的过程中逐渐形成的. 用定积分的方法能解决科学技术及经济管理等的计算问题. 本章将学习定积分的概念、性质和计算，以及在几何、经济和物理等方面的应用.

§5－1　　定积分的概念

一、引例

例 1　曲边梯形的面积.

在实际问题中，往往要计算各种平面图形的面积，对于简单规则的平面图形的面积计算在初等数学中已经解决. 但是对于由任意曲线围成的平面图形，应该如何进行面积计算呢?这类图形中，最简单的就是曲边梯形. 其他由任意曲线围成的平面图形的面积可归结为曲边梯形的面积的计算.

曲边梯形是以区间 $[a,b]$ 上连续曲线 $y = f(x)$，直线 $x = a$，$x = b$ 及 $y = 0(x$ 轴$)$ 所围成的图形 $aABb$，其中线段 ab 称为曲边梯形的底(如图 $5-1$ 所示).

下面我们来计算图 $5-2$ 所示的曲边梯形的面积 S.

问题分析：计算曲边梯形面积的困难在于曲边梯形的高 $f(x)$ 在区间 $[a,b]$ 上连续变化. 根据极限思

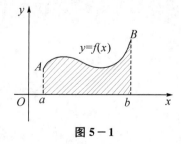

图 5－1

想，可以设想：若将区间$[a,b]$划分为若干个小区间，每一个小区间上曲边梯形可近似地看做是矩形. 矩形的高取小区间上某点的函数值，矩形的底与曲边梯形的底相同. 这样，每一个小区间上的曲边梯形的面积近似地等于该小区间上矩形的面积，所有这些小矩形面积之和就是曲边梯形面积的近似值. 分割越细，误差越小. 若把区间$[a,b]$无限细分，使每一小区间长度趋近于零，

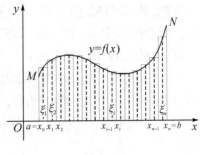

图 5-2

这时，所有小矩形面积之和的极限即可看做是曲边梯形面积的精确值.

计算方式：

(1) 分割. 在区间$[a,b]$内任意插入若干个分点，即
$$a = x_0 < x_1 < x_2 < \cdots < x_{i-1} < x_i < \cdots < x_{n-1} < x_n = b,$$
把$[a,b]$分成n个小区间，即
$$[x_0, x_1], [x_1, x_2], \cdots, [x_{i-1}, x_i], \cdots, [x_{n-1}, x_n],$$
它们的长度依次为
$$\Delta x_1 = x_1 - x_0,\ \Delta x_2 = x_2 - x_1,\ \cdots,\ \Delta x_i = x_i - x_{i-1},\ \cdots,\ \Delta x_n = x_n - x_{n-1}.$$
相应地，曲边梯形被分成n个小曲边梯形，其面积分别记为
$$\Delta A_1,\ \Delta A_2,\ \cdots,\ \Delta A_i,\ \cdots,\ \Delta A_n.$$

(2) 近似替代. 在每一个小区间$[x_{i-1}, x_i]$上任意取一点$\xi_i (i = 1, 2, \cdots, n)$，以$f(\xi_i)$为高、$\Delta x_i$为底的小矩形的面积，作为同底的小曲边梯形的面积的近似值，即
$$\Delta A_i \approx f(\xi_i)\Delta x_i \quad (i = 1, 2, \cdots, n).$$

(3) 求和. 将n个小矩形面积相加，可得到曲边梯形面积A的近似值，即
$$A \approx A_n = f(\xi_1)\Delta x_1 + f(\xi_2)\Delta x_2 + \cdots + f(\xi_n)\Delta x_n = \sum_{i=1}^{n} f(\xi_i)\Delta x_i.$$

(4) 取极限. 设$\lambda = \max_{1 \leqslant i \leqslant n}\{\Delta x_i\}$，当$\lambda = \max_{1 \leqslant i \leqslant n}\{\Delta x_i\}$越来越小时，也就是分点的个数无限增大（即$n \to \infty$），每一个小矩形的面积就越来越接近相应的小曲边梯形的面积，和式$A_n = \sum_{i=1}^{n} f(\xi_i)\Delta x_i$越来越接近曲边梯形的面积$A$. 当$\lambda \to 0$（即$n \to \infty$）时，和式的极限就是所求的曲边梯形的面积，即
$$A = \lim_{\substack{\lambda \to 0 \\ (n \to \infty)}} A_n = \lim_{\substack{\lambda \to 0 \\ (n \to \infty)}} \sum_{i=1}^{n} f(\xi_i)\Delta x_i.$$
式中，$\lambda = \max_{1 \leqslant i \leqslant n}\{\Delta x_i\}$，$i = 1, 2, \cdots, n$.

例2 变速直线运动的路程.

设某物体作直线运动，已知速度$v = v(t)$是时间间隔$[T_1, T_2]$上t的连续函数，且$v(t) \geqslant 0$，计算在这段时间内物体所经过的路程s.

匀速直线运动公式：路程 = 速度 × 时间.

问题分析:计算时间段$[T_1,T_2]$内的总路程,其困难在于物体运动$v(t)$是随时间t的变化而变化的,是非匀速的,因而不能用匀速直线运动公式来计算. 为了解决这一矛盾,可以设想:若把时间段$[T_1,T_2]$划分成若干个小时间段,在每一个小时间段内,用任一时刻的速度作为这一小时间段内的速度,也就是用匀速直线运动的路程近似表示这一小时间段内变速直线运动的路程. 然后把所有的每一时间段内的路程的近似值加起来,就是整个时间段$[T_1,T_2]$上路程s的近似值. 再通过对近似值取极限,即可得到路程的精确值.

计算方式:

(1) 分割. 在$[T_1,T_2]$内任意插入若干个分点,即
$$T_1=t_0<t_1<t_2<\cdots<t_{n-1}<t_n=T_2,$$
把$[T_1,T_2]$分成n个小段,即
$$[t_0,t_1],[t_1,t_2],\cdots,[t_{n-1},t_n],$$
各小段时间长依次为
$$\Delta t_1=t_1-t_0,\Delta t_2=t_2-t_1,\cdots,\Delta t_n=t_n-t_{n-1},$$
相应各段的路程为
$$\Delta s_1,\Delta s_2,\cdots,\Delta s_n.$$

(2) 近似替代. 在$[t_{i-1},t_i]$上任取一个时刻$T_i(t_{i-1}\leqslant T_i\leqslant t_i)$,以$T_i$时的速度$v(T_i)$来代替$[t_{i-1},t_i]$上各个时刻的速度,则得
$$\Delta s_i\approx v(T_i)\Delta t_i,i=1,2,\cdots,n.$$

(3) 求和. 进一步得到
$$s\approx v(T_1)\Delta t_1+v(T_2)\Delta t_2+\cdots+v(T_n)\Delta t_n=\sum_{i=1}^{n}v(T_1)\Delta t_1.$$

(4) 取极限. 设$\lambda=\max\{\Delta t_1,\Delta t_2,\cdots,\Delta t_n\}$,当$\lambda\to 0$时,得
$$s=\lim_{\lambda\to 0}\sum_{i=1}^{n}v(T_i)\Delta t.$$
上式即作变速直线运动的物体,从时间T_1到时间T_2时经过的路程s的精确值.

二、定积分的定义

由上述两例可见,虽然实际背景和所计算的量不同,但它们都决定于一个函数及其自变量的变化区间,而且它们解决问题的思想方法、计算方式以及表述这些量的数学形式都是类似的,即归纳为一种和式的极限,因此
$$\text{面积}\quad A=\lim_{\lambda\to 0}\sum_{i=1}^{n}f(\xi_i)\Delta x_i;$$
$$\text{路程}\quad s=\lim_{\lambda\to 0}\sum_{i=1}^{n}v(T_i)\Delta t_i.$$
将这种方法加以精确叙述,我们就能抽象出定积分的概念.

定义   设函数$f(x)$在$[a,b]$上连续,在$[a,b]$中任意插入若干个分点,即

$$a = x_0 < x_1 < x_2 < \cdots < x_{n-1} < x_n = b,$$

把区间 $[a, b]$ 分成 n 个小区间，即

$$[x_0, x_1], [x_1, x_2], \cdots, [x_{n-1}, x_n],$$

各个小区间的长度依次为

$$\Delta x_1 = x_1 - x_0, \Delta x_2 = x_2 - x_1, \cdots, \Delta x_n = x_n - x_{n-1}.$$

在每个小区间 $[x_{i-1}, x_i]$ 上任意取一点 $\xi_i (x_{i-1} \leqslant \xi_i \leqslant x_i)$，作函数值 $f(\xi_i)$ 与小区间长度 Δx_i 的乘积 $f(\xi_i) \Delta x_i (i = 1, 2, \cdots, n)$，并求和

$$I \approx \sum_{i=1}^{n} f(\xi_i) \Delta x_i.$$

记 $\lambda = \max\{\Delta x_1, \Delta x_2, \cdots, \Delta x_n\} = \max_{1 \leqslant i \leqslant n}\{\Delta x_i\}$，如果不论对 $[a, b]$ 怎样分法，也不论在小区间 $[x_{i-1}, x_i]$ 上点 ξ_i 怎样取法，只要当 $\lambda \to 0$ 时，和 I 总趋于确定的极限 $I = \lim_{\lambda \to 0} \sum_{i=1}^{n} f(\xi_i) \Delta x_i$. 这时我们称这个极限 I 为函数 $f(x)$ 在区间 $[a, b]$ 上的**定积分**（简称积分），记作 $\int_a^b f(x) \mathrm{d}x$，即

$$\int_a^b f(x) \mathrm{d}x = I = \lim_{\lambda \to 0} \sum_{i=1}^{n} f(\xi_i) \Delta x_i.$$

式中，$f(x)$ 为**被积函数**，$f(x)\mathrm{d}x$ 为**被积表达式**，x 为积分变量，a 为积分下限，b 为积分上限，$[a, b]$ 为积分区间.

按定积分的定义，前面两个引例可表述如下：

(1) 曲边梯形的面积 A 是曲边方程 $y = f(x)$ 在区间 $[a, b]$ 上的定积分，即

$$A = \int_a^b f(x) \mathrm{d}x.$$

(2) 路程 s 是速度 $v(t)$ 在时间段 $[T_1, T_2]$ 内的定积分，即

$$s = \int_{T_1}^{T_2} v(t) \mathrm{d}t.$$

注意：

(1) 定义中的两个"任意".

(2) 定积分定义有两个方面的作用：一是告诉我们什么叫做定积分，二是告诉我们求解定积分的一种基本方法（即涉及对连续变量的累积，一般采用分割、近似求和、取极限的方法，进而归结到求定积分）.

(3) 函数 $f(x)$ 在区间 $[a, b]$ 上的**定积分是和式的极限**. 若这一极限存在，则应是一个确定的常量. 它只与被积函数 $f(x)$ 和积分区间 $[a, b]$ 有关，而与积分变量采用什么字母无关. 即

$$\int_a^b f(x) \mathrm{d}x = \int_a^b f(t) \mathrm{d}t.$$

但是，在后续积分计算中需要特别关注积分变量，尤其是用换元积分法进行积分计算时.

例 3 利用定积分的定义计算 $\int_0^1 x^2 \mathrm{d}x$.

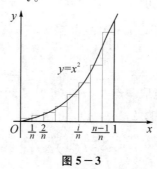

图 5－3

解 函数 $f(x) = x^2$ 在区间 $[0，1]$ 上连续，故可积. 为了方便计算，我们可以对区间 $[0，1]$ 做 n 等分（如图 5－3 所示），分点 $x_i = \dfrac{i}{n}$，$i = 1, 2, \cdots, n-1$. 则 $\Delta x_i = \dfrac{1}{n}(i = 1, 2, \cdots, n)$，取相应小区间的右端点 ξ_i，即 $\xi_i = \dfrac{i}{n}(i = 1, 2, \cdots, n)$. 故

$$\sum_{i=1}^n f(\xi_i) \Delta x_i = \sum_{i=1}^n \xi_i^2 \Delta x_i = \sum_{i=1}^n x_i^2 \Delta x_i = \sum_{i=1}^n (\frac{i}{n})^2 \frac{1}{n} = \frac{1}{n^3} \sum_{i=1}^n i^2$$

$$= \frac{1}{n^3} \frac{1}{6} n(n+1)(2n+1) = \frac{1}{6}(1+\frac{1}{n})(2+\frac{1}{n}).$$

取 $\lambda = \Delta x_i = \dfrac{1}{n}(i = 1, 2, \cdots, n)$. 当 $\lambda \to 0$（即 $n \to \infty$）时，由定积分的定义得

$$\int_0^1 x^2 \mathrm{d}x = \lim_{\lambda \to 0} \sum_{i=1}^n f(\xi_i) \Delta x_i = \lim_{n \to \infty} \frac{1}{6}(1+\frac{1}{n})(2+\frac{1}{n}) = \frac{1}{3}.$$

三、定积分的几何意义

设函数 $f(x)$ 在区间 $[a，b]$ 上连续，其定积分可分为以下三种情形：

(1) 若在区间 $[a，b]$ 上，函数 $f(x) \geqslant 0$，则定积分 $\int_a^b f(x)\mathrm{d}x$ 在直角坐标系中表示由曲线 $y = f(x)$，直线 $x = a$，$x = b$，$y = 0$（即 x 轴）围成的曲边梯形的面积 A（如图 5－4 所示）. 即

$$\int_a^b f(x)\mathrm{d}x = \text{曲边梯形的面积} A.$$

(2) 若在区间 $[a，b]$ 上，函数 $f(x) \leqslant 0$，则定积分 $\int_a^b f(x)\mathrm{d}x$ 在直角坐标系中表示由曲线 $y = f(x)$，直线 $x = a$，$x = b$，$y = 0$（即 x 轴）围成的曲边梯形的面积 S 的相反数（如图 5－5 所示）. 即

$$\int_a^b f(x)\mathrm{d}x = -(\text{曲边梯形的面积} A).$$

(3) 若在区间 $[a，b]$ 上，函数 $f(x)$ 既有正又有负，即函数的图像一部分在 x 轴上

方，另一部分在 x 轴下方，这时定积分 $\int_a^b f(x)\mathrm{d}x$ 在直角坐标系中表示 x 轴上方的图形面积减去 x 轴下方的图形面积(如图 $5-6$ 所示). 即

$$\int_a^b f(x)\mathrm{d}x = A_1 - A_2 + A_3.$$

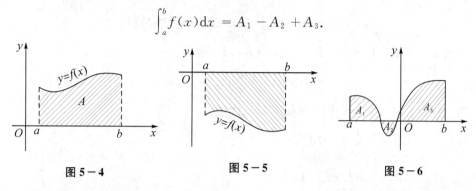

图 $5-4$　　　　　　　图 $5-5$　　　　　　　图 $5-6$

定积分的几何意义表明，尽管定积分 $\int_a^b f(x)\mathrm{d}x$ 在各种实际问题中代表的意义不同，但是它的值在几何上都可以用曲边梯形的面积来表示. 相反的，曲边梯形的面积也能用定积分来求解.

例 4　利用定积分的几何意义，判断下列定积分的值的正负.

(1) $\int_0^1 \mathrm{e}^x \mathrm{d}x$；

(2) $\int_{\frac{\pi}{2}}^{\pi} \cos x \mathrm{d}x$.

解　(1) 由于 $\mathrm{e}^x > 0$，$x \in [0,1]$，因此以 $y = \mathrm{e}^x$ 为曲边的曲边梯形在 x 轴上方. 所以有

$$\int_0^1 \mathrm{e}^x \mathrm{d}x > 0.$$

(2) 由于 $\cos x \leqslant 0$，$x \in \left[\dfrac{\pi}{2}, \pi\right]$，因此以 $y = \cos x$ 为曲边的曲边梯形在 x 轴下方. 所以有

$$\int_{\frac{\pi}{2}}^{\pi} \cos x \mathrm{d}x < 0.$$

四、定积分的性质

假定各性质中所有的定积分都存在. 没有证明的性质均可用几何图形加以说明.

性质 1(积分的函数可加性)　函数和(差)的定积分等于它们的定积分的和(差)，即

$$\int_a^b [f(x) \pm g(x)]\mathrm{d}x = \int_a^b f(x)\mathrm{d}x \pm \int_a^b g(x)\mathrm{d}x.$$

证明　$\displaystyle\int_a^b [f(x) \pm g(x)]\mathrm{d}x = \lim_{\lambda \to 0} \sum_{i=1}^n [f(\xi_i) \pm g(\xi_i)] \Delta x_i$

$$= \lim_{\lambda \to 0} \sum_{i=1}^n f(\xi_i) \Delta x_i \pm \lim_{\lambda \to 0} \sum_{i=1}^n g(\xi_i) \Delta x_i$$

$$= \int_a^b f(x)\mathrm{d}x \pm \int_a^b g(x)\mathrm{d}x.$$

性质 2(积分的齐次性) 被积函数的常数因子可以提到积分号外面，即

$$\int_a^b kf(x)\mathrm{d}x = k \int_a^b f(x)\mathrm{d}x \quad (k \text{ 是常数}).$$

性质 3 如果在区间 $[a, b]$ 上，$f(x) \equiv 1$，则有

$$\int_a^b f(x)\mathrm{d}x = \int_a^b \mathrm{d}x = b - a.$$

为方便定积分计算及应用，作如下补充性质：

(1) $\int_a^b f(x)\mathrm{d}x = -\int_b^a f(x)\mathrm{d}x$；

(2) 当 $a = b$ 时，有 $\int_a^a f(x)\mathrm{d}x = 0$.

由此，说明定积分的积分上下限并无大小，即积分下限不一定小于积分上限.

性质 4(积分的区间可加性) 如果将积分区间分成两部分，则在整个区间上的定积分等于这两个区间上定积分之和(如图 $5-7$(a) 所示)，即设 $a < c < b$，则有

$$\int_a^b f(x)\mathrm{d}x = \int_a^c f(x)\mathrm{d}x + \int_c^b f(x)\mathrm{d}x.$$

注意：可以证明无论 a, c, b 的相对位置如何，总有上述等式成立. 即对于任意的三个数 a, b, c(如图 $5-7$(b) 所示)，有

$$\int_a^b f(x)\mathrm{d}x = \int_a^c f(x)\mathrm{d}x + \int_c^b f(x)\mathrm{d}x.$$

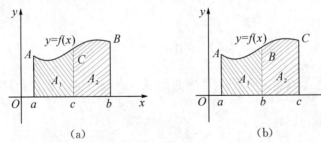

(a)   (b)

图 $5-7$

性质 5 如果在区间 $[a, b]$ 上，$f(x) \geqslant 0$，则有

$$\int_a^b f(x)\mathrm{d}x \geqslant 0 \quad (a < b).$$

证明：因 $f(x) \geqslant 0$，故 $f(\xi_i) \geqslant 0 (i = 1, 2, 3, \cdots, n)$，又因 $\Delta x_i \geqslant 0 (i = 1, 2, \cdots, n)$，故 $\sum_{i=1}^n f(\xi_i) \Delta x_i \geqslant 0.$

设 $\lambda = \max\{\Delta x_1, \Delta x_2, \cdots, \Delta x_n\}$，$\lambda \to 0$ 时，便得欲证的不等式.

推论 1(积分的比较性) 如果在 $[a, b]$ 上，$f(x) \leqslant g(x)$，则有

$$\int_a^b f(x)\mathrm{d}x \leqslant \int_a^b g(x)\mathrm{d}x \quad (a < b).$$

推论 2　$\left|\displaystyle\int_a^b f(x)\mathrm{d}x\right| \leqslant \displaystyle\int_a^b |f(x)|\mathrm{d}x.$

性质 6（积分的估值性）　设 M 与 m 分别是函数 $f(x)$ 在区间 $[a,b]$ 上的最大值和最小值，则有

$$m(b-a) \leqslant \int_a^b f(x)\mathrm{d}x \leqslant M(b-a) \quad (a<b).$$

性质 7（积分中值定理）　如果函数 $f(x)$ 在闭区间 $[a,b]$ 上连续，则在积分区间 $[a,b]$ 上至少存在一点 ξ，使下式成立：

$$\int_a^b f(x)\mathrm{d}x = f(\xi)(b-a) \quad (a \leqslant \xi \leqslant b).$$

证明　利用性质 6，$m \leqslant \dfrac{1}{b-a}\displaystyle\int_a^b f(x)\mathrm{d}x \leqslant M$；再由闭区间上连续函数的介值定理，知在 $[a,b]$ 上至少存在一点 ξ，使 $f(\xi) = \dfrac{1}{b-a}\displaystyle\int_a^b f(x)\mathrm{d}x$，故得此性质. 显然，无论 $a > b$ 还是 $a < b$，等式恒成立.

积分中值定理的几何意义：在区间 $[a,b]$ 上至少存在一个 ξ，使得以区间 $[a,b]$ 为底边，以曲线 $y = f(x)$ 为曲边的曲边梯形的面积等于同一底边而高为 $f(\xi)$ 的一个矩形的面积（如图 5-8 所示）.

所以，数值 $f(\xi) = \dfrac{1}{b-a}\displaystyle\int_a^b f(x)\mathrm{d}x$ 也被称为函数 $f(x)$ 在闭区间 $[a,b]$ 上的平均高度，又称为函数 $f(x)$ 在闭区间 $[a,b]$ 上的平均值.

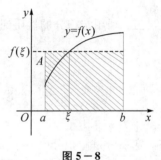

图 5-8

习题 §5-1

一、填空题

1. $\displaystyle\int_{\frac{1}{2}}^1 \ln x \, \mathrm{d}x$ 的值的符号为_____.

2. 若 $f(x)$ 在 $[a,b]$ 上连续，且 $\displaystyle\int_a^b f(x)\mathrm{d}x = 0$，则 $\displaystyle\int_a^b [f(x)+1]\mathrm{d}x = $ _____.

二、选择题

1. 定积分 $\displaystyle\int_a^b f(x)\mathrm{d}x$ 是(　　).

　A. 一个常数　　　　　　B. $f(x)$ 的一个原函数

　C. 一个函数族　　　　　D. 一个非负常数

2. 下列命题中正确的是(　　)（其中 $f(x)$，$g(x)$ 均为连续函数）.

　A. 在 $[a,b]$ 上若 $f(x) \neq g(x)$，则 $\displaystyle\int_a^b f(x)\mathrm{d}x \neq \int_a^b g(x)\mathrm{d}x$

B. $\int_a^b f(x)\mathrm{d}x \neq \int_a^b f(t)\mathrm{d}t$

C. $\mathrm{d}\int_a^b f(x)\mathrm{d}x = f(x)\mathrm{d}x$

D. 若 $f(x) \neq g(x)$，则 $\int f(x)\mathrm{d}x \neq \int g(x)\mathrm{d}x$

三、根据定积分的几何意义，填写下列定积分值

1. $\int_0^1 2x\,\mathrm{d}x$ _____.　　　　　　2. $\int_0^{2\pi} \cos x\,\mathrm{d}x$ _____.

3. $\int_0^1 \sqrt{1-x^2}\,\mathrm{d}x$ _____.

四、比较下列各组两个积分的大小（填不等号）

1. $\int_0^1 x^2\,\mathrm{d}x$ _____ $\int_0^1 x^3\,\mathrm{d}x$.　　　　2. $\int_3^4 \ln x\,\mathrm{d}x$ _____ $\int_3^4 (\ln x)^2\,\mathrm{d}x$.

3. $\int_0^1 \mathrm{e}^x\,\mathrm{d}x$ _____ $\int_0^1 (1+x)^2\,\mathrm{d}x$.　　4. $\int_0^\pi \sin x\,\mathrm{d}x$ _____ $\int_0^\pi \cos x\,\mathrm{d}x$.

五、利用定积分的性质证明： $\dfrac{1}{2} \leqslant \displaystyle\int_1^4 \dfrac{1}{2+x}\mathrm{d}x \leqslant 1$.

§5－2　微积分基本定理

定积分是微积分中一个重要的概念，有着广泛的应用. 怎样计算定积分呢? 尽管定积分的定义告诉了我们求解定积分的基本方法，但是如果直接用定积分的定义

$$\int_a^b f(x)\mathrm{d}x = \lim_{\lambda \to 0} \sum_{i=1}^n f(\xi_i)\Delta x_i$$

来计算，由于各种实际问题得到的和式 $\sum\limits_{i=1}^n f(\xi_i)\Delta x_i$ 形式复杂，即使是很简单的被积函数，它们的极限计算也是十分困难的，所以必须寻求定积分计算的简便方法，找出定积分计算的规则.

一、积分上限函数（变上限积分）

设函数 $f(x)$ 在 $[a,b]$ 上连续，并且设 x 为 $[a,b]$ 上任一点，于是定积分 $\int_a^x f(x)\mathrm{d}x$ 存在. 且当 x 在区间 $[a,b]$ 上变化时，积分 $\int_a^x f(x)\mathrm{d}x$ 也随之变化. 当 x 在区间 $[a,b]$ 上每取一个确定的值，积分 $\int_a^x f(x)\mathrm{d}x$ 有唯一的值与之对应，因此积分 $\int_a^x f(x)\mathrm{d}x$ 是上限 x 的函数，称为积分上限函数. 用 $\Phi(x)$ 表示，即

$$\Phi(x) = \int_a^x f(x)\mathrm{d}x.$$

由于字母 x 既表示积分变量，又表示定积分的上限，为了避免混淆，把积分变量的字母改成 t. 所以积分上限函数表达为

$$\Phi(x) = \int_a^x f(t)\mathrm{d}t.$$

介绍积分上限函数有什么用呢? 让我们来看看下面的这个例子.

设函数 $f(t) = 1 + t$，由图 $5-9$，根据定积分的几何意义以及梯形的面积公式，可以得出积分上限函数为

$$\Phi(x) = \int_0^x (1+t)\mathrm{d}t = \frac{1 + (1+x)}{2} \cdot x = \frac{1}{2}(2x + x^2).$$

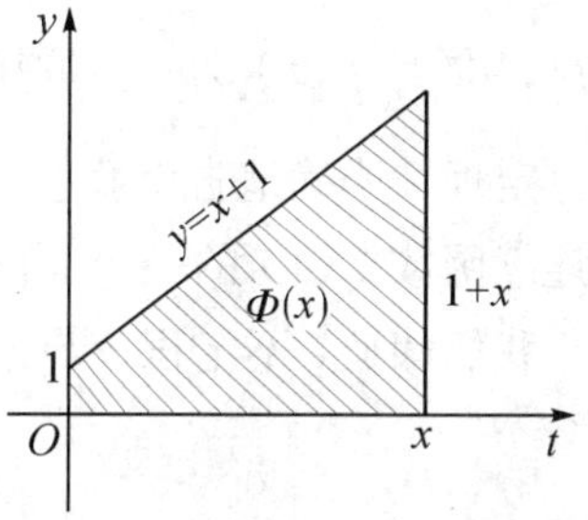

而且我们还进一步发现，

$$\Phi'(x) = \left[\frac{1}{2}(2x + x^2)\right]' = 1 + x = f(x).$$

说明 $\Phi(x)$ 是 $f(x)$ 的一个原函数.

事实上，积分上限函数 $\Phi(x)$ 具有如下性质：

定理 1 如果函数 $f(x)$ 在区间 $[a,b]$ 上连续，则积分上限函数

$$\Phi(x) = \int_a^x f(t)\mathrm{d}t$$

在 $[a,b]$ 上具有导数，并且它的导数为

$$\Phi'(x) = \frac{\mathrm{d}}{\mathrm{d}x}\int_a^x f(t)\mathrm{d}t = f(x) \quad (a \leqslant x \leqslant b).$$

证明 (1) $x \in (a,b)$ 时，给 x 以改变量 Δx，且 $x + \Delta x \in (a,b)$，则 $\Phi(x)$ 在点 $x + \Delta x$ 的函数值为

$$\Phi(x + \Delta x) = \int_a^{x+\Delta x} f(t)\mathrm{d}t,$$

所以

$$\Delta\Phi(x) = \Phi(x + \Delta x) - \Phi(x) = \int_a^{x+\Delta x} f(t)\mathrm{d}t - \int_a^x f(t)\mathrm{d}t = \int_x^{x+\Delta x} f(t)\mathrm{d}t,$$

根据积分中值定理(定积分性质 7)，有

$$\Delta\Phi(x) = \int_x^{x+\Delta x} f(t)\mathrm{d}t = f(\xi)\Delta x,$$

其中，ξ 在 x 与 $x + \Delta x$ 之间，两端同除以 Δx，有

$$\frac{\Delta\Phi(x)}{\Delta x} = f(\xi).$$

当 $\Delta x \to 0$ 时，有 $\xi \to x$，且函数 $f(x)$ 在 x 处连续，所以

$$\Phi'(x) = \lim_{\Delta x \to 0} \frac{\Delta\Phi(x)}{\Delta x} = \lim_{\Delta x \to 0} f(\xi) = \lim_{\xi \to x} f(\xi) = f(x).$$

(2) 当 $x = a$ 或 b 时，考虑其单侧导数，可得

$$\Phi'(a) = f(a), \quad \Phi'(b) = f(b),$$

所以
$$\Phi'(x) = \lim_{\Delta x \to 0} \frac{\Delta\Phi(x)}{\Delta x} = \frac{\mathrm{d}}{\mathrm{d}x}\int_a^x f(t)\mathrm{d}t = f(x),$$

图 $5-9$

即

$$\frac{\mathrm{d}}{\mathrm{d}x}\int_a^x f(t)\mathrm{d}t = f(x).$$

由定理 1 可得下面的结论:

定理 2(原函数存在定理)　如果函数 $f(x)$ 在区间 $[a,b]$ 上连续,则函数 $\Phi(x) = \int_a^x f(t)\mathrm{d}t$ 是 $f(x)$ 的一个原函数.

定理 2 明确地告诉我们:连续函数必有原函数,并以变上限积分的形式具体地给出了连续函数 $f(x)$ 的一个原函数.

我们知道,不定积分与微分先后作用的结果可能相差一个常数,由

$$\frac{\mathrm{d}}{\mathrm{d}x}\int_a^x f(t)\mathrm{d}t = f(x),$$

推得

$$\int_a^x \mathrm{d}\Phi(t) = \int_a^x f(t)\mathrm{d}t = \Phi(x),$$

可明显看出微分和变上限积分确为一对互逆的运算. 从而使得微分和积分这两个看似互不相干的概念彼此互逆地联系起来,组成一个有机的整体.

简单来说,定积分是和式的极限,不定积分是原函数. 从它们的本质上看,原函数是函数,而定积分是极限,是一个数值. 它们之间没有任何联系. 原函数存在定理揭示了定积分与不定积分的联系. 同时确定了连续函数的原函数一定存在. 因此,定理 2 具有重要的理论价值.

例 1　求下列函数的导数.

(1) $\displaystyle\int_0^x \cos t^2 \mathrm{d}t$;

(2) $\displaystyle\int_0^{x^2} \cos t^2 \mathrm{d}t$;

(3) $\displaystyle\int_{2x}^1 \cos t^2 \mathrm{d}t$.

解　(1) $\dfrac{\mathrm{d}}{\mathrm{d}x}\displaystyle\int_0^x \cos t^2 \mathrm{d}t = \cos x^2$;

(2) $\dfrac{\mathrm{d}}{\mathrm{d}x}\displaystyle\int_0^{x^2} \cos t^2 \mathrm{d}t = \left[\dfrac{\mathrm{d}}{\mathrm{d}(x^2)}\displaystyle\int_0^{x^2} \cos t^2 \mathrm{d}t\right]\cdot\dfrac{\mathrm{d}(x^2)}{\mathrm{d}x} = \cos(x^2)^2\cdot 2x$;

(3) $\dfrac{\mathrm{d}}{\mathrm{d}x}\displaystyle\int_{2x}^1 \cos t^2 \mathrm{d}t = -\dfrac{\mathrm{d}}{\mathrm{d}x}\displaystyle\int_1^{2x} \cos t^2 \mathrm{d}t = \left[-\dfrac{\mathrm{d}}{\mathrm{d}(2x)}\displaystyle\int_1^{2x} \cos t^2 \mathrm{d}t\right]\cdot\dfrac{\mathrm{d}(2x)}{\mathrm{d}x}$

$$= 2\cos 4x^2.$$

例 2　求极限 $\displaystyle\lim_{x\to 0}\dfrac{\displaystyle\int_0^x \sin t \,\mathrm{d}t}{x^2}$.

解　当 $x\to 0$ 时,$\displaystyle\int_0^x \sin t\,\mathrm{d}t \to 0$,$x^2 \to 0$,故使用洛必达法则求解. 所以有

$$\lim_{x \to 0} \frac{\int_0^x \sin t \, dt}{x^2} = \lim_{x \to 0} \frac{(\int_0^x \sin t \, dt)'}{(x^2)'} = \lim_{x \to 0} \frac{\sin x}{2x} = \frac{1}{2}.$$

二、牛顿 – 莱布尼兹公式

定理 3　如果函数 $F(x)$ 是连续函数 $f(x)$ 在 $[a, b]$ 上的一个原函数，则

$$\int_a^b f(x) \, dx = F(b) - F(a).$$

证明　由定理 2 知 $\Phi(x) = \int_a^x f(t) \, dt$ 也是 $f(x)$ 的一个原函数. 因 $F(x)$ 与 $\Phi(x)$ 均是 $f(x)$ 的原函数，故

$$\Phi(x) - F(x) = C \, (a \leqslant x \leqslant b).$$

令 $x = a$，得 $\Phi(a) - F(a) = C$，由性质 4 有

$$\Phi(a) = \int_a^a f(t) \, dt = 0,$$

所以，$C = -F(a)$，因此

$$\Phi(x) = \int_a^x f(t) \, dt = F(x) - F(a).$$

又令 $x = b$，得

$$\Phi(b) = \int_a^b f(t) \, dt = F(b) - F(a),$$

故

$$\int_a^b f(x) \, dx = F(b) - F(a).$$

为方便起见，把 $F(b) - F(a)$ 记作 $F(x) \big|_a^b$. 因此，上式还可以写成

$$\int_a^b f(x) \, dx = F(x) \big|_a^b = F(b) - F(a).$$

定理 3 通常称为牛顿 – 莱布尼兹公式，也称为微积分基本定理. 它进一步揭示了定积分与原函数(不定积分)之间的关系，表明一个连续函数在 $[a, b]$ 上的定积分等于它的任意一个原函数在 $[a, b]$ 上的增量，也可叙述为定积分的值等于其原函数在上下限处函数值的差. 牛顿 – 莱布尼兹公式提供了计算定积分的一个有效而简便的方法，解决了定积分的计算问题. 它是整个积分学中最重要的公式.

例 3　计算下列定积分.

(1) $\displaystyle\int_0^1 x^2 \, dx$；
　　　　　　　　　　(2) $\displaystyle\int_{-1}^1 \frac{dx}{1 + x^2}$；

(3) $\displaystyle\int_{-2}^{-1} \frac{dx}{x}$；
　　　　　　　　　　(4) $\displaystyle\int_0^1 \frac{1 + 2x}{\sqrt{1 - x^2}} \, dx$.

解　(1) $\displaystyle\int_0^1 x^2 \, dx = \left[\frac{x^3}{3} \right]_0^1 = \frac{1^3}{3} - \frac{0^3}{3} = \frac{1}{3}$；

$(2) \displaystyle\int_{-1}^{1} \dfrac{\mathrm{d}x}{1+x^2} = \arctan x \Big|_{-1}^{1} = \arctan 1 - \arctan(-1) = \dfrac{\pi}{2};$

$(3) \displaystyle\int_{-2}^{-1} \dfrac{1}{x}\mathrm{d}x = \big[\ln |x|\big]_{-2}^{-1} = \ln 1 - \ln 2 = -\ln 2;$

$(4) \displaystyle\int_{0}^{1} \dfrac{1+2x}{\sqrt{1-x^2}}\mathrm{d}x = \int_{0}^{1} \dfrac{\mathrm{d}x}{\sqrt{1-x^2}} + \int_{0}^{1} \dfrac{2x}{\sqrt{1-x^2}}\mathrm{d}x$

$$= \arcsin x \Big|_{0}^{1} - 2\sqrt{1-x^2}\,\Big|_{0}^{1} = \dfrac{\pi}{2} + 2.$$

例 4　设 $f(x) = \begin{cases} x^2 + 1, & 0 \leqslant x \leqslant 1, \\ 3 - x, & 1 < x \leqslant 3, \end{cases}$ 求 $\displaystyle\int_{0}^{3} f(x)\mathrm{d}x.$

解　$\displaystyle\int_{0}^{3} f(x)\mathrm{d}x = \int_{0}^{1}(x^2+1)\mathrm{d}x + \int_{1}^{3}(3-x)\mathrm{d}x$

$$= \left(\dfrac{x^3}{3} + x\right)\Big|_{0}^{1} + \left(3x - \dfrac{x^2}{2}\right)\Big|_{1}^{3} = 3\dfrac{1}{3}.$$

例 5　计算 $y = \sin x$ 在 $[0, \pi]$ 上与 x 轴所围成平面图形的面积(如图 $5-10$ 所示).

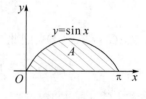

解　$A = \displaystyle\int_{0}^{\pi} \sin x\,\mathrm{d}x = \big[-\cos x\big]_{0}^{\pi} = -\cos\pi + \cos 0$

$$= 2(\text{平方单位}).$$

图 $5-10$

例 6　某化工厂向河中排放有害污水,严重影响周围的生态环境. 有关当局责令该厂立即安装污水处理设施,以减少并最终停止向河中排放有害污水. 如果安装污水处理设施开始工作到有害污水完全停止排放的排放速度可近似地由公式 $v(t) = \dfrac{1}{4}t^2 - 2t + 4$(万立方米／年)确定,其中 t 为污水处理设施工作的时间. 问污水处理设施开始工作到有害污水排放完全停止要用多长时间?这期间有害污水向河中排放了多少?

解　设有害污水处理设施开始工作到排放完全停止排入河中的有害污水量为 Q.

令 $v(t) = 0$,即 $\dfrac{1}{4}t^2 - 2t + 4 = 0$,得 $t = 4$. 于是

$$Q = \int_{0}^{4} v(t)\mathrm{d}t = \int_{0}^{4}\left(\dfrac{1}{4}t^2 - 2t + 4\right)\mathrm{d}t = \left(\dfrac{t^3}{12} - t^2 + 4t\right)\Big|_{0}^{4} = \dfrac{16}{3}(\text{万立方米}).$$

即污水处理设施连续工作 4 年有害污水排放完全停止,这期间向河中排放了 $\dfrac{16}{3}$ 万立方米的有害污水.

习题 §5－2

一、填空题

1. $\displaystyle\int f(x)\mathrm{d}x - \int_{0}^{x} f(t)\mathrm{d}t = $ _____ ($f(x)$ 在实数域内连续).

2. $\dfrac{\mathrm{d}}{\mathrm{d}x}\displaystyle\int_0^x \sin t^2\,\mathrm{d}t =$ _____.   3. $\dfrac{\mathrm{d}}{\mathrm{d}x}\displaystyle\int_0^{x^2} \sin t^2\,\mathrm{d}t =$ _____.

4. $\dfrac{\mathrm{d}}{\mathrm{d}x}\displaystyle\int_0^{e^x} \sin t^2\,\mathrm{d}t =$ _____.   5. $\dfrac{\mathrm{d}}{\mathrm{d}x}\displaystyle\int_0^1 \sin t^2\,\mathrm{d}t =$ _____.

二、计算下列定积分

1. $\displaystyle\int_4^9 \sqrt{x}\,(1+\sqrt{x}\,)\,\mathrm{d}x$.   2. $\displaystyle\int_0^1 \dfrac{\mathrm{d}x}{\sqrt{4-x^2}}$.

3. $\displaystyle\int_{-2}^2 |x^2-1|\,\mathrm{d}x$.   4. 设 $f(x)=\begin{cases} x+1, & x\leqslant 1, \\ \dfrac{x^2}{2}, & x>1, \end{cases}$ 求 $\displaystyle\int_0^2 f(x)\,\mathrm{d}x$.

三、求下列极限

1. $\displaystyle\lim_{x\to 0}\dfrac{\displaystyle\int_0^x \cos t^2\,\mathrm{d}t}{\displaystyle\int_0^x \dfrac{\sin t}{t}\,\mathrm{d}t}$.   2. $\displaystyle\lim_{x\to 0}\dfrac{\displaystyle\int_0^x \ln(1+t)\,\mathrm{d}t}{x^2}$.

§5-3 定积分的换元法和分部积分法

由牛顿－莱布尼兹公式知，计算定积分的关键是求出被积函数的一个原函数. 因此，当被积函数的原函数不易求出时，就有必要寻找其他的积分方法. 类似于不定积分，定积分也有换元积分法和分部积分法.

一、定积分的换元积分法

定理 1 设函数 $y=f(x)$ 在区间 $[a,b]$ 上连续，作变换 $x=\varphi(t)$，若

(1) $x=\varphi(t)$ 在区间 $[\alpha,\beta]$ 上有连续导数 $\varphi'(t)$;

(2) 当 t 在区间 $[\alpha,\beta]$ 上变化时，$x=\varphi(t)$ 的值从 $\varphi(\alpha)=a$ 单调地变到 $\varphi(\beta)=b$，
则

$$\int_a^b f(x)\,\mathrm{d}x = \int_\alpha^\beta f[\varphi(t)]\varphi'(t)\,\mathrm{d}t.$$

上式称为**定积分的换元积分公式**.

　　证明 设 $F(x)$ 是 $f(x)$ 的一个原函数，则

$$\int_a^b f(x)\,\mathrm{d}x = F(b)-F(a) \tag{1}$$

而由复合函数求导公式，得

$$\{F[\varphi(t)]\}' = F'[\varphi(t)]\cdot\varphi'(t) = f[\varphi(t)]\cdot\varphi'(t),$$

故 $F[\varphi(t)]$ 是 $f[\varphi(t)]\cdot\varphi'(t)$ 的一个原函数. 因此

$$\int_\alpha^\beta f[\varphi(t)]\varphi'(t)\,\mathrm{d}t = F[\varphi(t)]\Big|_\alpha^\beta = F[\varphi(\beta)]-F[\varphi(\alpha)] = F(b)-F(a) \tag{2}$$

比较(1)和(2)式，得

$$\int_a^b f(x)\mathrm{d}x = \int_\alpha^\beta f[\varphi(t)]\varphi'(t)\mathrm{d}t.$$

就方法而言，定积分的换元积分法与不定积分的换元积分法类似，关键是要处理好积分上、下限，这是换元法的重点. 其做法是：换元(被积函数中的变量)必换限，新上限对应原上限，新下限对应原下限. 也就是说，上下限没有大小之分，点 a 所对应的值是积分的下限 α，点 b 所对应的值是积分的上限 β.

注意在使用定积分换元公式时，若公式从左用到右，即为代入换元，换元时应注意同时换积分限；还要求换元 $x = \varphi(t)$ 应在单调区间上进行；当找到新变量的原函数后不必回代为原变量，而直接用牛顿－莱布尼兹公式. 这正是定积分换元法的简便之处. 若公式从右用到左，即为凑微分换元，则如同不定积分第一类换元法，可以不必换元，当然也就不必换积分限.

例 1 计算 $\int_1^4 \dfrac{\mathrm{d}x}{1+\sqrt{x}}$.

解 令 $\sqrt{x} = t$，则 $x = t^2$，$\mathrm{d}x = 2t\mathrm{d}t$. 且当 $x = 1$ 时，$t = 1$；当 $x = 4$ 时，$t = 2$. 于是

$$\int_1^4 \frac{\mathrm{d}x}{1+\sqrt{x}} = \int_1^2 \frac{2t\mathrm{d}t}{1+t} = 2\int_1^2 (1 - \frac{1}{1+t})\mathrm{d}t = 2[t - \ln(1+t)]_1^2 = 2 - \ln\frac{9}{4}.$$

例 2 计算 $\int_0^{\frac{\pi}{2}} \sin x \cos^3 x\, \mathrm{d}x$.

解法Ⅰ 设 $t = \cos x$，则 $\mathrm{d}t = -\sin x\mathrm{d}x$.

当 $x = 0$ 时，$t = 1$；当 $x = \dfrac{\pi}{2}$ 时，$t = 0$. 于是

$$\int_0^{\frac{\pi}{2}} \sin x \cos^3 x\, \mathrm{d}x = -\int_1^0 t^3 \mathrm{d}t = \int_0^1 t^3 \mathrm{d}t = \frac{1}{4}t^4 \Big|_0^1 = \frac{1}{4}.$$

解法Ⅱ $\int_0^{\frac{\pi}{2}} \sin x \cos^3 x\, \mathrm{d}x = -\int_0^{\frac{\pi}{2}} \cos^3 x\, \mathrm{d}(\cos x) = -\frac{1}{4}\cos^4 x \Big|_0^{\frac{\pi}{2}} = \frac{1}{4}.$

从上例可以看出，若明确地设出了新变量，则计算时应更换积分的上、下限，且不必回代原积分变量；若没有明确地改变被积函数中的变量，则计算时原积分的上、下限不必改变.

例 3 计算 $\int_0^1 \sqrt{1-x^2}\, \mathrm{d}x$.

解 令 $x = \sin t$，则 $\mathrm{d}x = \cos t\, \mathrm{d}t$.

当 $x = 0$ 时，$t = 0$；当 $x = 1$ 时，$t = \dfrac{\pi}{2}$. 于是

$$\int_0^1 \sqrt{1-x^2}\, \mathrm{d}x = \int_0^{\frac{\pi}{2}} \sqrt{1-\sin^2 t} \cdot \cos t\, \mathrm{d}t = \int_0^{\frac{\pi}{2}} \cos^2 t\, \mathrm{d}t$$

$$= \int_0^{\frac{\pi}{2}} \frac{1+\cos 2t}{2}\mathrm{d}t = \left[\frac{t}{2} + \frac{1}{4}\sin 2t\right]_0^{\frac{\pi}{2}} = \frac{\pi}{4}.$$

在区间 $[0,1]$ 上，曲线 $y = \sqrt{1-x^2}$ 是圆周 $x^2 + y^2 = 1$ 的 $\dfrac{1}{4}$，即所求定积分的值是单位圆面积的 $\dfrac{1}{4}$.

例4 设函数 $y = f(x)$ 在区间 $[-a,a]$ 上连续 $(a > 0)$，试证明：

(1) 当 $f(x)$ 为奇函数时，$\displaystyle\int_{-a}^{a} f(x)\mathrm{d}x = 0$；

(2) 当 $f(x)$ 为偶函数时，$\displaystyle\int_{-a}^{a} f(x)\mathrm{d}x = 2\int_{0}^{a} f(x)\mathrm{d}x$.

证明 由定积分的可加性，有

$$\int_{-a}^{a} f(x)\mathrm{d}x = \int_{-a}^{0} f(x)\mathrm{d}x + \int_{0}^{a} f(x)\mathrm{d}x.$$

对上式等号右端第一个积分作变换 $x = -t$，则 $\mathrm{d}x = -\mathrm{d}t$. 且当 $x = -a$ 时，$t = a$；当 $x = 0$ 时，$t = 0$. 于是

$$\int_{-a}^{0} f(x)\mathrm{d}x = -\int_{a}^{0} f(-t)\mathrm{d}t = \int_{0}^{a} f(-t)\mathrm{d}t = \int_{0}^{a} f(-x)\mathrm{d}x.$$

所以

$$\int_{-a}^{a} f(x)\mathrm{d}x = \int_{0}^{a} f(-x)\mathrm{d}x + \int_{0}^{a} f(x)\mathrm{d}x = \int_{0}^{a}\left[f(x) + f(-x)\right]\mathrm{d}x.$$

(1) 若 $f(x)$ 为奇函数，有 $f(-x) = -f(x)$，则

$$\int_{-a}^{a} f(x)\mathrm{d}x = 0.$$

即奇函数在对称区间上的定积分为零（如图 $5-11$(a) 所示）.

(2) 若 $f(x)$ 为偶函数，有 $f(-x) = f(x)$，则

$$\int_{-a}^{a} f(x)\mathrm{d}x = 2\int_{0}^{a} f(x)\mathrm{d}x.$$

即偶函数在对称区间上的定积分为其一半区间上定积分的两倍（如图 $5-11$(b) 所示）.

此例给出了奇偶函数在对称区间上积分的重要结论. 遇到这类积分，使用这一结论可以简化积分的计算. 归纳起来就是，对于定义在 $[-a,a]$ 上的连续奇（偶）函数 $f(x)$，有

$$\int_{-a}^{a} f(x)\mathrm{d}x = \begin{cases} 0, & \text{当 } f(x) \text{ 为奇函数}, \\ 2\displaystyle\int_{0}^{a} f(x)\mathrm{d}x, & \text{当 } f(x) \text{ 为偶函数}. \end{cases}$$

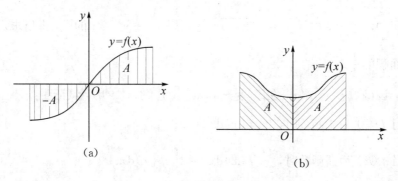

图 5－11

例 5　计算 $\int_{-2}^{2} \dfrac{x+|\,x\,|}{2+x^2}\mathrm{d}x$.

解　因为 $\dfrac{x+|\,x\,|}{2+x^2} = \dfrac{x}{2+x^2} + \dfrac{|\,x\,|}{2+x^2}$，且 $\dfrac{x}{2+x^2}$ 在区间 $[-2,2]$ 上是奇函数，

$\dfrac{|\,x\,|}{2+x^2}$ 在区间 $[-2,2]$ 上是偶函数，所以

$$\int_{-2}^{2} \frac{x+|\,x\,|}{2+x^2}\mathrm{d}x = \int_{-2}^{2} \frac{x}{2+x^2}\mathrm{d}x + \int_{-2}^{2} \frac{|\,x\,|}{2+x^2}\mathrm{d}x = 0 + 2\int_{0}^{2} \frac{x}{2+x^2}\mathrm{d}x$$

$$= \int_{0}^{2} \frac{1}{2+x^2}\mathrm{d}(2+x^2) = \ln(2+x^2)\,\Big|_{0}^{2} = \ln 3.$$

例 6　计算 $\int_{-2}^{2} (x^5 + \sin^3 x - \cos x)\mathrm{d}x$.

解　$\int_{-2}^{2} (x^5 + \sin^3 x - \cos x)\mathrm{d}x = \int_{-2}^{2} (x^5 + \sin^3 x)\mathrm{d}x - \int_{-2}^{2} \cos x\,\mathrm{d}x$

$$= 0 - 2\int_{0}^{2} \cos x\,\mathrm{d}x = -2\sin 2.$$

二、定积分的分部积分法

设函数 $u = u(x)$ 与 $v = v(x)$ 在区间 $[a,b]$ 上有连续导数 $u'(x)$ 与 $v'(x)$，则

$$(uv)' = u'v + uv',$$

对等式两端取区间 $[a,b]$ 上的定积分，有

$$\int_{a}^{b} (uv)'\mathrm{d}x = \int_{a}^{b} u'v\,\mathrm{d}x + \int_{a}^{b} uv'\,\mathrm{d}x,$$

即

$$\big[uv\big]_{a}^{b} = \int_{a}^{b} v\,\mathrm{d}u + \int_{a}^{b} u\,\mathrm{d}v.$$

移项，得

$$\int_{a}^{b} u\,\mathrm{d}v = \big[uv\big]_{a}^{b} - \int_{a}^{b} v\,\mathrm{d}u.$$

上式即为**定积分的分部积分公式**.

例 7　计算 $\int_{0}^{\pi} x\cos x\,\mathrm{d}x$.

解 设 $u = x$，$\mathrm{d}v = \cos x\,\mathrm{d}x$，则 $\mathrm{d}u = \mathrm{d}x$，$v = \sin x$．代入分部积分公式，有

$$\int_0^\pi x\cos x\,\mathrm{d}x = \left[x\sin x\right]_0^\pi - \int_0^\pi \sin x\,\mathrm{d}x = 0 - \cos x \mid_0^\pi = -2.$$

例 8 计算 $\displaystyle\int_0^{e-1} \ln(x+1)\,\mathrm{d}x$．

解
$$\int_0^{e-1} \ln(x+1)\,\mathrm{d}x = x\ln(x+1)\mid_0^{e-1} - \int_0^{e-1} \frac{x}{x+1}\,\mathrm{d}x$$

$$= e - 1 - \int_0^{e-1} \left(1 - \frac{1}{x+1}\right)\mathrm{d}x$$

$$= e - 1 - \left[x - \ln(x+1)\right]\mid_0^{e-1}$$

$$= \ln e = 1.$$

例 9 计算 $\displaystyle\int_0^1 x\arcsin x\,\mathrm{d}x$．

解 先用定积分的分部积分法，再用定积分的换元积分法．

$$\int_0^1 x\arcsin x\,\mathrm{d}x = \frac{1}{2}\int_0^1 \arcsin x\,\mathrm{d}x^2$$

$$= \frac{1}{2}\left[x^2\arcsin x\right]_0^1 - \frac{1}{2}\int_0^1 \frac{x^2}{\sqrt{1-x^2}}\,\mathrm{d}x$$

$$= \frac{\pi}{4} - \frac{1}{2}\int_0^{\frac{\pi}{2}} \frac{\sin^2 t}{\sqrt{1-\sin^2 t}}\cos t\,\mathrm{d}t$$

$$= \frac{\pi}{4} - \frac{1}{2}\int_0^{\frac{\pi}{2}} \sin^2 t\,\mathrm{d}t$$

$$= \frac{\pi}{4} - \frac{1}{2}\int_0^{\frac{\pi}{2}} \frac{1-\cos 2t}{2}\,\mathrm{d}t$$

$$= \frac{\pi}{4} - \frac{1}{4}\left[t - \frac{1}{2}\sin 2t\right]_0^{\frac{\pi}{2}}$$

$$= \frac{\pi}{4} - \frac{1}{4}\left(\frac{\pi}{2} - 0\right) = \frac{\pi}{8}.$$

习题 §5−3

一、填空题

1. $\displaystyle\int_{-\pi}^\pi x^3\sin^2 x\,\mathrm{d}x$ _____．

2. $\displaystyle\int_{-\frac{1}{2}}^{\frac{1}{2}} \frac{(\arcsin x)^2}{\sqrt{1-x^2}}\,\mathrm{d}x$ _____．

3. $\displaystyle\int_{\frac{\pi}{3}}^\pi \sin\left(x + \frac{\pi}{3}\right)\mathrm{d}x$ _____．

4. $\displaystyle\int_0^\pi x\sin x\,\mathrm{d}x$ _____．

二、用换元积分法求下列定积分

1. $\displaystyle\int_{-2}^1 \frac{1}{(11+5x)^3}\,\mathrm{d}x$．

2. $\displaystyle\int_0^{\frac{\pi}{2}} \sin x\cos^3 x\,\mathrm{d}x$．

3. $\displaystyle\int_0^\pi \sqrt{\sin x - \sin^3 x}\,\mathrm{d}x$．

4. $\displaystyle\int_0^4 \sqrt{x^2+9}\,\mathrm{d}x$．

5. $\displaystyle\int_1^{e^2} \frac{1}{x\,\sqrt{1+\ln x}}\mathrm{d}x.$

6. $\displaystyle\int_1^{\sqrt{3}} \frac{1}{x^2\,\sqrt{1+x^2}}\mathrm{d}x.$

三、用分部积分法求下列定积分

1. $\displaystyle\int_0^{\frac{\pi}{2}} (x + x\sin x)\mathrm{d}x.$

2. $\displaystyle\int_0^1 x\,\mathrm{e}^x\,\mathrm{d}x.$

3. $\displaystyle\int_1^4 \frac{\ln x}{\sqrt{x}}\mathrm{d}x.$

4. $\displaystyle\int_0^1 x\arctan x\,\mathrm{d}x.$

5. $\displaystyle\int_{\frac{1}{e}}^{e} |\ln x|\,\mathrm{d}x.$

6. $\displaystyle\int_0^1 \arctan \sqrt{x}\,\mathrm{d}x.$

四、设 $f(x) = \begin{cases} \dfrac{1}{1+x}, & x \geqslant 0, \\[2mm] \dfrac{\mathrm{e}^x}{1+\mathrm{e}^x}, & x < 0, \end{cases}$ 求 $\displaystyle\int_0^2 f(x-1)\mathrm{d}x.$

§5−4　定积分的应用

一、定积分的微元法

应用微积分解决实际问题时,常用的方法是定积分的微元法. 微元法是在处理问题时,对某事件做整体的观察后,取出该事件的某一微小单元进行分析,通过对微小单元的细节的分析和描述,最终达到解决事物整体的方法. 这是一种深刻的思维方法.

下面,我们以求解曲边梯形的面积为例,说明微元法的解题思路和过程.

我们已经知道,由连续曲线 $y = f(x)$(设 $f(x) \geqslant 0$, $x \in [a, b]$),直线 $x = a$, $x = b$ 及 $y = 0(x$ 轴$)$ 围成的曲边梯形的面积 A,通过"分割—近似代替—求和—取极限"四步,可将其表达为特定和式的极限. 即

$$A = \lim_{\lambda \to 0} \sum_{i=1}^n f(\xi_i)\Delta x_i \quad (\lambda = \max_{1 \leqslant i \leqslant n}\{\Delta x_i\}).$$

式中,Δx_i 为分割成的第 i 个小区间 $[x_{i-1}, x_i]$ 的长度,ξ_i 为第 i 个小区间内任取的一点,$f(\xi_i)\Delta x_i$ 为分割成的第 i 个小曲边梯形的面积 ΔA_i 的近似值(如图 $5-2$ 所示),即

$$\Delta A_i \approx f(\xi_i)\Delta x_i.$$

由定积分的定义,有

$$A = \lim_{\lambda \to 0} \sum_{i=1}^n f(\xi_i)\Delta x_i = \int_a^b f(x)\mathrm{d}x.$$

由于 A 的值与对应区间 $[a, b]$ 的分法及 ξ_i 的取法无关,因此,将任意小区间 $[x_{i-1}, x_i](i = 1, 2, \cdots, n)$ 简单记为 $[x, x+\mathrm{d}x]$,区间长度 Δx_i 则为 $\mathrm{d}x$. 若取点 $\xi_i = x$,则 $\mathrm{d}x$ 段所对应的曲边梯形的面积为

$$\Delta A_i \approx f(x)\mathrm{d}x,$$

表达式为

$$A = \lim_{\lambda \to 0} \sum_{i=1}^{n} f(\xi_i) \Delta x_i = \int_a^b f(x) \mathrm{d}x,$$

简化为

$$A = \lim_{\lambda \to 0} \sum_{i=1}^{n} f(x) \mathrm{d}x = \int_a^b f(x) \mathrm{d}x.$$

若记 $\mathrm{d}A = f(x)\mathrm{d}x$(称其为面积元素),则

$$A = \lim \sum \Delta A = \int_a^b \mathrm{d}A = \int_a^b f(x)\mathrm{d}x.$$

可见,面积 A 就是面积微元 $\mathrm{d}A = f(x)\mathrm{d}x$ 在区间$[a,b]$上的积分(无穷累积).

通过上面的分析,所求量 A(整体量) 表达为定积分的过程,可概括为以下三步:

(1) 确定积分变量 x 及积分区间$[a,b]$;

(2) 在$[a,b]$ 内任取区间微元$[x,x+\mathrm{d}x]$,寻找量 A 的微元 $\mathrm{d}A = f(x)\mathrm{d}x$;

(3) 求 $\mathrm{d}A = f(x)\mathrm{d}x$ 在区间$[a,b]$上的积分,即得所求量 A 的精确值.

一般情况下,所求量 Q(整体量) 如满足如下条件,则 Q 可用定积分求解.

(1) Q 与一个变量 x 的变化区间$[a,b]$有关;

(2) Q 对区间$[a,b]$具有可加性. 即当将区间$[a,b]$分割成n个子区间时,相应地将

Q 分解为 n 个部分量 ΔQ_i,且 $Q = \sum_{i=1}^{n} \Delta Q_i$.

具体求解过程如下:

(1) 根据实际问题,确定积分变量 x 及积分区间$[a,b]$;

(2) 在$[a,b]$ 内任取区间微元$[x,x+\mathrm{d}x]$,求其对应的部分量 ΔQ 的近似值 $\mathrm{d}Q$;

根据实际问题,寻找 Q 的微元 $\mathrm{d}Q$ 时,常采用"以直代曲"的方法,使 $\mathrm{d}Q$ 表达为某个连续函数 $y = f(x)$ 与 $\mathrm{d}x$ 的乘积形式,即

$$\Delta Q \approx \mathrm{d}Q = f(x)\mathrm{d}x.$$

(3) 将 Q 的微元 $\mathrm{d}Q$ 从 a 到 b 积分,可得所求整体量 Q,即

$$Q = \int_a^b \mathrm{d}Q = \int_a^b f(x)\mathrm{d}x.$$

这种方法称为定积分**微元法**或**元素法**.

二、定积分求平面图形的面积

1. 利用定积分的几何意义计算

由定积分的几何意义,我们知道,如果函数 $y = f(x)$ 在区间$[a,b]$上连续,且 $f(x) \geqslant 0$,则定积分$\int_a^b f(x)\mathrm{d}x$ 表示以$[a,b]$为底,$y = f(x)$ 为曲边的曲边梯形的面积 A (如图 $5-4$ 所示),即

$$A = \int_a^b f(x)\mathrm{d}x.$$

若函数 $f(x) \leqslant 0$，则定积分 $\int_a^b f(x)\mathrm{d}x$ 表示以 $[a,b]$ 为底，$y = f(x)$ 为曲边的曲边梯形的面积 A 的相反数(如图 $5-5$ 所示)，即

$$A = -\int_a^b f(x)\mathrm{d}x$$

或

$$A = \left| \int_a^b f(x)\mathrm{d}x \right| = \int_a^b |f(x)|\,\mathrm{d}x.$$

若在区间 $[a,b]$ 上，函数 $y = f(x)$ 既有正，又有负(如图 $5-6$ 所示)，此时曲线 $y = f(x)$ 和直线 $y = 0$(即 x 轴)围成的图形的面积应为

$$A = A_1 + A_2 + A_3 = \int_a^b |f(x)|\,\mathrm{d}x.$$

例1　求在 $[0,2\pi]$ 上由 x 轴与 $y = \sin x$ 围成的图形的面积 A(如图 $5-12$ 所示).

解　因为

$$|\sin x| = \begin{cases} \sin x, & 0 \leqslant x \leqslant \pi, \\ -\sin x, & \pi \leqslant x \leqslant 2\pi, \end{cases}$$

因此

$$A = \int_0^{2\pi} |\sin x|\,\mathrm{d}x = \int_0^{\pi} \sin x\,\mathrm{d}x + \int_{\pi}^{2\pi} (-\sin x)\,\mathrm{d}x$$

$$= -\cos x \Big|_0^{\pi} - (-\cos x)\Big|_{\pi}^{2\pi} = 2 - (-2) = 4.$$

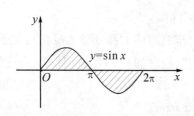

图 $5-12$

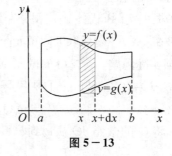

图 $5-13$

2. 利用微元法计算

(1) 平面图形由 $x = a$，$x = b$，曲线 $y = f(x)$，$y = g(x)$ 围成，函数 $f(x)$，$g(x)$ 在 $[a,b]$ 上连续可积，如图 $5-13$ 所示.

这时，应选择 x 为积分变量，x 的变化区间 $[a,b]$ 为积分区间. 在 $[a,b]$ 上任取一小区间为 $[x, x+\mathrm{d}x]$，相应于该小区间的面积微元 $\mathrm{d}A = |f(x) - g(x)|\,\mathrm{d}x$，面积为

$$A = \int_a^b |f(x) - g(x)|\,\mathrm{d}x.$$

特别地，若 $g(x) = 0$，则有

$$A = \int_a^b |f(x)|\,\mathrm{d}x.$$

(2) 平面图形由 $y = c$，$y = d$，曲线 $x = \varphi(y)$，$x = \psi(y)$ 围成，函数 $\varphi(y)$，$\psi(y)$

在 $[c,d]$ 上连续可积,如图 5−14 所示.

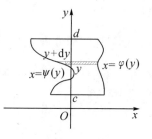

这时,应选择 y 为积分变量, y 的变化区间 $[c,d]$ 为积分区间. 在 $[c,d]$ 上任取一小区间为 $[y,y+dy]$,相应于该小区间的面积微元 $dA = |\varphi(y) - \psi(y)| dx$,面积为

$$A = \int_c^d |\varphi(y) - \psi(y)| \, dy.$$

特别地,若 $\psi(y) = 0$,则有

$$A = \int_c^d |\varphi(y)| \, dy.$$

图 5−14

上述(1) 和(2) 区别在于积分变量的选取,我们将在下面的例题中说明这一点.

例 2 计算由抛物线 $y^2 = x$ 和 $y = x^2$ 所围成平面图形的面积.

解 (1) 先画所围的图形简图(如图 5−15 所示).

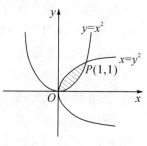

由方程组 $\begin{cases} y^2 = x, \\ y = x^2, \end{cases}$ 可得曲线的两个交点 $O(0,0)$ 和 $P(1,1)$.

(2) 确定积分变量,并确定积分区间.

选取 x 为积分变量,则 $0 \leqslant x \leqslant 1$.

(3) 给出面积元素(微元).

在 $0 \leqslant x \leqslant 1$ 上, $dA = (\sqrt{x} - x^2)dx$.

图 5−15

(4) 列定积分表达式.

曲线所围成的面积为

$$A = \int_0^1 (\sqrt{x} - x^2)dx = \left[\frac{2}{3} x^{\frac{3}{2}} - \frac{1}{3} x^3 \right]_0^1 = \frac{1}{3}.$$

另解 若选择 y 为积分变量,则曲线所围成的面积为

$$A = \int_0^1 (\sqrt{y} - y^2)dy = \left[\frac{2}{3} y^{\frac{3}{2}} - \frac{1}{3} y^3 \right]_0^1 = \frac{1}{3}.$$

例 3 计算抛物线 $y^2 = 2x$ 与直线 $y = x - 4$ 所围成的图形面积.

解 (1) 先画所围的图形简图(如图 5−16 所示).

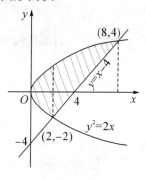

解方程组 $\begin{cases} y^2 = 2x, \\ y = x - 4, \end{cases}$ 得交点: $(2, -2)$ 和 $(8, 4)$.

(2) 确定积分变量,并确定积分区间.

选取 x 为积分变量,则 $0 \leqslant x \leqslant 8$.

(3) 给出面积元素(微元).

在 $0 \leqslant x \leqslant 2$ 上, $dA = [\sqrt{2x} - (-\sqrt{2x})]dx$

$$= 2\sqrt{2x} \, dx.$$

在 $2 \leqslant x \leqslant 8$ 上, $dA = [\sqrt{2x} - (x - 4)]dx$

图 5−16

$$= (4 + \sqrt{2x} - x)\mathrm{d}x.$$

(4) 列定积分表达式.

$$A = \int_0^2 2\sqrt{2x}\,\mathrm{d}x + \int_2^8 (4 + \sqrt{2x} - x)\mathrm{d}x$$

$$= 2\sqrt{2} \cdot \frac{2}{3}x^{\frac{3}{2}}\bigg|_0^2 + \left[\sqrt{2}\,\frac{2}{3}x^{\frac{3}{2}} - \frac{x^2}{2} + 4x\right]_2^8$$

$$= 18.$$

另解 若选取 y 为积分变量，则 $-2 \leqslant y \leqslant 4$, $\mathrm{d}A = \left[(y+4) - \frac{1}{2}y^2\right]\mathrm{d}y$，于是

$$A = \int_{-2}^4 \left[(y+4) - \frac{1}{2}y^2\right]\mathrm{d}y = \left[\frac{1}{2}y^2 + 4y - \frac{1}{6}y^3\right]_{-2}^4 = 18.$$

显然，解法二较为简洁，这表明积分变量的选取存在合理性的问题.

从上面的例题可以看出，利用微元法计算面积的步骤如下：

(1) 画所围的图形简图，求出曲线的交点；

(2) 确定积分变量，并确定积分区间；

(3) 给出面积元素(微元)；

(4) 列定积分表达式，计算定积分.

事实上，利用微元法解决其他问题的步骤和计算面积的步骤基本相同.

例 4 求椭圆 $\dfrac{x^2}{a^2} + \dfrac{y^2}{b^2} = 1(a > b > 0)$ 的面积（如

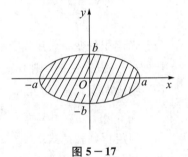

图 5-17

图 5-17 所示).

解 由于椭圆关于 x 轴与 y 轴都是对称的，故它的面积是位于第一象限内的面积的 4 倍.

$$A = 4\int_0^a y\,\mathrm{d}x = 4\int_0^a \frac{b}{a}\sqrt{a^2 - x^2}\,\mathrm{d}x$$

$$= \frac{4b}{a}\left[\frac{x}{2}\sqrt{a^2 - x^2} + \frac{a^2}{2}\arcsin\frac{x}{a}\right]_0^a = \pi ab.$$

在例 4 中，若写出椭圆的参数方程 $\begin{cases} x = a\cos t \\ y = b\sin t \end{cases} (0 \leqslant t \leqslant 2\pi)$，则应用换元公式，得

$$A = 4\int_{\frac{\pi}{2}}^0 b\sin t(-a\sin t)\,\mathrm{d}t = 4ab\int_0^{\frac{\pi}{2}} \sin^2 t\,\mathrm{d}t$$

$$= 4ab \cdot \frac{\pi}{4} = \pi ab.$$

三、旋转体的体积

平面图形围绕平面内一定直线旋转一周而成的几何体称为**旋转体**，其中定直线称为**旋转轴**.

假设旋转体是由曲线 $y = f(x)$ 和直线 $x = a$，$x = b(a < b)$ 及 x 轴所围成的曲边梯形绕 x 轴旋转一周所成，如图 5-18 所示。这个旋转体可看做已知垂直旋转轴的平行截面面积求几何体体积的特殊情况。设点 $x \in [a,b]$ 处垂直于 x 轴的截面圆面积为 $A(x) = \pi [f(x)]^2$，在 x 的变化区间 $[a,b]$ 上积分，得旋转体的体积公式为

$$V_x = \pi \int_a^b [f(x)]^2 dx.$$

类似地，如图 5-19 所示，由曲线 $x = \varphi(y)$ 和直线 $y = c$，$y = d$ 及 y 轴所围成的曲边梯形绕 y 轴旋转一周，所得旋转体的体积为

$$V_y = \pi \int_c^d [\varphi(y)]^2 dy.$$

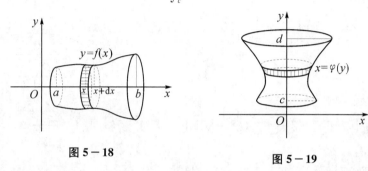

图 5-18   图 5-19

例 5 求由曲线 $xy = 4$，直线 $x = 1$，$x = 4$，$y = 0$ 绕 x 轴旋转一周而形成的立体的体积.

解 先画图形（如图 5-20 所示），因为图形绕 x 轴旋转，所以取 x 为积分变量，x 的变化区间为 $[1,4]$，相应于 $[1,4]$ 上任取一子区间 $[x,x+dx]$ 的小窄条，绕 x 轴旋转而形成的小旋转体的体积，可用高为 dx，底面积为 πy^2 的小圆柱体的体积近似代替，即体积微元为

$$dV = \pi y^2 dx = \pi (\frac{4}{x})^2 dx.$$

于是，体积为

$$\begin{aligned}
V &= \pi \int_1^4 (\frac{4}{x})^2 dx \\
&= 16\pi \int_1^4 \frac{1}{x^2} dx \\
&= -16\pi \frac{1}{x} \Big|_1^4 = 12\pi.
\end{aligned}$$

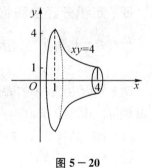

图 5-20

例 6 求由曲线 $y = \frac{r}{h} \cdot x$ 及直线 $x = 0, x = h(h >$

$0)$ 和 x 轴所围成的三角形绕 x 轴旋转而生成的立体的体积.

解 取 x 为积分变量，则 $x \in [0,h]$（如图 5-21 所示），于是体积为

$$V = \int_0^h \pi \left(\frac{r}{h}x\right)^2 dx = \frac{\pi \cdot r^2}{h^2} \int_0^h x^2 dx = \frac{\pi}{3} r^2 h.$$

例7 计算椭圆 $\dfrac{x^2}{a^2}+\dfrac{y^2}{b^2}=1(a>b>0)$ 分别绕 x 轴和 y 轴旋转所成旋转体的体积.

解 由椭圆的对称性,只需考虑第一象限内的曲线绕坐标轴旋转一周所形成的旋转体的体积(如图 5-22 所示). 再由椭圆方程 $\dfrac{x^2}{a^2}+\dfrac{y^2}{b^2}=1$,解得

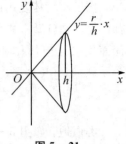

图 5-21

$$y^2=\frac{b^2}{a^2}(a^2-x^2),$$

于是所求旋转体的体积为

$$V_x=2\pi\int_0^a y^2\mathrm{d}x=2\pi\int_0^a\frac{b^2}{a^2}(a^2-x^2)\mathrm{d}x$$

$$=2\pi\left[\frac{b^2}{a^2}\left(a^2x-\frac{x^3}{3}\right)\right]_0^a=\frac{4}{3}\pi ab^2.$$

同理可得

$$V_y=2\pi\int_0^b x^2\mathrm{d}y=2\pi\int_0^a\frac{a^2}{b^2}(b^2-y^2)\mathrm{d}y$$

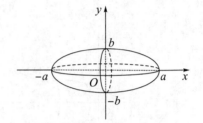

图 5-22

$$=2\pi\left[\frac{a^2}{b^2}\left(b^2y-\frac{y^3}{3}\right)\right]_0^b=\frac{4}{3}\pi a^2b.$$

当 $a=b=R$ 时,椭圆变成了圆,故半径为 R 的球体体积为 $V=\dfrac{4}{3}\pi R^3$.

注意:求旋转体的体积时,第一要明确形成旋转的平面图形是由哪些曲线围成的,这些曲线的方程是什么;第二要明确图形绕哪一条坐标轴或平行于坐标轴的直线旋转,正确选择积分变量,写出定积分的表达式及积分上下限.

四、定积分经济和物理应用问题举例

生产效益是指在一定生产条件下,所生产产品的产量与成本、收益、利润之间的关系.

例8 设生产某种产品 q 个单位时,其边际成本为 $MC=0.4q-8$,且固定成本为 100(单位:万元). 求:

(1) 此产品从 20 个单位到 50 个单位所需的成本;

(2) 总成本函数 $C(q)$;

(3) 若此产品的销售单价为 2(万元 / 单位),求利润函数 $L(q)$;

(4) 生产多少单位产品可以获得最大利润? 最大利润是多少?

解 (1) 产品从 20 个单位到 50 个单位所需的成本,就是边际成本在区间 $[20,50]$ 上的定积分,于是所需成本为

$$\Delta C=\int_{20}^{50}(0.4q-8)\mathrm{d}q=\left[0.2q^2-8q\right]_{20}^{50}=180(万元).$$

(2) $C(q) = \int (0.4q - 8)\mathrm{d}q = 0.2q^2 - 8q + C_0$.

据题意有 $C_0 = 100$，因此总成本函数为

$$C(q) = 0.2q^2 - 8q + 100.$$

(3) 设销售 q 单位产品时的收益为 $R(q)$，则 $R(q) = 2q$，利润函数为

$$L(q) = R(q) - C(q) = 2q - (0.2q^2 - 8q + 100) = 10q - 0.2q^2 - 100.$$

(4) 令 $L'(q) = 10 - 0.4q = 0$，得 $q = 25$. 而 $L''(25) = -0.4 < 0$，所以，当 $q = 25$ 时，利润函数 $L(q)$ 有最大值，即

$$L(25) = 10 \times 25 - 0.2 \times 25^2 - 100 = 25(万元).$$

例9 一锥形水池，池口直径 20 m，深 15 m，池中盛满水，求将全部池水抽到池口外所做的功.

解 如图 5−23 所示，建立坐标系，以 x 为积分变量，变化区间为 $[0, 15]$，从中任意取一子区间，考虑深度 $[x, x + \mathrm{d}x]$ 的一层水量抽到池口处所做的功为 $\mathrm{d}W$，这一薄层水的重力为 $\Delta T = \rho g \pi \left[\dfrac{10}{15}(x - 15)\right]^2 \mathrm{d}x$，$\rho = 10^3 \mathrm{kg/m}^3$ 为水的密度，g 为重力加速度. 当 $\mathrm{d}x$ 很小时，抽出 ΔT 的水所做的功为 $x\Delta T$，则

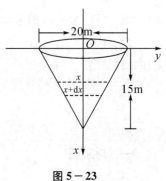

图 5−23

$$\mathrm{d}W = x\pi 10^3 g \left[\frac{10}{15}(x - 15)\right]^2 \mathrm{d}x,$$

$$W = \int_0^{15} 10^3 x\pi g \left[\frac{10}{15}(x - 15)\right]^2 \mathrm{d}x \approx 5.89 \times 10^7 (\mathrm{J}).$$

习题 §5−4

一、判断题

1. 微元 $\mathrm{d}A = f(x)\mathrm{d}x$ 是所求量 A 在任意微小区间 $[x, x + \mathrm{d}x]$ 上部分量 ΔA 的近似值. （ ）

2. 由曲线 $y = x^2$ 与 $y = x^3$ 围成的图形面积 $A = \int_0^1 (x^3 - x^2)\mathrm{d}x$. （ ）

3. 由曲线 $y = \sqrt[3]{x}$ 与 $y = x$ 围成的图形在 $[0, 1]$ 上围成的图形绕 y 轴旋转所得旋转体的体积为 $V = \pi \int_0^1 (y^6 - y^2)\mathrm{d}y$. （ ）

二、求由曲线围成图形的面积

1. $y = \dfrac{1}{x}$ 与直线 $y = x$，$x = 2$.

2. $y = \mathrm{e}^x$，$y = \mathrm{e}^{-x}$ 与直线 $x = 1$.

3. $y = \ln x$，$y = \ln 2$，$y = \ln 7$，$x = 0$.

4. $y = x^2$ 与直线 $y = x$，$y = 2x$.

三、求曲线围成图形绕指定轴旋转所得旋转体的体积

1. $2x - y + 4 = 0$，$x = 0$ 及 $y = 0$，绕 x 轴.

2. $y = x^2 - 4$，$y = 0$，绕 x 轴.

3. $\dfrac{x^2}{a^2} + \dfrac{y^2}{b^2} = 1$，绕 y 轴.

4. $y^2 = x$，$x^2 = y$，绕 y 轴.

四、有一铸铁件，它是由三条线：抛物线 $y = \dfrac{1}{10}x^2$，$y = \dfrac{1}{10}x^2 + 1$ 与直线 $y = 10$ 围成的图形，绕 y 轴旋转所得旋转体，算出它的质量(长度单位是 cm，铁的比重是 7.8 g/cm^3).

五、半径为 r m 的半球形水池灌满了水，求要把池内的水全部抽出需做的功.

六、若某产品的总产量的变化率为 $f(t) = 10t - t^2$，求 t 从 $t_0 = 4$ 到 $t_1 = 8$ 这段时间内的总产量.

复习题五

一、判断题

1. 定积分 $\displaystyle\int_a^b f(x)\mathrm{d}x$ 是一个特殊和式的极限.   (   )

2. 定积分 $\displaystyle\int_a^b f(x)\mathrm{d}x$ 是曲边梯形的面积.   (   )

3. 函数 $f(x)$ 在区间 $[a, b]$ 上连续，则 $\displaystyle\int_a^b f(x)\mathrm{d}x$ 一定存在.   (   )

4. 定积分 $\displaystyle\int_a^b f(x)\mathrm{d}x$ 换元时不换积分限.   (   )

5. 若定积分 $\displaystyle\int_{-a}^a f(x)\mathrm{d}x = 0$，则 $f(x)$ 是奇函数.   (   )

6. 定积分 $\displaystyle\int_{\pi}^{2\pi} \sin x\,\mathrm{d}x < 0$.   (   )

二、填空题

1. $\displaystyle\int_{-\frac{1}{4}}^{\frac{1}{4}} \ln \dfrac{1-x}{1+x}\mathrm{d}x$ _____.

2. $\displaystyle\int_0^1 \dfrac{x^2}{1+x^2}\mathrm{d}x$ _____.

3. $\displaystyle\int_{-2}^2 \sqrt{4-x^2}\,(\sin x + 1)\mathrm{d}x$ _____.

4. $\dfrac{\mathrm{d}}{\mathrm{d}x}\displaystyle\int_1^2 \sin x^2\,\mathrm{d}x$ _____.

5. 设 $F(x) = \int_1^x \tan t \, dt$，则 $F'(x) =$ _____.

6. 设 $F(x) = \int_1^{x^2} \tan t \, dt$，则 $F'(x) =$ _____.

7. 若 $\int_a^b \dfrac{f(x)}{f(x) + g(x)} dx = 1$，则 $\int_a^b \dfrac{g(x)}{f(x) + g(x)} dx$ _____.

三、选择题

1. $\int_{-1}^1 \dfrac{2 + \sin x}{\sqrt{4 - x^2}} dx = ($ $)$.

     A. $\dfrac{\pi}{3}$ B. $\dfrac{2\pi}{3}$ C. $\dfrac{4\pi}{3}$ D. $\dfrac{5\pi}{3}$

2. $\int_0^5 |2x - 4| \, dx = ($ $)$.

     A. 11   B. 12   C. 13   D. 14

3. 设 $f'(x)$ 连续，则变上限积分 $\int_a^x f(t) dt$ 是(   ).

     A. $f'(x)$ 的一个原函数   B. $f'(x)$ 的全体原函数

     C. $f(x)$ 的一个原函数   D. $f(x)$ 的全体原函数

4. 设函数 $f(x)$ 在 $[a, b]$ 上连续，则由曲线 $y = f(x)$ 与直线 $x = a$，$x = b$，$y = 0$ 所围平面图形的面积为(   ).

     A. $\int_a^b f(x) dx$ B. $\left| \int_a^b f(x) dx \right|$

     C. $\int_a^b |f(x)| \, dx$ D. $f(\xi)(b - a)$，$a < \xi < b$

四、说明下列定积分的几何意义，并由几何意义确定其值

1. $\int_{-r}^r \sqrt{r^2 - x^2} \, dx$.   2. $\int_{-\frac{\pi}{2}}^{\frac{\pi}{2}} \sin x \, dx$.

五、不计算定积分，比较下列各组定积分的大小

1. $\int_0^1 x \, dx$ 与 $\int_0^1 x^2 \, dx$.   2. $\int_0^{\frac{\pi}{4}} \sin x \, dx$ 与 $\int_0^{\frac{\pi}{4}} \cos x \, dx$.

3. $\int_1^2 e^x \, dx$ 与 $\int_1^2 e x \, dx$.   4. $\int_1^e \ln x \, dx$ 与 $\int_1^e \ln^2 x \, dx$.

六、计算下列各函数的导数

1. $\Phi(x) = \int_0^{x^2} t \, e^{-t} \, dt$.   2. $\Phi(x) = \int_1^{e^x} \dfrac{\ln t}{t} \, dt$.

3. $\Phi(x) = \int_{x^2}^1 \dfrac{\sin t}{t} \, dt$.   4. $\Phi(x) = \int_{\cos x}^{\sin x} (1 - t^2) \, dt$.

七、求下列极限

1. $\lim\limits_{x \to 0} \dfrac{\int_0^x \sin t \, dt}{x^2}$.   2. $\lim\limits_{x \to 1} \dfrac{\int_1^x \sin \pi t \, dt}{1 + \cos \pi x}$.

3. $\lim\limits_{x\to 0}\dfrac{\displaystyle\int_0^{x^2}\arctan\sqrt{t}\,\mathrm{d}t}{x^2}$.

4. $\lim\limits_{x\to 0}\dfrac{\displaystyle\int_0^{x}t^2\sin\dfrac{1}{t}\,\mathrm{d}t}{\displaystyle\int_x^{0}\sin t\,\mathrm{d}t}$.

八、计算下列定积分

1. $\displaystyle\int_0^1(\sqrt{x}-x^2)\,\mathrm{d}x$.

2. $\displaystyle\int_0^1\dfrac{\mathrm{e}^x}{\mathrm{e}^x+1}\,\mathrm{d}x$.

3. $\displaystyle\int_0^{\frac{\pi}{2}}|\sin x-\cos x|\,\mathrm{d}x$.

4. $\displaystyle\int_0^3\dfrac{x}{1+\sqrt{1+x}}\,\mathrm{d}x$.

5. $\displaystyle\int_1^{\mathrm{e}}\dfrac{1+\ln x}{x}\,\mathrm{d}x$.

6. $\displaystyle\int_0^4\dfrac{\mathrm{d}x}{1+\sqrt{x}}$.

7. $\displaystyle\int_1^2\dfrac{\sqrt{x^2-1}}{x}\,\mathrm{d}x$.

8. $\displaystyle\int_0^{\pi}x^2\sin x\,\mathrm{d}x$.

9. 设 $f(x)=\begin{cases}\cos x, & x\geqslant 0,\\ \mathrm{e}^{-x}, & x<0,\end{cases}$ 计算 $\displaystyle\int_{-1}^{\pi}f(x)\,\mathrm{d}x$.

九、设 $F(x)=\displaystyle\int_0^{x^2}\sin t\,\mathrm{d}t+\int_x^1\sin t\,\mathrm{d}t$，求 $F'(x)$.

十、求曲线围成平面图形的面积

1. 抛物线 $y=x^2$ 与直线 $y=2x$ 所围成的平面图形.

2. 曲线 $y=x^3$ 与曲线 $y=\sqrt[3]{x}$ 所围成的平面图形.

3. 曲线 $y=\mathrm{e}^x$ 与直线 $x=0$, $y=\mathrm{e}$ 所围成的平面图形.

4. 曲线 $y=\ln x$ 与直线 $y=0$, $x=\mathrm{e}$ 所围成的平面图形.

十一、求抛物线 $y=x^2$ 与 $y^2=x$ 所围成的图形绕 x 轴旋转一周所得旋转体的体积.

十二、设有一半径为 $10\ \mathrm{m}$，蓄满水的半球形水池，求把水抽尽所做的功.

十三、已知某产品的产量 Q 的变化率 q 是时间 t（单位：年）的函数：$q=2t+3(t\geqslant 0)$，分别求第一个五年期间和第二个五年期间的产量.

第六章　　常微分方程简介

学习要求：

一、正确理解微分方程的基本概念；

二、熟练区别一阶线性微分方程和二阶常系数线性微分方程；

三、能够求解一阶线性微分方程和二阶常系数线性微分方程；

四、掌握微分方程的应用.

我们已经学完一元函数微积分的基本内容. 在科学研究和生产实践及经济管理中，需要通过未知函数及其导数(微分)所满足的等式来求解未知函数，这种含有所求函数的导数或微分的等式就是微分方程. 本章主要研究几种常见的微分方程及其解法.

§6−1　微分方程的概念

一、引例

例1　一曲线经过点 $D(0，1)$，且在该曲线上任一点 $P(x，y)$ 处的切线的斜率等于该点横坐标的 2 倍，求该曲线方程.

解　设曲线方程为 $y = y(x)$. 由导数的几何意义可知函数 $y = y(x)$ 满足

$$\frac{\mathrm{d}y}{\mathrm{d}x} = 2x，\tag{1}$$

同时还满足以下条件：

$$x = 0 \text{时，} y = 1.\tag{2}$$

把(1)式两端积分，得

$$y = \int 2x \,\mathrm{d}x，$$

即

$$y = x^2 + C.\tag{3}$$

式中，C 是任意常数.

把条件(2)代入(3)式，得 $C = 1$.

由此解出 C 并代入(3)式，得到所求曲线方程：

$$y = x^2 + 1. \tag{4}$$

例2   列车在平直线路上以 20 m/s 的速度行驶,当制动时列车获得加速度 -0.4 m/s^2. 问开始制动后多少时间列车才能停住?列车在这段时间里行驶了多少路程?

解   设列车开始制动后 t 秒时行驶了 s 米. 根据题意,反映制动阶段列车运动规律的函数 $s = s(t)$ 满足:

$$\frac{\mathrm{d}^2 s}{\mathrm{d}t^2} = -0.4. \tag{5}$$

此外,还满足条件:

$$t = 0 \text{ 时}, s = 0, v = \frac{\mathrm{d}s}{\mathrm{d}t} = 20. \tag{6}$$

对(5)式两端积分一次得

$$v = \frac{\mathrm{d}s}{\mathrm{d}t} = -0.4t + C_1, \tag{7}$$

再积分一次得

$$s = -0.2t^2 + C_1 t + C_2. \tag{8}$$

式中,C_1, C_2 都是任意常数.

把条件"$t = 0$ 时, $v = 20$"和"$t = 0$ 时, $s = 0$"分别代入(7)式和(8)式,得

$$C_1 = 20, \quad C_2 = 0.$$

把 C_1, C_2 的值代入(7)及(8)式,得

$$v = -0.4t + 20, \tag{9}$$
$$s = -0.2t^2 + 20t. \tag{10}$$

在(9)式中令 $v = 0$,得到列车从开始制动到完全停止所需的时间为

$$t = \frac{20}{0.4} = 50(\text{s}).$$

再把 $t = 50$ 代入(10)式,得到列车在制动阶段行驶的路程为

$$s = -0.2 \times 50^2 + 20 \times 50 = 500(\text{m}).$$

上述两个例子中的关系式(1)、(5)和(7)都含有未知函数的导数,它们都是微分方程.

二、微分方程的定义

上述引例中的关系式(1)、(5)和(7)含有自变量、未知函数以及未知函数的导数或微分的等式. 通常,我们把含有未知函数的导数或微分的等式称为**微分方程**.

未知函数是一元函数的微分方程称为**常微分方程**;未知函数是多元函数的微分方程称为**偏微分方程**. 本书只讨论常微分方程,简称微分方程.

微分方程中所含未知函数的导数或微分的最高阶数,称为**微分方程的阶**. 二阶及二阶以上的微分方程称为**高阶微分方程**.

n 阶微分方程的一般形式为

$$F(x, y, y', y'', \cdots, y^{(n)}) = 0.$$

式中，x 为自变量，y 为未知函数. 在一个微分方程中，未知函数和自变量可以不出现，但未知函数的导数或微分一定要出现. n 阶微分方程中，一定要有 $y^{(n)}$ 出现.

所以，一阶微分方程的一般形式为

$$F(x, y, y') = 0.$$

二阶微分方程的一般形式为

$$F(x, y, y', y'') = 0.$$

例如，引例 1 中的 $\mathrm{d}y = 2x\,\mathrm{d}x$ 是一阶微分方程，而引例 2 中的 $\dfrac{\mathrm{d}^2 s}{\mathrm{d}t^2} = -0.4$ 是二阶微分方程.

三、微分方程的解

一个微分方程，若能找出满足微分方程的函数，把这函数代入微分方程能使该微分方程成为恒等式，那么这个函数就称为**该微分方程的解**.

例如，$y = x^2 + C$，$y = x^2 + 1$ 是方程(1)的解；$s = -0.2t^2 + C_1 t + C_2$，$s = -0.2t^2 + 20t$ 是方程(5)的解. 其中，C, C_1, C_2 是任意常数.

如果微分方程的解中含有任意常数，且任意常数的个数与微分方程的阶数相同，这样的解称为微分方程的通解. 例如，$y = x^2 + C$ 是方程(1)的通解；解 $s = -0.2t^2 + C_1 t + C_2$ 是方程(5)的通解.

由于通解中含有任意常数，所以它还不能完全确定地反映某一客观事物的规律性，必须确定这些常数的值. 为此，要根据问题的实际情况提出确定这些常数的条件. 例如，例 1 中的条件(2)，例 2 中的条件(6)，便是这样的条件. 怎样认识这些条件呢？

假设微分方程中的未知函数为 $y = y(x)$，如果微分方程是一阶的，通常用来确定任意常数的条件为

$$x = x_0 \text{ 时}, \quad y = y_0,$$

或写成

$$y\,|_{x=x_0} = y_0.$$

式中，x_0, y_0 都是给定的值；如果微分方程是二阶的，通常用来确定任意常数的条件为

$$x = x_0 \text{ 时}, \quad y = y_0, \quad y' = y_0',$$

或写成

$$y\,|_{x=x_0} = y_0, \quad y'\,|_{x=x_0} = y_0'.$$

式中，x_0, y_0 和 y_0' 都是给定的值. 条件 $y\,|_{x=x_0} = y_0$ 与 $y\,|_{x=x_0} = y_0$ 和 $y'\,|_{x=x_0} = y_0'$ 分别称为一阶微分方程和二阶微分方程的**初始条件**.

依据初始条件确定了通解中的任意常数后，就得到了**微分方程的特解**. 例如(4)式是方程(1)满足条件(2)的特解；(10)式是方程(5)满足条件(6)的特解.

微分方程解的**几何意义**：微分方程的通解在几何上是一族积分曲线，特解则是满足初始条件的一条积分曲线.

例 3　验证 $y = C_1 \mathrm{e}^x + C_2 \mathrm{e}^{-x}$ 是微分方程 $y'' - y = 0$ 的解，并指出是否是通解，并

求满足初始条件 $y\mid_{x=0}=2$，$y'\mid_{x=0}=0$ 的特解.

解　$y'=C_1e^x-C_2e^{-x}$，$y''=C_1e^x+C_2e^{-x}$，代入原方程，于是有

$$y''-y=(C_1e^x+C_2e^{-x})-(C_1e^x+C_2e^{-x})=0.$$

因此，函数 $y=C_1e^x+C_2e^{-x}$ 是微分方程的解，由于此解中含有 C_1，C_2 两个相互独立的任意常数，且与微分方程的阶数相等，故此解为通解.

由初始条件 $x=0$，$y=2$ 和 $x=0$，$y'=0$，得 $\begin{cases}C_1+C_2=2,\\C_1-C_2=0,\end{cases}$ 所以 $C_1=1$，$C_2=1$. 于是，所求特解为

$$y=e^x+e^{-x}.$$

习题 §6－1

一、下列各方程中，哪些是微分方程?是微分方程的，请指出其阶数.

1. $y'=xy$.

2. $x^2+y^2=1$.

3. $\mathrm{d}x=(3x^2+y)\mathrm{d}y$.

4. $y''+4y=x$.

5. $y(y')^2=3x+1$.

6. $x^2\mathrm{d}y+y^2\mathrm{d}x=0$.

二、在下列各题所给的函数中，检验其中哪个函数是方程的解?是通解还是特解?（其中 C，C_1，C_2 均为任意常数）

1. $y'-2y=0$.（　　　）

　　A. $y=e^x$　　　　　　　B. $y=e^{2x}$　　　　　　　C. $y=Ce^{2x}$

2. $xy'=y\left(1-\ln\dfrac{x}{y}\right)$.（　　　）

　　A. $y=x$　　　　　　　B. $y=xe^{Cx}$　　　　　　　C. $y=x^2e^x$

3. $\dfrac{\mathrm{d}^2s}{\mathrm{d}t^2}+\omega^2s=0$.（　　　）

　　A. $s=C_1\sin\omega t+C_2\cos\omega t$　　B. $s=\sin\omega t-\cos\omega t$　　　C. $s=(x+C)^3$

三、曲线在点 (x,y) 处的切线的斜率等于该点横坐标的 2 倍，求此曲线满足条件的微分方程.

§6－2　可分离变量的微分方程

一阶微分方程的一般形式为

$$F(x,y,y')=0$$

或

$$y'=f(x,y).$$

前者称为**一阶隐式微分方程**，后者称为**一阶显式微分方程**. 而

$$M(x, y)\mathrm{d}x + N(x, y)\mathrm{d}y = 0$$

称为**微分形式的一阶微分方程**.

下面，我们要研究可分离变量的微分方程、齐次方程和一阶线性微分方程.

一、可分离变量的微分方程

在上节引例 1 中，我们得到方程

$$\frac{\mathrm{d}y}{\mathrm{d}x} = 2x,$$

即

$$\mathrm{d}y = 2x\mathrm{d}x.$$

将上式两端积分就得方程 $\mathrm{d}y = 2x\mathrm{d}x$ 的通解 $y = x^2 + C$. 但是并不是所有的一阶微分方程都能这样求解. 例如对于一阶微分方程

$$\frac{\mathrm{d}y}{\mathrm{d}x} = 2xy^2,$$

就不能像上面那样直接两端用积分的方法求出它的通解. 原因是方程 $\dfrac{\mathrm{d}y}{\mathrm{d}x} = 2xy^2$ 的右端

含有未知函数 y 积分 $\displaystyle\int 2xy^2\mathrm{d}x$ 求不出来. 为了解决这一困难，应使之变为

$$\frac{\mathrm{d}y}{y^2} = 2x\mathrm{d}x,$$

这样，变量 x 与 y 已分离在等式的两端，故可求解. 经两端积分得

$$-\frac{1}{y} = x^2 + C$$

或

$$y = -\frac{1}{x^2 + C}.$$

式中，C 是任意常数.

可以验证，函数 $y = -\dfrac{1}{x^2 + C}$ 确实满足一阶微分方程 $\dfrac{\mathrm{d}y}{\mathrm{d}x} = 2xy^2$，且含有一个任意

常数，所以它是方程 $\dfrac{\mathrm{d}y}{\mathrm{d}x} = 2xy^2$ 的通解.

一般地，如果一阶微分方程 $F(x, y, y') = 0$ 可以化为

$$g(y)\mathrm{d}y = f(x)\mathrm{d}x$$

的形式，也就是说，能把微分方程写成一端只含 y 的函数和 $\mathrm{d}y$，另一端只含 x 的函数和 $\mathrm{d}x$，那么原方程 $F(x, y, y') = 0$ 就称为**可分离变量的微分方程**. 而 $g(y)\mathrm{d}y = f(x)\mathrm{d}x$ 称为**变量已分离的微分方程**.

对于变量已分离的微分方程 $g(y)\mathrm{d}y = f(x)\mathrm{d}x$，两边积分，得

$$\int g(y)\mathrm{d}y = \int f(x)\mathrm{d}x.$$

若函数 $F(x)$ 与 $G(y)$ 分别是 $f(x)$ 与 $g(x)$ 的原函数,则得方程的通解为

$$G(y) = F(x) + C.$$

式中,C 是任意常数. 这种求解方式通常称为**分离变量法**. 其求解步骤是首先分离变量,然后两边积分.

一般而言,可分离变量的微分方程具有如下形式:

$$\frac{\mathrm{d}y}{\mathrm{d}x} = f(x)g(y)$$

或

$$M_1(x)M_2(y)\mathrm{d}x + N_1(x)N_2(y)\mathrm{d}y = 0.$$

它们往往只需要通过简单变形就可化为变量已分离的微分方程.

例 1　解微分方程 $\dfrac{\mathrm{d}y}{\mathrm{d}x} = 2xy$.

解　原微分方程可以分离变量,分离变量后得

$$\frac{1}{y}\mathrm{d}y = 2x\mathrm{d}x,$$

两边同时积分

$$\int \frac{1}{y}\mathrm{d}y = \int 2x\mathrm{d}x,$$

得

$$\ln|y| = x^2 + C_1,$$

即

$$|y| = \mathrm{e}^{x^2 + C_1} = \mathrm{e}^{C_1} \cdot \mathrm{e}^{x^2},$$

所以

$$y = \pm \mathrm{e}^{C_1} \cdot \mathrm{e}^{x^2}.$$

因为 $\pm \mathrm{e}^{C_1}$ 仍是任意常数,把它记作 $C = \pm \mathrm{e}^{C_1}$,便得原方程的通解为 $y = C\mathrm{e}^{x^2}$. 此解中需要注意的是,$y = 0$ 也是方程的解,且 $y = 0$ 已包含在通解中.

例 2　解微分方程 $(1 + y^2)\mathrm{d}x - xy(1 + x^2)\mathrm{d}y = 0$.

解　分离变量,得

$$\frac{y}{1 + y^2}\mathrm{d}y = \frac{1}{x(1 + x^2)}\mathrm{d}x,$$

即

$$\frac{y}{1 + y^2}\mathrm{d}y = \left(\frac{1}{x} - \frac{x}{1 + x^2}\right)\mathrm{d}x.$$

两边积分,得

$$\frac{1}{2}\ln(1 + y^2) = \ln x - \frac{1}{2}\ln(1 + x^2) + \frac{1}{2}\ln C,$$

即

$$\ln\left[(1 + x^2)(1 + y^2)\right] = \ln(Cx^2).$$

因此,通解为

$$(1 + x^2)(1 + y^2) = Cx^2.$$

式中,C 为任意常数.

例 3　解微分方程 $\dfrac{\mathrm{d}y}{\mathrm{d}x} = \dfrac{\sqrt{1-y^2}}{\sqrt{1-x^2}}$.

解　分离变量，得

$$\frac{\mathrm{d}y}{\sqrt{1-y^2}} = \frac{\mathrm{d}x}{\sqrt{1-x^2}}\,(y \neq \pm 1),$$

两边同时积分

$$\int \frac{\mathrm{d}y}{\sqrt{1-y^2}} = \int \frac{\mathrm{d}x}{\sqrt{1-x^2}},$$

得

$$\arcsin y = \arcsin x + C.$$

故通解为 $y = \sin(\arcsin x + C)$（C 为任意常数）. 同样需要注意的是，$y = \pm 1$ 也是方程的解，且 $y = \pm 1$ 已包含在通解中.

例 4　求微分方程 $y' \sin x - y \cos x = 0$ 满足初始条件 $y \mid_{x=\frac{\pi}{2}} = 2$ 特解.

解　原方程变形为

$$\frac{\mathrm{d}y}{\mathrm{d}x} \cdot \sin x = y \cos x,$$

分离变量，得

$$\frac{1}{y}\mathrm{d}y = \frac{\cos x}{\sin x}\mathrm{d}x\,(y \neq 0),$$

两边同时积分

$$\int \frac{1}{y}\mathrm{d}y = \int \frac{\cos x}{\sin x}\mathrm{d}x,$$

得

$$\ln \mid y \mid = \ln \mid \sin x \mid + C_0.$$

令 $C_0 = \ln \mid C \mid$，可得通解为 $y = C \sin x$. 显然，$y = 0$ 也是微分方程的解，且已包含在通解中.

由初始条件 $y \mid_{x=\frac{\pi}{2}} = 2$，可得 $C = 2$，故所求特解为 $y = 2\sin x$.

注意：$\ln \mid C \mid$ 中的 $C(C \neq 0)$ 可取任意常数，因此 $y = C \sin x$ 仍是通解，这样做的目的只是为了让解的形式简单明了. 以后类似的问题为了简化运算，可把 $\ln \mid y \mid$ 写成 $\ln y$，只要能保证最后的常数 C 的任意性即可.

例 5　已知曲线过点 $(1, 2)$，且在曲线上任何一点的切线斜率等于原点到该切点的连线斜率的两倍，求此曲线方程.

解　设曲线方程为 $y = y(x)$，则 $y(1) = 2$ 是初始条件.

由题意知

$$\frac{\mathrm{d}y}{\mathrm{d}x} = 2\,\frac{y}{x},$$

分离变量，得

$$\frac{\mathrm{d}y}{y} = \frac{2}{x}\mathrm{d}x\,(y \neq 0),$$

两边同时积分

$$\int \frac{\mathrm{d}y}{y} = \int \frac{2}{x}\mathrm{d}x,$$

得

$$\ln y = 2\ln x + \ln C,$$

于是
$$y = Cx^2.$$
式中，C 为任意常数，$y = 0$ 包含在通解中.

将 $y(1) = 2$ 代入上式，得 $C = 2$. 故曲线方程为 $y = 2x^2$.

一般地，利用微分方程解决实际问题的步骤如下：

(1) 利用问题的性质建立微分方程，并写出初始条件；

(2) 利用数学方法求出方程的通解；

(3) 利用初始条件确定任意常数的值，求出特解.

二、可转化成可分离变量的微分方程

有一些微分方程，虽然不能直接使用分离变量的方法求解，但是对方程中的变量进行代换后，可以将其转化成可分离变量的微分方程. 下面我们介绍其中的两种特殊类型.

1. 齐次方程

如果一阶微分方程 $F(x, y, y') = 0$ 可化为形如
$$\frac{\mathrm{d}y}{\mathrm{d}x} = f\left(\frac{y}{x}\right)$$
的微分方程，则称这种方程为齐次方程. 例如方程
$$(xy - y^2)\mathrm{d}x - (x^2 - 2xy)\mathrm{d}y = 0,$$
可化为
$$\frac{\mathrm{d}y}{\mathrm{d}x} = \frac{xy - y^2}{x^2 - 2xy} = \frac{\dfrac{y}{x} - \left(\dfrac{y}{x}\right)^2}{1 - 2\left(\dfrac{y}{x}\right)},$$
它就是齐次方程.

齐次微分方程通过变量代换，然后分离变量，经积分可求得通解. 解齐次方程的变量代换方法是解微分方程最常用的方法.

一般地，对于形如 $M(x, y)\mathrm{d}y + N(x, y)\mathrm{d}x = 0$ 的方程，若 $M(x, y)$ 与 $N(x, y)$ 均为 x, y 的 m 次齐次函数，则它是可化为形如 $\dfrac{\mathrm{d}y}{\mathrm{d}x} = f\left(\dfrac{y}{x}\right)$ 的齐次方程.

齐次方程中的变量 x 与 y 一般是不能分离的，如果作变量替换
$$u = \frac{y}{x},$$
就可以将其化为可分离变量的方程，这是因为
$$y = ux, \qquad \frac{\mathrm{d}y}{\mathrm{d}x} = u + x\frac{\mathrm{d}u}{\mathrm{d}x},$$
将其代入方程 $\dfrac{\mathrm{d}y}{\mathrm{d}x} = f\left(\dfrac{y}{x}\right)$，便得
$$u + x\frac{\mathrm{d}u}{\mathrm{d}x} = f(u).$$

这是变量可分离的方程，分离变量，并两边积分，得

$$\int \frac{1}{f(u)-u}\mathrm{d}u = \int \frac{1}{x}\mathrm{d}x.$$

求出积分后，可得 u 与 x 的函数关系，将 u 还原成 $\frac{y}{x}$，即得 y 与 x 的函数关系，便得所给齐次方程的通解.

例 6 解微分方程 $xy' = y(1 + \ln y - \ln x)$.

解 原式可化为

$$\frac{\mathrm{d}y}{\mathrm{d}x} = \frac{y}{x}\left(1 + \ln\frac{y}{x}\right),$$

令 $u = \dfrac{y}{x}$，则

$$\frac{\mathrm{d}y}{\mathrm{d}x} = x\frac{\mathrm{d}u}{\mathrm{d}x} + u,$$

于是

$$x\frac{\mathrm{d}u}{\mathrm{d}x} + u = u(1 + \ln u),$$

分离变量

$$\frac{\mathrm{d}u}{u\ln u} = \frac{\mathrm{d}x}{x},$$

两端积分得

$$\ln\ln|u| = \ln|x| + \ln C,$$

$$\ln|u| = Cx,$$

即

$$u = \mathrm{e}^{Cx}.$$

故方程的通解为

$$y = x\mathrm{e}^{Cx}.$$

注意：在分离变量时，限制了 $u \neq 0$，而 $u = 0$ 时，$y = 0$ 是原方程的解，当然它也包含在通解中.

在微分方程中，一般习惯上把 x 看做自变量，但有时若将 y 看做自变量，求解时会很简便，如例 7.

例 7 求微分方程 $(y^2 - 3x^2)\mathrm{d}y - 2xy\mathrm{d}x = 0$ 满足初始条件 $y|_{x=0} = 1$ 的特解.

解 原方程可化为

$$\frac{\mathrm{d}x}{\mathrm{d}y} = \frac{y^2 - 3x^2}{2xy} = \frac{1 - 3\left(\dfrac{x}{y}\right)^2}{2 \cdot \dfrac{x}{y}}.$$

令 $u = \dfrac{x}{y}$，即 $x = uy$，则

$$\frac{\mathrm{d}x}{\mathrm{d}y} = u + y\frac{\mathrm{d}u}{\mathrm{d}y},$$

代入上式，得

$$y\frac{\mathrm{d}u}{\mathrm{d}y} = \frac{1 - 5u^2}{2u}.$$

分离变量,并两边积分,得

$$\int \frac{2u}{1-5u^2}du = \int \frac{1}{y}dy.$$

$$左式 = -\frac{1}{5}\int \frac{d(1-5u^2)}{1-5u^2}(凑微分) = -\frac{1}{5}\ln(1-5u^2).$$

$$右式 = \ln y - \frac{1}{5}\ln C.$$

由不定积分知道,方程左右两边的积分均应该加上任意常数 C,但是因为等式的原因,我们将常数表达在等式的右边.同时为了使方程的解有较为简单的形式,我们将任意常数表达为 $-\frac{1}{5}\ln C$.

即

$$-\frac{1}{5}\ln(1-5u^2) = \ln y - \frac{1}{5}\ln C.$$

将 $u = \dfrac{x}{y}$ 代入,得到原方程的通解为

$$y^5 - 5x^2y^3 = C.$$

将初始条件 $y|_{x=0} = 1$ 代入通解中,得到 $C = 1$. 于是,所求特解为

$$y^5 - 5x^2y^3 = 1.$$

2. 其他代换

例8　求解微分方程 $\dfrac{dy}{dx} = \dfrac{1}{x-y} + 1$.

解　令 $x - y = u$,则 $y = x - u$,$\dfrac{dy}{dx} = 1 - \dfrac{du}{dx}$,于是

$$1 - \frac{du}{dx} = \frac{1}{u} + 1,$$

$$\frac{du}{dx} = -\frac{1}{u},$$

分离变量,并两边积分,得

$$u^2 = -2x + C,$$

以 $u = x - y$ 代回,得

$$(x-y)^2 = -2x + C.$$

从上例可知,原方程也是不可直接分离变量的微分方程,但是当采用变量代换后,变成了可分离变量的微分方程.事实上,变量代换是解微分方程的一种常用方法.

习题 §6-2

一、判断方程是否是可分离变量微分方程

1. $(x^2+1)dx + (y^2-2)dy = 0$.

2. $(x^2-y)dx + (y^2+x)dy = 0$.

3. $(x^2 + y^2)y' = 2xy$.

4. $2x^2yy' + y^2 = 2$.

二、解微分方程

1. $\sqrt{1-y^2}\,\mathrm{d}x = \sqrt{1-x^2}\,\mathrm{d}y$.

2. $y' + \mathrm{e}^x y = 0$.

3. $y' = \dfrac{x^3}{y^3}$, $y\big|_{x=1} = 0$.

4. $xy' - y = 0$, $y\big|_{x=1} = 2$.

5. $y' = \dfrac{y}{x} + \tan\dfrac{y}{x}$.

　　三、设某曲线上任意一点的切线介于两坐标轴之间的部分为切点所平分,已知此曲线过点$(2,3)$,求它的方程.

　　四、作直线运动物体的速度与物体到原点的距离成正比,已知物体在 10 s 时与原点相距 100 m,在 20 s 时,与原点相距离 200 m,求物体的运动规律.

§6－3　一阶线性微分方程

　　微分方程 $F(x,y,y') = 0$ 中未知函数及其导数都是一次的微分方程,称为**一阶线性微分方程**. 其一般形式可化为

$$\frac{\mathrm{d}y}{\mathrm{d}x} + p(x)y = q(x)$$

或

$$y' + p(x)y = q(x).$$

　　若 $q(x) \equiv 0$ 时,则方程

$$y' + p(x)y = 0$$

称为**一阶线性齐次微分方程**.

　　若 $q(x) \neq 0$,则方程

$$y' + p(x)y = q(x)$$

称为**一阶线性非齐次微分方程**.

一、一阶线性齐次微分方程

　　我们先介绍一阶线性齐次微分方程 $y' + p(x)y = 0$ 的解法.

　　将微分方程 $y' + p(x)y = 0$ 分离变量,得

$$\frac{1}{y}\mathrm{d}y = -p(x)\mathrm{d}x \,(y \neq 0).$$

两边积分,得

$$\ln y = -\int p(x)\mathrm{d}x + \ln C.$$

因此，一阶线性齐次微分方程的通解为

$$y = C\mathrm{e}^{-\int p(x)\mathrm{d}x}.$$

上式也称为通解公式.

应该注意到，分离变量后，丢失了原方程的一个解 $y=0$，但它可由通解中 $C=0$ 而得到，故通解 $y=C\mathrm{e}^{-\int p(x)\mathrm{d}x}$ 中 C 可取任意常数，它包含了方程 $y'+p(x)y=0$ 的全部解. 另外，还需要注意的是，对于不定积分 $\int p(x)\mathrm{d}x$，只求出一个原函数即可.

一般地，对于一阶线性齐次微分方程，可采用两种方法求解：一是分离变量法，二是应用公式法.

例1 解微分方程 $\dfrac{\mathrm{d}y}{\mathrm{d}x} - y\sec^2 x = 0$.

解法Ⅰ 分离变量，得

$$\frac{1}{y}\mathrm{d}y = \sec^2 x\,\mathrm{d}x,$$

两边积分，得

$$\int \frac{1}{y}\mathrm{d}y = \int \sec^2 x\,\mathrm{d}x,$$

即

$$\ln y = \tan x + \ln C,$$

原方程的通解为

$$y = C\mathrm{e}^{\tan x}.$$

解法Ⅱ 应用通解公式，因为 $p(x) = -\sec^2 x$，所以

$$\int p(x)\mathrm{d}x = -\int \sec^2 x\,\mathrm{d}x = -\tan x,$$

则原方程的通解为

$$y = C\mathrm{e}^{\tan x}.$$

事实上，通解公式是分离变量法推演的结果，因此两种求解方法本质上是一致的.

二、一阶线性非齐次微分方程

下面，我们考查一阶线性非齐次微分方程 $y'+p(x)y=q(x)$ 的解法.

一阶线性非齐次微分方程 $y'+p(x)y=q(x)$ 的通解可采用**常数变易法**求得.

首先求对应的一阶线性齐次微分方程 $y'+p(x)y=0$ 的通解 $y=C\mathrm{e}^{-\int p(x)\mathrm{d}x}$，然后将通解中的任意常数 C 换成待定函数 $C(x)$，即令 $y=C(x)\mathrm{e}^{-\int p(x)\mathrm{d}x}$ 为一阶线性非齐次微分方程的通解，代入微分方程，有

$$C'(x)\mathrm{e}^{-\int p(x)\mathrm{d}x} - C(x)p(x)\mathrm{e}^{-\int p(x)\mathrm{d}x} + p(x)C(x)\mathrm{e}^{-\int p(x)\mathrm{d}x} = q(x),$$

即

$$C'(x) = q(x)\mathrm{e}^{\int p(x)\mathrm{d}x}.$$

两边积分，得

$$C(x) = \int q(x)\mathrm{e}^{\int p(x)\mathrm{d}x}\mathrm{d}x + C.$$

将 $C(x)$ 代入 $y = C(x)\mathrm{e}^{-\int p(x)\mathrm{d}x}$，得一阶线性非齐次微分方程 $y' + p(x)y = q(x)$ 的通解为

$$y = \left[\int q(x)\mathrm{e}^{\int p(x)\mathrm{d}x}\mathrm{d}x + C \right]\mathrm{e}^{-\int p(x)\mathrm{d}x}.$$

上式也称为一阶线性非齐次微分方程的通解公式.

从一阶线性非齐次微分方程通解公式中，我们能够看到其通解由两部分构成：一部分是对应的齐次方程的通解 $y = C\mathrm{e}^{-\int p(x)\mathrm{d}x}$，另一部分是非齐次方程本身的一个特解 $y = \left[\int q(x)\mathrm{e}^{\int p(x)\mathrm{d}x} \right]\mathrm{e}^{-\int p(x)\mathrm{d}x}$.

因而，求解一阶线性非齐次微分方程 $y' + p(x)y = q(x)$ 的通解也可采用两种方法：一是应用常数变易法，二是应用公式法.

例 2 解微分方程 $y' - y\cot x = 2x\sin x$.

解法 I（常数变易法） 先求对应的齐次方程的通解. 由 $y' - y\cot x = 0$，分离变量，得

$$\frac{1}{y}\mathrm{d}y = \cot x\,\mathrm{d}x,$$

两边积分，得

$$\int \frac{1}{y}\mathrm{d}y = \int \cot x\,\mathrm{d}x,$$

即

$$\ln y = \ln|\sin x| + \ln C.$$

因此，对应的齐次方程的通解为

$$y = C\sin x.$$

令 $y = C(x)\sin x$，则

$$y' = C'(x)\sin x + C(x)\cos x.$$

将 y 和 y' 代入原方程，得

$$C'(x)\sin x + C(x)\cos x - C(x)\sin x\cot x = 2x\sin x,$$

即

$$C'(x) = 2x.$$

两边积分，得

$$C(x) = x^2 + C.$$

所以原方程的通解为

$$y = (x^2 + C)\sin x.$$

解法 II（应用公式法） 由 $p(x) = -\cot x$，$q(x) = 2x\sin x$，易求

$$\int p(x)\mathrm{d}x = -\int \cot x\,\mathrm{d}x = -\ln\sin x.$$

代入一阶线性非齐次微分方程的通解公式，得原方程的通解为

$$y = \left[\int 2x \sin x \, \mathrm{e}^{-\ln \sin x} \, \mathrm{d}x + C \right] \mathrm{e}^{\ln \sin x} = \left[\int 2x \sin x \cdot \frac{1}{\sin x} \, \mathrm{d}x + C \right] \sin x = (x^2 + C) \sin x.$$

同样的，通解公式也是常数变易法推演的结果，因此两种求解方法本质上是一致的.

有时，解微分方程也存在将 y 看做自变量，x 看做 y 的函数的情形.

例 3   求微分方程 $(y^2 - 6x)y' + 2y = 0$ 满足初始条件 $y \big|_{x=2} = 1$ 的特解.

解   这个方程不是未知函数 y 与 y' 的线性方程，但是可以将它变形为

$$\frac{\mathrm{d}x}{\mathrm{d}y} = \frac{6x - y^2}{2y},$$

即

$$\frac{\mathrm{d}x}{\mathrm{d}y} - \frac{3}{y}x = -\frac{y}{2}.$$

若将 x 视为 y 的函数，则对于 $x(y)$ 及其导数 $\dfrac{\mathrm{d}x}{\mathrm{d}y}$ 而言，方程是一阶线性非齐次微分方程.

由通解公式得

$$x = \mathrm{e}^{\int \frac{3}{y} \mathrm{d}y} \left[\int \left(-\frac{y}{2} \right) \mathrm{e}^{-\int \frac{3}{y} \mathrm{d}y} \, \mathrm{d}y + C \right] = y^3 \left(\frac{1}{2y} + C \right).$$

以条件 $x = 2$ 时，$y = 1$ 代入，得

$$C = \frac{3}{2}.$$

因此，所求特解为

$$x = \frac{3}{2}y + \frac{y^2}{2}.$$

例 4   设供给函数为 $S(p) = -a + bp$，需求函数为 $D(p) = c - dp$，其中，p 表示价格，a，b，c，d 为已知正常数. 若价格 p 是时间 t 的函数，即 $p = p(t)$，且在 t 时刻价格的变化率与需求量和供给量之差成正比，求价格 $p(t)$.

解   根据题意，有 $\dfrac{\mathrm{d}p}{\mathrm{d}t} = k(D - S)$（$k$ 是正常数），将 $D(p)$ 和 $S(p)$ 代入，得

$$\frac{\mathrm{d}p}{\mathrm{d}t} = -k(b+d)p + k(a+c).$$

故通解为

$$p(t) = \frac{a+c}{b+d} + C\mathrm{e}^{-k(b+d)t} = \bar{p} + C\mathrm{e}^{-k(b+d)t}.$$

式中，$\bar{p} = \dfrac{a+c}{b+d}$，为市场均衡价格.

若已知初始价格 $p(0) = p_0$，则可得方程的特解为

$$p = (p_0 - \bar{p})\mathrm{e}^{-k(b+d)t} + \bar{p}.$$

下面，我们将这几种微分方程的解法归纳如下：

类　型		方　程	解　法
可分离变量		$\dfrac{\mathrm{d}y}{\mathrm{d}x} = f(x)g(y)$	分离变量两边积分
一阶线性方程	齐次	$\dfrac{\mathrm{d}y}{\mathrm{d}x} + p(x)y = 0$	分离变量两边积分或用公式 $y = C\mathrm{e}^{-\int p(x)\mathrm{d}x}$
	非齐次	$\dfrac{\mathrm{d}y}{\mathrm{d}x} + p(x)y = q(x)$	常数变易法或用公式 $y = \left[\int q(x)\mathrm{e}^{\int p(x)\mathrm{d}x}\mathrm{d}x + C\right]\mathrm{e}^{-\int p(x)\mathrm{d}x}$

习题 §6－3

一、判断题

1. 方程 $xy' + \mathrm{e}^x y = \mathrm{e}^y$ 是一阶线性微分方程.　　　　　　　（　　）

2. 方程 $y' + p(x)y = q(x)$ 的通解是对应齐次线性方程的通解与该一阶线性方程的一个特解之和.　　　　　　　（　　）

3. 函数 $y = \dfrac{c^2 - x^2}{2x}$ 是方程 $(x + y)\mathrm{d}x + x\mathrm{d}y = 0$ 的解.　　　　（　　）

4. 若 y_1，y_2 是方程 $y' + p(x)y = q(x)$ 的两个解，则 $y = c_1 y_1 + c_2 y_2$ 是该方程的通解.　　　　　　　（　　）

5. 方程 $xy' + 2y = x^2$ 是一阶线性微分方程.　　　　　　　（　　）

二、求一阶线性微分方程的通解

1. $y' - 3xy = 3x$.

2. $y' - 2y = x^2$.

3. $y' - y = \cos x$.

4. $y' - xy = x$.

5. $y' - y = \sin x$.

6. $y' - \dfrac{1}{x+1}y = (x+1)^3$.

三、求下列微分方程满足初始条件的特解

1. $xy' + y = \mathrm{e}^x$，$y(a) = b$.

2. $y' + \dfrac{3}{x}y = \dfrac{2}{x^3}$. $y(1) = 1$.

3. $y' - y\tan x = \sec x$，$y(0) = 0$.

四、设一曲线过原点，它在点 $(x，y)$ 处切线的斜率为 $3x + y$，求此曲线的方程.

§6－4　二阶常系数线性微分方程

若二阶微分方程 $F(x，y，y'，y'') = 0$ 可化为如下形式：
$$y'' + py' + qy = f(x)，$$
其中当 p，q 为常数，y''，y'，y 的幂指数为一次时，这种微分方程称为**二阶常系数线性**

微分方程.

当 $f(x) \equiv 0$ 时,微分方程变为 $y'' + py' + qy = 0$,称为**二阶常系数线性齐次微分方程**.

当 $f(x) \neq 0$ 时,方程称为**二阶常系数线性非齐次微分方程**.

下面,我们只给出二阶常系数线性微分方程的解法,不对解法的理论依据和推导进行介绍. 读者若需要了解相关内容,可以另找参考书学习.

一、二阶常系数线性齐次微分方程的解法

明显看出 $y = 0(-\infty < x < +\infty)$ 是方程 $y'' + py' + qy = 0$ 的解(称为零解或平凡解). 根据方程 $y'' + py' + qy = 0$ 的特点及指数函数 e^{rx} 的特性,我们试求其如下形式的特解:

$$y = e^{rx}$$

式中,r 是待定的(实或复)常数.

将 $y = e^{rx}$ 代入 $y'' + py' + qy = 0$,可得

$$(r^2 + pr + q)e^{rx} = 0.$$

因为 $e^{rx} \neq 0$,所以有

$$r^2 + pr + q = 0.$$

即是说,只要 r 满足代数方程 $r^2 + pr + q = 0$,函数 $y = e^{rx}$ 就是微分方程 $y'' + py' + qy = 0$ 的解,于是微分方程 $y'' + py' + qy = 0$ 的求解问题,转化为代数方程 $r^2 + pr + q = 0$ 求根的问题. 代数方程 $r^2 + pr + q = 0$ 称为微分方程 $y'' + py' + qy = 0$ 的**特征方程**,特征方程的根称为微分方程 $y'' + py' + qy = 0$ 的**特征根**.

接下来,就特征方程 $r^2 + pr + q = 0$ 的不同特征根给出齐次线性微分方程 $y'' + py' + qy = 0$ 的解.

(1) 当 $r_1 \neq r_2$,即 $p^2 - 4q > 0$ 时,$y = C_1 e^{r_1 x} + C_2 e^{r_2 x}$ 为其通解;

(2) 当 $r_1 = r_2 = r$,即 $p^2 - 4q = 0$ 时,方程只有一个解 $y = Ce^{rx}$;

通过直接验证可知 $y_2 = xe^{rx}$ 也是方程的另一个解. 此时,其通解为

$$y = C_1 e^{rx} + C_2 x e^{rx} = (C_1 + C_2)e^{rx}.$$

(3) 当 $r = \alpha \pm i\beta$,即 $p^2 - 4q < 0$ 时,有解 $y = e^{(\alpha \pm i\beta)x}$.

利用欧拉公式 $e^{i\theta} = \cos\theta + i\sin\theta$ 可得实解,故其通解为

$$y = e^{\alpha x}(C_1 \cos\beta x + C_2 \sin\beta x).$$

综上所述,求二阶常系数线性齐次微分方程 $y'' + py' + qy = 0$ 通解的步骤如下:

(1) 写出微分方程的特征方程 $r^2 + pr + q = 0$;

(2) 求出特征方程的特征根 r_1 和 r_2;

(3) 根据特征根的情况,按下表写出所给微分方程的通解:

特征方程的根	通解形式
两个不等实根 $r_1 \neq r_2$	$y = C_1 e^{r_1 x} + C_2 e^{r_2 x}$
两个相等实根 $r_1 = r_2 = r$	$y = (C_1 + C_2 x) e^{rx}$
一对共轭虚根 $r = \alpha \pm i\beta$	$y = e^{\alpha x}(C_1 \cos\beta x + C_2 \sin\beta x)$

例 1　求微分方程 $y'' - 5y' + 6y = 0$ 的通解.

解　微分方程 $y'' - 5y' + 6y = 0$ 是二阶常系数线性齐次微分方程,其特征方程为
$$r^2 - 5r + 6 = 0,$$
其特征根为
$$r_1 = 2, \quad r_2 = 3,$$
则原微分方程的通解为
$$y = C_1 e^{2x} + C_2 e^{3x}.$$
式中,C_1, C_2 为任意常数.

例 2　求微分方程 $y'' + 6y' + 9y = 0$ 的通解.

解　微分方程 $y'' + 6y' + 9y = 0$ 是二阶常系数线性齐次微分方程,其特征方程为
$$r^2 + 6r + 9 = 0,$$
其特征根为
$$r_1 = r_2 = -3,$$
则原微分方程的通解为
$$y = (C_1 + C_2 x) e^{-3x}$$
式中,C_1, C_2 为任意常数.

例 3　求微分方程 $y'' + 2y' + 3y = 0$ 满足初始条件 $y(0) = 1, y'(0) = 1$ 的特解.

解　微分方程 $y'' + 2y' + 3y = 0$ 是二阶常系数线性齐次微分方程,其特征方程为
$$r^2 + 2r + 3 = 0,$$
其特征根为
$$r = -1 \pm \sqrt{2}\,i,$$
则原微分方程的通解为
$$y = e^{-x}(C_1 \cos\sqrt{2}\,x + C_2 \sin\sqrt{2}\,x)$$
式中,C_1, C_2 为任意常数.

由初始条件 $y(0) = 1$,可得 $C_1 = 1$. 而
$$y' = [e^{-x}(\cos\sqrt{2}\,x + C_2 \sin\sqrt{2}\,x)]'$$
$$= -e^{-x}(\cos\sqrt{2}\,x + \sqrt{2}\sin\sqrt{2}\,x) + C_2 e^{-x}(-\sin\sqrt{2}\,x + \sqrt{2}\cos\sqrt{2}\,x).$$
再由初始条件 $y'(0) = 1$,得 $-1 + \sqrt{2}C_2 = 1$,即 $C_2 = \sqrt{2}$.

故原微分方程满足初始条件的特解为
$$y = e^{-x}(\cos\sqrt{2}\,x + \sqrt{2}\sin\sqrt{2}\,x).$$

二、二阶常系数线性非齐次微分方程的解法

二阶常系数线性非齐次微分方程 $y'' + py' + qy = f(x)(f(x) \neq 0)$ 通解等于对应的

齐次方程 $y'' + py' + qy = 0$ 的通解与它本身的一个特解之和(证略). 而对应的齐次方程的通解求法在前一部分已经讨论过, 因此接下来我们介绍如何求解方程 $y'' + py' + qy = f(x)$ 的一个特解. 为方便起见, 我们直接给出项 $f(x)(f(x) \neq 0)$ 为下表中各形式特解的结论:

$f(x)$ 的形式	特解的形式	
$f(x) = P_m(x)e^{\lambda x}$ (λ 为实数)	λ 不是特征方程的根	$y_S = Q_m(x)e^{\lambda x}$
	λ 是特征方程的单根	$y_S = xQ_m(x)e^{\lambda x}$
	λ 是特征方程的重根	$y_S = x^2 Q_m(x)e^{\lambda x}$
$f(x) = e^{ax}(a\cos\beta x + b\sin\beta x)$ (a, b, α, β 为实常数)	$\alpha \pm i\beta$ 非特征方程的根	$y_S = e^{ax}(A\cos\beta x + B\sin\beta x)$
	$\alpha \pm i\beta$ 是特征方程的根	$y_S = xe^{ax}(A\cos\beta x + B\sin\beta x)$

表中的 $P_m(x)$ 为 x 的 m 次多项式, 即 $P_m(x) = a_0 x^m + a_1 x^{m-1} + \cdots + a_m$. $Q_m(x)$ 是一个与 $P_m(x)$ 同次幂的多项式, 系数待定.

下面我们通过例题来说明二阶常系数线性非齐次微分方程 $y'' + py' + qy = f(x)$ 的解法.

例 4　求微分方程 $y'' + y = x$ 的一个特解.

解　因为方程 $y'' + y = x$ 的项 $f(x) = xe^{0 \cdot x}$ 中, $\lambda = 0$ 是特征方程 $r^2 + r = 0$ 的一个单根, 且 $P_m(x) = x$, 所以不妨设 $Q_m(x) = b_0 x + b_1$, 所给方程的一个特解为 $y_S = x(b_0 x + b_1)e^{0 \cdot x} = b_0 x^2 + b_1 x$. 将 y_S 代入所给方程, 得

$$2b_0 + (2b_0 x + b_1) = x,$$

即
$$2b_0 x + 2b_0 + b_1 = x.$$

比较系数, 有 $\begin{cases} 2b_0 = 1, \\ 2b_0 + b_1 = 0, \end{cases}$　解之, 得 $b_0 = \dfrac{1}{2}$, $b_1 = -1$.

因此, 所给微分方程的特解为

$$y_S = \frac{1}{2}x^2 - x.$$

例 5　求微分方程 $y'' - 6y' + 9y = xe^{3x}$ 的通解.

解　所给微分方程对应的齐次方程为 $y'' - 6y' + 9y = 0$, 特征方程为 $r^2 - 6r + 9 = 0$, 特征根为 $r_1 = r_2 = 3$, 从而所给微分方程对应齐次方程的通解为

$$y_G = (C_1 + C_2 x)e^{3x}.$$

因为所给方程的项 $f(x) = xe^{3x}$ 中的 $\lambda = 3$ 是特征方程的重根, 且 $P_m(x) = x$, 所以不妨设它的特解为 $y_S = x^2(b_0 x + b_1)e^{3x}$, 将 $y_S = x^2(b_0 x + b_1)e^{3x}$ 代入方程 $y'' - 6y' + 9y = xe^{3x}$ 中, 得 $6b_0 x + 2b_1 = x$, 比较系数, 解得 $b_0 = \dfrac{1}{6}$, $b_1 = 0$, 从而所给微分方程的特解为

$$y_S = \frac{1}{6}x^3 e^{3x}.$$

于是,所给微分方程的通解为

$$y = y_G + y_S = (C_1 + C_2 x)e^{3x} + \frac{1}{6}x^3 e^{3x}.$$

例 6 求微分方程 $y'' - 2y' - 3y = 3x + 1$ 的通解.

解 对应齐次线性方程的特征方程 $\lambda^2 - 2\lambda - 3 = 0$ 有两个单根 $\lambda_1 = 3, \lambda_2 = -1$. 两个线性无关的特解为 e^{3x}, e^{-x}.

由于 $\lambda = 0$ 不是特征根,故可设特解为 $\bar{y} = Ax + B$. 将它代入原方程,得

$$-2A - 3B - 3Ax = 3x + 1.$$

由此定出 $A = -1, B = \frac{1}{3}$. 所以原方程的通解为

$$y = c_1 e^{3x} + c_2 e^{-x} - x + \frac{1}{3}.$$

例 7 求微分方程 $y'' + y = 2\cos x \cos 2x$ 的通解.

解 原方程可变为 $y'' + y = \cos x + \cos 3x$. 对应齐次方程为 $y'' + y = 0$,特征方程为 $r^2 + 1 = 0$,其特征根为 $r = \pm i$,则齐次方程的通解为

$$y_G = C_1 \cos x + C_2 \sin x.$$

因为 $\lambda = i$ 是微分方程 $y'' + y = \cos x$ 特征方程的根,所以不妨设方程 $y'' + y = \cos x$ 的形式特解为 $y_{S1} = x(A_1 \cos x + B_1 \sin x)$,则

$$y'_{S1} = (A_1 + B_1 x)\cos x + (B_1 - A_1 x)\sin x,$$
$$y''_{S1} = (2B_1 - A_1 x)\cos x - (2A_1 + B_1 x)\sin x.$$

代入 $y'' + y = \cos x$,得 $2B_1 \cos x - 2A_1 \sin x = \cos x$,所以,$A_1 = 0, B_1 = \frac{1}{2}$. 故

$$y_{S1} = \frac{1}{2}x\sin x.$$

因为 $\lambda = 3i$ 不是微分方程 $y'' + y = \cos 3x$ 特征方程的根,所以不妨设微分方程的形式特解为 $y_{S2} = A_2 \cos 3x + B_2 \sin 3x$,则

$$y'_{S2} = -3A_2 \sin 3x + 3B_2 \cos 3x,$$
$$y''_{S2} = -9A_2 \cos 3x - 9B_2 \sin 3x.$$

代入 $y'' + y = \cos 3x$,得 $-8A_2 \cos 3x - 8B_2 \sin 3x = \cos 3x$,所以,$A_2 = -\frac{1}{8}, B_2 = 0$. 故

$$y_{S2} = -\frac{1}{8}\cos 3x.$$

于是,原方程的一个特解为

$$y_S = y_{S1} + y_{S2} = \frac{1}{2}x\sin x - \frac{1}{8}\cos 3x.$$

因此,原微分方程的通解为

$$y = y_G + y_S = C_1 \cos x + C_2 \sin x + \frac{1}{2} x \sin x - \frac{1}{8} \cos 3x.$$

本章中介绍的微分方程类型，其求解方法和步骤都已规范化. 读者要善于正确地识别方程的类型，每一种类型都有标准解题模式，然后熟练掌握相应解法. 因此，我们必须熟悉课本中介绍的每一种微分方程类型有什么特征，以便"对号入座". 此外，有些方程需要做适当的变量代换，才能化为已知的类型，对于这类方程的求解，只要会求解本章所介绍类型的微分方程，了解代换的思路即可.

<h3 style="text-align:center">习题 § 6 − 4</h3>

一、求解下列微分方程

1. $y'' + y' - 2y = 0.$ 2. $y'' - 4y' = 0.$

3. $y'' + y = 0.$ 4. $y'' + 6y' + 13y = 0.$

5. $4y'' - 20y' + 25y = 0.$ 6. $y'' - 4y' + 5y = 0.$

二、求解下列微分方程

1. $2y'' + y' - y = 2e^x.$ 2. $y'' + y = e^x.$

3. $y'' + 5y' + 4y = 3 - 2x.$ 4. $y'' - 6y' + 9y = (x+1)e^{3x}.$

<h1 style="text-align:center">复习题六</h1>

一、判断题

1. 方程 $y'' + y^3 = 1$ 是三阶微分方程.   ( )

2. 函数 $y = 3\sin x + 4\cos x$ 是微分方程 $y'' + y = 0$ 的一个特解.   ( )

3. $y' = 3xy + y$ 是可分离变量的微分方程.   ( )

4. 方程 $xy' + 2y = x$ 是一阶线性微分方程.   ( )

二、填空题

1. 微分方程 $y' = 2xy$ 的通解是_____.

2. 微分方程 $y' + p(x)y = 0$ 的通解是_____.

3. 微分方程 $\dfrac{dy}{dx} = -\dfrac{x}{y}$ 的通解是_____.

4. 微分方程 $(1 + x^2)y' - y = 0$, $y(0) = 1$ 的特解是_____.

5. 微分方程 $(7x - 6y)dx + dy = 0$ 的阶数是_____.

三、选择题

1. 下列式中属于微分方程的是(   ).

   A. $dy = (4x + 1)dx$ B. $y = 2x - 1$

   C. $y^2 = 3y - 1$ D. $\displaystyle\int \sin x \, dx = 0$

2. 下列式中不属于微分方程的是(   ).

A. $y'' = 4x + \cos x$ 　　　　　　B. $y' = 2x - 1$

C. $2y^2 = 3y - x$ 　　　　　　D. $(x^2 - y^2)\mathrm{d}x + (x^2 + y^2)\mathrm{d}y = 0$

3.微分方程$(y')^2 = 2xy - 4\cos x$ 的阶数是(　　).

A. 2　　　　　　　　　　　B. 1

C. 3　　　　　　　　　　　D. 0

4.微分方程 $xy' = 2y$ 的通解是(　　).

A. $y = 5x^2$　　　　　　　　B. $y = x^2 + 1$

C. $y = x^2 + C$　　　　　　　D. $y = Cx^2$

5.微分方程 $xy' = y^2 - y$ 满足 $y(1) = \dfrac{1}{2}$ 的特解是(　　).

A. $(x + 1)y = 1$　　　　　　B. $(3 - x)y = 1$

C. $2xy = 1$　　　　　　　　D. $(1 + x^2)y = 1$

四、求解下列方程

1. $xy' - y\ln y = 0$.

2. $\sqrt{1 - x^2}\, y' = \sqrt{1 - y^2}$.

3. $x\dfrac{\mathrm{d}y}{\mathrm{d}x} = y + \sqrt{x^2 - y^2}$.

五、求解下列方程

1. $y' = y + \sin x$.

2. $x' + 3x = \mathrm{e}^{2t}$.

3. $y' = -y\cos x + \dfrac{1}{2}\sin 2x$.

4. $y' = \dfrac{2x - 1}{x^2}y + 1$.

5. $y' - \dfrac{2y}{x + 1} = (x + 1)^3$.

6. $xy' + y = x^3$.

7. $y' = \dfrac{6}{x}y - xy^2$.

六、求解下列方程

1. $y'' + 2y' + y = 0$.

2. $y'' + 2y' - 3 = 0$.

3. $y'' + y = x^2$.

4. $y'' - 2y' + 5y = \mathrm{e}^x \sin x$ 的一个特解.

七、从下面的曲线族 $x^2 + y^2 = C$，$y(0) = 5$ 中，找出满足所给初始条件的曲线.

八、一曲线经过$(2，-1)$ 点，且曲线上任意点 M 处的切线斜率为 $x^2 - 1$，求该曲线的方程.

九、求一曲线，使其切线在纵轴上之截距等于切点的横坐标.

十、一质量为 m 的质点由静止($t = 0$，$v = 0$)开始滑入液体，下滑时液体阻力的大小与下沉速度的大小成正比(比例系数为 k)，求此质点的运动规律.

十一、在某商品的销售预测中，时刻 t 的销售量为 $x = x(t)$，若商品销售的增长速度 $\dfrac{dx}{dt}$ 正比于销售量 $x(t)$ 及与销售接近饱和水平的程度 $s - x(t)$ 之乘积(s 为饱和水平)，求销售量函数 $x(t)$.

十二、镭的衰变有如下的规律：镭的衰变速度与它的现存量成正比. 由经验材料得知，镭经过 1600 年后，只剩下原始量 R_0 的一半，试求镭量与时间 t 的函数关系.

附录 简易积分表

（一）含有 $ax+b$ 的积分（$a \neq 0$）

1. $\displaystyle\int \frac{\mathrm{d}x}{ax+b} = \frac{1}{a}\ln|ax+b| + C$

2. $\displaystyle\int (ax+b)^{\mu}\mathrm{d}x = \frac{1}{a(\mu+1)}(ax+b)^{\mu+1} + C (\mu \neq -1)$

3. $\displaystyle\int \frac{x}{ax+b}\mathrm{d}x = \frac{1}{a^2}(ax+b-b\ln|ax+b|) + C$

4. $\displaystyle\int \frac{x^2}{ax+b}\mathrm{d}x = \frac{1}{a^3}\Big[\frac{1}{2}(ax+b)^2 - 2b(ax+b) + b^2\ln|ax+b|\Big] + C$

5. $\displaystyle\int \frac{\mathrm{d}x}{x(ax+b)} = -\frac{1}{b}\ln\Big|\frac{ax+b}{x}\Big| + C$

6. $\displaystyle\int \frac{\mathrm{d}x}{x^2(ax+b)} = -\frac{1}{bx} + \frac{a}{b^2}\ln\Big|\frac{ax+b}{x}\Big| + C$

7. $\displaystyle\int \frac{x}{(ax+b)^2}\mathrm{d}x = \frac{1}{a^2}\Big(\ln|ax+b| + \frac{b}{ax+b}\Big) + C$

8. $\displaystyle\int \frac{x^2}{(ax+b)^2}\mathrm{d}x = \frac{1}{a^3}\Big(ax+b-2b\ln|ax+b| - \frac{b^2}{ax+b}\Big) + C$

9. $\displaystyle\int \frac{\mathrm{d}x}{x(ax+b)^2} = \frac{1}{b(ax+b)} - \frac{1}{b^2}\ln\Big|\frac{ax+b}{x}\Big| + C$

（二）含有 $\sqrt{ax+b}$ 的积分

10. $\displaystyle\int \sqrt{ax+b}\,\mathrm{d}x = \frac{2}{3a}\sqrt{(ax+b)^3} + C$

11. $\displaystyle\int x\sqrt{ax+b}\,\mathrm{d}x = \frac{2}{15a^2}(3ax-2b)\sqrt{(ax+b)^3} + C$

12. $\displaystyle\int x^2\sqrt{ax+b}\,\mathrm{d}x = \frac{2}{105a^3}(15a^2x^2 - 12abx + 8b^2)\sqrt{(ax+b)^3} + C$

13. $\displaystyle\int \frac{x}{\sqrt{ax+b}}\mathrm{d}x = \frac{2}{3a^2}(ax-2b)\sqrt{ax+b}+C$

14. $\displaystyle\int \frac{x^2}{\sqrt{ax+b}}\mathrm{d}x = \frac{2}{15a^3}(3a^2x^2-4abx+8b^2)\sqrt{ax+b}+C$

15. $\displaystyle\int \frac{\mathrm{d}x}{x\sqrt{ax+b}} = \begin{cases} \dfrac{1}{\sqrt{b}}\ln\left|\dfrac{\sqrt{ax+b}-\sqrt{b}}{\sqrt{ax+b}+\sqrt{b}}\right|+C & (b>0) \\[4mm] \dfrac{2}{\sqrt{-b}}\arctan\sqrt{\dfrac{ax+b}{-b}}+C & (b<0) \end{cases}$

16. $\displaystyle\int \frac{\mathrm{d}x}{x^2\sqrt{ax+b}} = -\frac{\sqrt{ax+b}}{bx}-\frac{a}{2b}\int \frac{\mathrm{d}x}{x\sqrt{ax+b}}+C$

17. $\displaystyle\int \frac{\sqrt{ax+b}}{x}\mathrm{d}x = 2\sqrt{ax+b}+b\int \frac{\mathrm{d}x}{x\sqrt{ax+b}}+C$

18. $\displaystyle\int \frac{\sqrt{ax+b}}{x^2}\mathrm{d}x = -\frac{\sqrt{ax+b}}{x}+\frac{a}{2}\int \frac{\mathrm{d}x}{x\sqrt{ax+b}}+C$

(三) 含有 $x^2 \pm a^2$ 的积分

19. $\displaystyle\int \frac{\mathrm{d}x}{x^2+a^2} = \frac{1}{a}\arctan\frac{x}{a}+C$

20. $\displaystyle\int \frac{\mathrm{d}x}{(x^2+a^2)^n} = \frac{x}{2(n-1)a^2(x^2+a^2)^{n-1}}+\frac{2n-3}{2(n-1)a^2}\int \frac{\mathrm{d}x}{(x^2+a^2)^{n-1}}+C(n\neq 1)$

21. $\displaystyle\int \frac{\mathrm{d}x}{x^2-a^2} = \frac{1}{2a}\ln\left|\frac{x-a}{x+a}\right|+C$

(四) 含有 $ax^2+b(a>0)$ 的积分

22. $\displaystyle\int \frac{\mathrm{d}x}{ax^2+b} = \begin{cases} \dfrac{1}{\sqrt{ab}}\arctan\sqrt{\dfrac{a}{b}}x+C & (b>0) \\[4mm] \dfrac{1}{2\sqrt{-ab}}\ln\left|\dfrac{\sqrt{a}x-\sqrt{-b}}{\sqrt{a}x+\sqrt{-b}}\right|+C & (b<0) \end{cases}$

23. $\displaystyle\int \frac{x}{ax^2+b}\mathrm{d}x = \frac{1}{2a}\ln|ax^2+b|+C$

24. $\displaystyle\int \frac{x^2}{ax^2+b}\mathrm{d}x = \frac{x}{a}-\frac{b}{a}\int \frac{\mathrm{d}x}{ax^2+b}$

25. $\displaystyle\int \frac{\mathrm{d}x}{x(ax^2+b)} = \frac{1}{2b}\ln\frac{x^2}{|ax^2+b|}+C$

26. $\displaystyle\int \frac{\mathrm{d}x}{x^2(ax^2+b)} = -\frac{1}{bx}-\frac{a}{b}\int \frac{\mathrm{d}x}{ax^2+b}$

27. $\int \dfrac{\mathrm{d}x}{x^3(ax^2+b)} = \dfrac{a}{2b^2}\ln\dfrac{\left|ax^2+b\right|}{x^2} - \dfrac{1}{2bx^2} + C$

28. $\int \dfrac{\mathrm{d}x}{(ax^2+b)^2} = \dfrac{x}{2b(ax^2+b)} + \dfrac{1}{2b}\int\dfrac{\mathrm{d}x}{ax^2+b}$

（五）含有 $ax^2+bx+c(a>0)$ 的积分

29. $\int \dfrac{\mathrm{d}x}{ax^2+bx+c} = \begin{cases} \dfrac{2}{\sqrt{4ac-b^2}}\arctan\dfrac{2ax+b}{\sqrt{4ac-b^2}} + C \quad (b^2<4ac) \\[4mm] \dfrac{1}{\sqrt{b^2-4ac}}\ln\left|\dfrac{2ax+b-\sqrt{b^2-4ac}}{2ax+b+\sqrt{b^2-4ac}}\right| + C \quad (b^2>4ac) \end{cases}$

30. $\int \dfrac{x}{ax^2+bx+c}\mathrm{d}x = \dfrac{1}{2a}\ln\left|ax^2+bx+c\right| - \dfrac{b}{2a}\int\dfrac{\mathrm{d}x}{ax^2+bx+c}$

（六）含有 $\sqrt{x^2+a^2}\,(a>0)$ 的积分

31. $\int \dfrac{\mathrm{d}x}{\sqrt{x^2+a^2}} = \mathrm{arsh}\dfrac{x}{a} + C_1 = \ln(x+\sqrt{x^2+a^2}) + C$

32. $\int \dfrac{\mathrm{d}x}{\sqrt{(x^2+a^2)^3}} = \dfrac{x}{a^2\sqrt{x^2+a^2}} + C$

33. $\int \dfrac{x}{\sqrt{x^2+a^2}}\mathrm{d}x = \sqrt{x^2+a^2} + C$

34. $\int \dfrac{x}{\sqrt{(x^2+a^2)^3}}\mathrm{d}x = -\dfrac{1}{\sqrt{x^2+a^2}} + C$

35. $\int \dfrac{x^2}{\sqrt{x^2+a^2}}\mathrm{d}x = \dfrac{x}{2}\sqrt{x^2+a^2} - \dfrac{a^2}{2}\ln(x+\sqrt{x^2+a^2}) + C$

36. $\int \dfrac{x^2}{\sqrt{(x^2+a^2)^3}}\mathrm{d}x = -\dfrac{x}{\sqrt{x^2+a^2}} + \ln(x+\sqrt{x^2+a^2}) + C$

37. $\int \dfrac{\mathrm{d}x}{x\sqrt{x^2+a^2}} = -\dfrac{1}{a}\ln\dfrac{\sqrt{x^2+a^2}-a}{|x|} + C$

38. $\int \dfrac{\mathrm{d}x}{x^2\sqrt{x^2+a^2}} = -\dfrac{\sqrt{x^2+a^2}}{a^2x} + C$

39. $\int \sqrt{x^2+a^2}\,\mathrm{d}x = \dfrac{x}{2}\sqrt{x^2+a^2} + \dfrac{a^2}{2}\ln(x+\sqrt{x^2+a^2}) + C$

40. $\int \sqrt{(x^2+a^2)^3}\,\mathrm{d}x = \dfrac{x}{8}(2x^2+5a^2)\sqrt{x^2+a^2} + \dfrac{3}{8}a^4\ln(x+\sqrt{x^2+a^2}) + C$

41. $\displaystyle\int x\sqrt{x^2+a^2}\,\mathrm{d}x = \frac{1}{3}\sqrt{(x^2+a^2)^3}+C$

42. $\displaystyle\int x^2\sqrt{x^2+a^2}\,\mathrm{d}x = \frac{x}{8}(2x^2+a^2)\sqrt{x^2+a^2}-\frac{a^4}{8}\ln(x+\sqrt{x^2+a^2})+C$

43. $\displaystyle\int \frac{\sqrt{x^2+a^2}}{x}\mathrm{d}x = \sqrt{x^2+a^2}+a\ln\frac{\sqrt{x^2+a^2}-a}{|x|}+C$

44. $\displaystyle\int \frac{\sqrt{x^2+a^2}}{x^2}\mathrm{d}x = -\frac{\sqrt{x^2+a^2}}{x}+\ln(x+\sqrt{x^2+a^2})+C$

(七) 含有 $\sqrt{x^2-a^2}\,(a>0)$ 的积分

45. $\displaystyle\int \frac{\mathrm{d}x}{\sqrt{x^2-a^2}} = \frac{x}{|x|}\mathrm{arch}\frac{|x|}{a}+C_1 = \ln\left|x+\sqrt{x^2-a^2}\right|+C$

46. $\displaystyle\int \frac{\mathrm{d}x}{\sqrt{(x^2-a^2)^3}} = -\frac{x}{a^2\sqrt{x^2-a^2}}+C$

47. $\displaystyle\int \frac{x}{\sqrt{x^2-a^2}}\mathrm{d}x = \sqrt{x^2-a^2}+C$

48. $\displaystyle\int \frac{x}{\sqrt{(x^2-a^2)^3}}\mathrm{d}x = -\frac{1}{\sqrt{x^2-a^2}}+C$

49. $\displaystyle\int \frac{x^2}{\sqrt{x^2-a^2}}\mathrm{d}x = \frac{x}{2}\sqrt{x^2-a^2}+\frac{a^2}{2}\ln\left|x+\sqrt{x^2-a^2}\right|+C$

50. $\displaystyle\int \frac{x^2}{\sqrt{(x^2-a^2)^3}}\mathrm{d}x = -\frac{x}{\sqrt{x^2-a^2}}+\ln\left|x+\sqrt{x^2-a^2}\right|+C$

51. $\displaystyle\int \frac{\mathrm{d}x}{x\sqrt{x^2-a^2}} = \frac{1}{a}\arccos\frac{a}{x}+C$

52. $\displaystyle\int \frac{\mathrm{d}x}{x^2\sqrt{x^2-a^2}} = \frac{\sqrt{x^2-a^2}}{a^2x}+C$

53. $\displaystyle\int \sqrt{x^2-a^2}\,\mathrm{d}x = \frac{x}{2}\sqrt{x^2-a^2}-\frac{a^2}{2}\ln\left|x+\sqrt{x^2-a^2}\right|+C$

54. $\displaystyle\int \sqrt{(x^2-a^2)^3}\,\mathrm{d}x = \frac{x}{8}(2x^2-5a^2)\sqrt{x^2-a^2}+\frac{3}{8}a^4\ln\left|x+\sqrt{x^2-a^2}\right|+C$

55. $\displaystyle\int x\sqrt{x^2-a^2}\,\mathrm{d}x = \frac{1}{3}\sqrt{(x^2-a^2)^3}+C$

56. $\displaystyle\int x^2\sqrt{x^2-a^2}\,\mathrm{d}x = \frac{x}{8}(2x^2-a^2)\sqrt{x^2-a^2}-\frac{a^4}{8}\ln\left|x+\sqrt{x^2-a^2}\right|+C$

57. $\displaystyle\int \frac{\sqrt{x^2-a^2}}{x}\mathrm{d}x = \sqrt{x^2-a^2} - a\arccos\frac{a}{x} + C$

58. $\displaystyle\int \frac{\sqrt{x^2-a^2}}{x^2}\mathrm{d}x = -\frac{\sqrt{x^2-a^2}}{x} + \ln\left| x + \sqrt{x^2-a^2}\right| + C$

（八）含有 $\sqrt{a^2-x^2}\,(a>0)$ 的积分

59. $\displaystyle\int \frac{\mathrm{d}x}{\sqrt{a^2-x^2}} = \arcsin\frac{x}{a} + C$

60. $\displaystyle\int \frac{\mathrm{d}x}{\sqrt{(a^2-x^2)^3}} = \frac{x}{a^2\sqrt{a^2-x^2}} + C$

61. $\displaystyle\int \frac{x}{\sqrt{a^2-x^2}}\mathrm{d}x = -\sqrt{a^2-x^2} + C$

62. $\displaystyle\int \frac{x}{\sqrt{(a^2-x^2)^3}}\mathrm{d}x = \frac{1}{\sqrt{a^2-x^2}} + C$

63. $\displaystyle\int \frac{x^2}{\sqrt{a^2-x^2}}\mathrm{d}x = -\frac{x}{2}\sqrt{a^2-x^2} + \frac{a^2}{2}\arcsin\frac{x}{a} + C$

64. $\displaystyle\int \frac{x^2}{\sqrt{(a^2-x^2)^3}}\mathrm{d}x = \frac{x}{\sqrt{a^2-x^2}} - \arcsin\frac{x}{a} + C$

65. $\displaystyle\int \frac{\mathrm{d}x}{x\sqrt{a^2-x^2}} = \frac{1}{a}\ln\frac{a-\sqrt{a^2-x^2}}{|x|} + C$

66. $\displaystyle\int \frac{\mathrm{d}x}{x^2\sqrt{a^2-x^2}} = -\frac{\sqrt{a^2-x^2}}{a^2x} + C$

67. $\displaystyle\int \sqrt{a^2-x^2}\,\mathrm{d}x = \frac{x}{2}\sqrt{a^2-x^2} + \frac{a^2}{2}\arcsin\frac{x}{a} + C$

68. $\displaystyle\int \sqrt{(a^2-x^2)^3}\,\mathrm{d}x = \frac{x}{8}(5a^2-2x^2)\sqrt{a^2-x^2} + \frac{3}{8}a^4\arcsin\frac{x}{a} + C$

69. $\displaystyle\int x\sqrt{a^2-x^2}\,\mathrm{d}x = -\frac{1}{3}\sqrt{(a^2-x^2)^3} + C$

70. $\displaystyle\int x^2\sqrt{a^2-x^2}\,\mathrm{d}x = \frac{x}{8}(2x^2-a^2)\sqrt{a^2-x^2} + \frac{a^4}{8}\arcsin\frac{x}{a} + C$

71. $\displaystyle\int \frac{\sqrt{a^2-x^2}}{x}\mathrm{d}x = \sqrt{a^2-x^2} + a\ln\frac{a-\sqrt{a^2-x^2}}{|x|} + C$

72. $\displaystyle\int \frac{\sqrt{a^2-x^2}}{x^2}\mathrm{d}x = -\frac{\sqrt{a^2-x^2}}{x} - \arcsin\frac{x}{a} + C$

(九) 含有 $\sqrt{\pm ax^2 + bx + c}\ (a > 0)$ 的积分

73. $\displaystyle\int \frac{\mathrm{d}x}{\sqrt{ax^2 + bx + c}} = \frac{1}{\sqrt{a}} \ln\left| 2ax + b + 2\sqrt{a}\ \sqrt{ax^2 + bx + c} \right| + C$

74. $\displaystyle\int \sqrt{ax^2 + bx + c}\ \mathrm{d}x = \frac{2ax + b}{4a} \sqrt{ax^2 + bx + c} +$

$$\frac{4ac - b^2}{8\sqrt{a^3}} \ln\left| 2ax + b + 2\sqrt{a}\ \sqrt{ax^2 + bx + c} \right| + C$$

75. $\displaystyle\int \frac{x}{\sqrt{ax^2 + bx + c}}\ \mathrm{d}x = \frac{1}{a} \sqrt{ax^2 + bx + c} -$

$$\frac{b}{2\sqrt{a^3}} \ln\left| 2ax + b + 2\sqrt{a}\ \sqrt{ax^2 + bx + c} \right| + C$$

76. $\displaystyle\int \frac{\mathrm{d}x}{\sqrt{c + bx - ax^2}} = -\frac{1}{\sqrt{a}} \arcsin \frac{2ax - b}{\sqrt{b^2 + 4ac}} + C$

77. $\displaystyle\int \sqrt{c + bx - ax^2}\ \mathrm{d}x = \frac{2ax - b}{4a} \sqrt{c + bx - ax^2} + \frac{b^2 + 4ac}{8\sqrt{a^3}} \arcsin \frac{2ax - b}{\sqrt{b^2 + 4ac}} + C$

78. $\displaystyle\int \frac{x}{\sqrt{c + bx - ax^2}}\ \mathrm{d}x = -\frac{1}{a} \sqrt{c + bx - ax^2} + \frac{b}{2\sqrt{a^3}} \arcsin \frac{2ax - b}{\sqrt{b^2 + 4ac}} + C$

(十) 含有 $\sqrt{\pm \dfrac{x-a}{x-b}}$ 或 $\sqrt{(x-a)(b-x)}$ 的积分

79. $\displaystyle\int \sqrt{\frac{x-a}{x-b}}\ \mathrm{d}x = (x - b) \sqrt{\frac{x-a}{x-b}} + (b - a)\ln\left(\sqrt{|x - a|} + \sqrt{|x - b|}\right) + C$

80. $\displaystyle\int \sqrt{\frac{x-a}{b-x}}\ \mathrm{d}x = (x - b) \sqrt{\frac{x-a}{b-x}} + (b - a)\arcsin \sqrt{\frac{x-a}{b-x}} + C$

81. $\displaystyle\int \frac{\mathrm{d}x}{\sqrt{(x-a)(b-x)}} = 2\arcsin \sqrt{\frac{x-a}{b-x}} + C \quad (a < b)$

82. $\displaystyle\int \sqrt{(x-a)(b-x)}\ \mathrm{d}x = \frac{2x - a - b}{4} \sqrt{(x-a)(b-x)} +$

$$\frac{(b-a)^2}{4} \arcsin \sqrt{\frac{x-a}{b-x}} + C \quad (a < b)$$

(十一) 含有三角函数的积分

83. $\displaystyle\int \sin x\ \mathrm{d}x = -\cos x + C$

84. $\displaystyle\int \cos x\ \mathrm{d}x = \sin x + C$

85. $\displaystyle\int \tan x \, \mathrm{d}x = -\ln|\cos x| + C$

86. $\displaystyle\int \cot x \, \mathrm{d}x = \ln|\sin x| + C$

87. $\displaystyle\int \sec x \, \mathrm{d}x = \ln\left|\tan\left(\frac{\pi}{4} + \frac{x}{2}\right)\right| + C = \ln|\sec x + \tan x| + C$

88. $\displaystyle\int \csc x \, \mathrm{d}x = \ln\left|\tan\frac{x}{2}\right| + C = \ln|\csc x - \cot x| + C$

89. $\displaystyle\int \sec^2 x \, \mathrm{d}x = \tan x + C$

90. $\displaystyle\int \csc^2 x \, \mathrm{d}x = -\cot x + C$

91. $\displaystyle\int \sec x \tan x \, \mathrm{d}x = \sec x + C$

92. $\displaystyle\int \csc x \cot x \, \mathrm{d}x = -\csc x + C$

93. $\displaystyle\int \sin^2 x \, \mathrm{d}x = \frac{x}{2} - \frac{1}{4}\sin 2x + C$

94. $\displaystyle\int \cos^2 x \, \mathrm{d}x = \frac{x}{2} + \frac{1}{4}\sin 2x + C$

95. $\displaystyle\int \sin^n x \, \mathrm{d}x = -\frac{1}{n}\sin^{n-1} x \cos x + \frac{n-1}{n}\int \sin^{n-2} x \, \mathrm{d}x$

96. $\displaystyle\int \cos^n x \, \mathrm{d}x = \frac{1}{n}\cos^{n-1} x \sin x + \frac{n-1}{n}\int \cos^{n-2} x \, \mathrm{d}x$

97. $\displaystyle\int \frac{\mathrm{d}x}{\sin^n x} = -\frac{1}{n-1}\cdot\frac{\cos x}{\sin^{n-1} x} + \frac{n-2}{n-1}\int \frac{\mathrm{d}x}{\sin^{n-2} x}$

98. $\displaystyle\int \frac{\mathrm{d}x}{\cos^n x} = \frac{1}{n-1}\cdot\frac{\sin x}{\cos^{n-1} x} + \frac{n-2}{n-1}\int \frac{\mathrm{d}x}{\cos^{n-2} x}$

99. $\displaystyle\int \cos^m x \sin^n x \, \mathrm{d}x = \frac{1}{m+n}\cos^{m-1} x \sin^{n+1} x + \frac{m-1}{m+n}\int \cos^{m-2} x \sin^n x \, \mathrm{d}x$

$$= -\frac{1}{m+n}\cos^{m+1} x \sin^{n-1} x + \frac{n-1}{m+n}\int \cos^m x \sin^{n-2} x \, \mathrm{d}x$$

100. $\displaystyle\int \sin ax \cos bx \, \mathrm{d}x = -\frac{1}{2(a+b)}\cos(a+b)x - \frac{1}{2(a-b)}\cos(a-b)x + C$

101. $\displaystyle\int \sin ax \sin bx \, \mathrm{d}x = -\frac{1}{2(a+b)}\sin(a+b)x + \frac{1}{2(a-b)}\sin(a-b)x + C$

102. $\int\cos ax\cos bx\,\mathrm{d}x = \dfrac{1}{2(a+b)}\sin(a+b)x + \dfrac{1}{2(a-b)}\sin(a-b)x + C$

103. $\int\dfrac{\mathrm{d}x}{a+b\sin x} = \dfrac{2}{\sqrt{a^2-b^2}}\arctan\dfrac{a\tan\dfrac{x}{2}+b}{\sqrt{a^2-b^2}} + C \quad (a^2>b^2)$

104. $\int\dfrac{\mathrm{d}x}{a+b\sin x} = \dfrac{1}{\sqrt{b^2-a^2}}\ln\left|\dfrac{a\tan\dfrac{x}{2}+b-\sqrt{b^2-a^2}}{a\tan\dfrac{x}{2}+b+\sqrt{b^2-a^2}}\right| + C \quad (a^2<b^2)$

105. $\int\dfrac{\mathrm{d}x}{a+b\cos x} = \dfrac{2}{a+b}\sqrt{\dfrac{a+b}{a-b}}\arctan(\sqrt{\dfrac{a-b}{a+b}}\tan\dfrac{x}{2}) + C \quad (a^2>b^2)$

106. $\int\dfrac{\mathrm{d}x}{a+b\cos x} = \dfrac{1}{a+b}\sqrt{\dfrac{a+b}{b-a}}\ln\left|\dfrac{\tan\dfrac{x}{2}+\sqrt{\dfrac{a+b}{b-a}}}{\tan\dfrac{x}{2}-\sqrt{\dfrac{a+b}{b-a}}}\right| + C \quad (a^2<b^2)$

107. $\int\dfrac{\mathrm{d}x}{a^2\cos^2 x + b^2\sin^2 x} = \dfrac{1}{ab}\arctan(\dfrac{b}{a}\tan x) + C$

108. $\int\dfrac{\mathrm{d}x}{a^2\cos^2 x - b^2\sin^2 x} = \dfrac{1}{2ab}\ln\left|\dfrac{b\tan x + a}{b\tan x - a}\right| + C$

109. $\int x\sin ax\,\mathrm{d}x = \dfrac{1}{a^2}\sin ax - \dfrac{1}{a}x\cos ax + C$

110. $\int x^2\sin ax\,\mathrm{d}x = -\dfrac{1}{a}x^2\cos ax + \dfrac{2}{a^2}x\sin ax + \dfrac{2}{a^3}\cos ax + C$

111. $\int x\cos ax\,\mathrm{d}x = \dfrac{1}{a^2}\cos ax + \dfrac{1}{a}x\sin ax + C$

112. $\int x^2\cos ax\,\mathrm{d}x = \dfrac{1}{a}x^2\sin ax + \dfrac{2}{a^2}x\cos ax - \dfrac{2}{a^3}\sin ax + C$

(十二) 含有反三角函数的积分(其中 $a>0$)

113. $\int\arcsin\dfrac{x}{a}\,\mathrm{d}x = x\arcsin\dfrac{x}{a} + \sqrt{a^2-x^2} + C$

114. $\int x\arcsin\dfrac{x}{a}\,\mathrm{d}x = (\dfrac{x^2}{2}-\dfrac{a^2}{4})\arcsin\dfrac{x}{a} + \dfrac{x}{4}\sqrt{a^2-x^2} + C$

115. $\int x^2\arcsin\dfrac{x}{a}\,\mathrm{d}x = \dfrac{x^3}{3}\arcsin\dfrac{x}{a} + \dfrac{1}{9}(x^2+2a^2)\sqrt{a^2-x^2} + C$

116. $\int\arccos\dfrac{x}{a}\,\mathrm{d}x = x\arccos\dfrac{x}{a} - \sqrt{a^2-x^2} + C$

117. $\int x \arccos \dfrac{x}{a} \mathrm{d}x = (\dfrac{x^2}{2} - \dfrac{a^2}{4}) \arccos \dfrac{x}{a} - \dfrac{x}{4}\sqrt{a^2 - x^2} + C$

118. $\int x^2 \arccos \dfrac{x}{a} \mathrm{d}x = \dfrac{x^3}{3} \arccos \dfrac{x}{a} - \dfrac{1}{9}(x^2 + 2a^2)\sqrt{a^2 - x^2} + C$

119. $\int \arctan \dfrac{x}{a} \mathrm{d}x = x \arctan \dfrac{x}{a} - \dfrac{a}{2}\ln(a^2 + x^2) + C$

120. $\int x \arctan \dfrac{x}{a} \mathrm{d}x = \dfrac{1}{2}(a^2 + x^2)\arctan \dfrac{x}{a} - \dfrac{a}{2}x + C$

121. $\int x^2 \arctan \dfrac{x}{a} \mathrm{d}x = \dfrac{x^3}{3}\arctan \dfrac{x}{a} - \dfrac{a}{6}x^2 + \dfrac{a^3}{6}\ln(a^2 + x^2) + C$

(十三) 含有指数函数的积分

122. $\int a^x \mathrm{d}x = \dfrac{1}{\ln a}a^x + C$

123. $\int \mathrm{e}^{ax} \mathrm{d}x = \dfrac{1}{a}\mathrm{e}^{ax} + C$

124. $\int x\mathrm{e}^{ax} \mathrm{d}x = \dfrac{1}{a^2}(ax - 1)\mathrm{e}^{ax} + C$

125. $\int x^n \mathrm{e}^{ax} \mathrm{d}x = \dfrac{1}{a}x^n \mathrm{e}^{ax} - \dfrac{n}{a}\int x^{n-1}\mathrm{e}^{ax} \mathrm{d}x$

126. $\int xa^x \mathrm{d}x = \dfrac{x}{\ln a}a^x - \dfrac{1}{(\ln a)^2}a^x + C$

127. $\int x^n a^x \mathrm{d}x = \dfrac{1}{\ln a}x^n a^x - \dfrac{n}{\ln a}\int x^{n-1}a^x \mathrm{d}x$

128. $\int \mathrm{e}^{ax}\sin bx \mathrm{d}x = \dfrac{1}{a^2 + b^2}\mathrm{e}^{ax}(a\sin bx - b\cos bx) + C$

129. $\int \mathrm{e}^{ax}\cos bx \mathrm{d}x = \dfrac{1}{a^2 + b^2}\mathrm{e}^{ax}(b\sin bx + a\cos bx) + C$

130. $\int \mathrm{e}^{ax}\sin^n bx \mathrm{d}x = \dfrac{1}{a^2 + b^2 n^2}\mathrm{e}^{ax}\sin^{n-1}bx(a\sin bx - nb\cos bx) +$
$\dfrac{n(n-1)b^2}{a^2 + b^2 n^2}\int \mathrm{e}^{ax}\sin^{n-2}bx \mathrm{d}x$

131. $\int \mathrm{e}^{ax}\cos^n bx \mathrm{d}x = \dfrac{1}{a^2 + b^2 n^2}\mathrm{e}^{ax}\cos^{n-1}bx(a\cos bx + nb\sin bx) +$
$\dfrac{n(n-1)b^2}{a^2 + b^2 n^2}\int \mathrm{e}^{ax}\cos^{n-2}bx \mathrm{d}x$

(十四) 含有对数函数的积分

132. $\int \ln x \, dx = x \ln x - x + C$

133. $\int \dfrac{dx}{x \ln x} = \ln |\ln x| + C$

134. $\int x^n \ln x \, dx = \dfrac{1}{n+1} x^{n+1} \left(\ln x - \dfrac{1}{n+1} \right) + C$

135. $\int (\ln x)^n \, dx = x (\ln x)^n - n \int (\ln x)^{n-1} \, dx$

136. $\int x^m (\ln x)^n \, dx = \dfrac{1}{m+1} x^{m+1} (\ln x)^n - \dfrac{n}{m+1} \int x^m (\ln x)^{n-1} \, dx$

(十五) 定积分

137. $\displaystyle\int_{-\pi}^{\pi} \cos nx \, dx = \int_{-\pi}^{\pi} \sin nx \, dx = 0$

138. $\displaystyle\int_{-\pi}^{\pi} \cos mx \sin nx \, dx = 0$

139. $\displaystyle\int_{-\pi}^{\pi} \cos mx \cos nx \, dx = \begin{cases} 0, & m \neq n \\ \pi, & m = n \end{cases}$

140. $\displaystyle\int_{-\pi}^{\pi} \sin mx \sin nx \, dx = \begin{cases} 0, & m \neq n \\ \pi, & m = n \end{cases}$

141. $\displaystyle\int_{0}^{\pi} \sin mx \sin nx \, dx = \int_{0}^{\pi} \cos mx \cos nx \, dx = \begin{cases} 0, & m \neq n \\ \dfrac{\pi}{2}, & m = n \end{cases}$

142. $I_n = \displaystyle\int_{0}^{\frac{\pi}{2}} \sin^n x \, dx = \int_{0}^{\frac{\pi}{2}} \cos^n x \, dx$

$I_n = \dfrac{n-1}{n} I_{n-2}$

$I_n = \dfrac{n-1}{n} \cdot \dfrac{n-3}{n-2} \cdot \cdots \cdot \dfrac{4}{5} \cdot \dfrac{2}{3} \, (n \text{ 为大于 1 的正奇数}), \ I_1 = 1$

$I_n = \dfrac{n-1}{n} \cdot \dfrac{n-3}{n-2} \cdot \cdots \cdot \dfrac{3}{4} \cdot \dfrac{1}{2} \cdot \dfrac{\pi}{2} \, (n \text{ 为正偶数}), \ I_0 = \dfrac{\pi}{2}$

参考答案

第一章　函数与极限

习题 $\S 1-1$

一、1. ×;　2. √;　3. ×;　4. ×;　5. ×;　6. ×;　7. ×;
8. ×.

二、1. C;　2. B;　3. A.

三、1. $[-1, 3]$;　2. $2-2x^2$;　3. e^{2x}, e^{x^2}, x^4, e^{e^x};　4. $\varphi\left(\dfrac{1}{5}\right)=\dfrac{1}{5}$,
$\varphi\left(-\dfrac{1}{2}\right)=\dfrac{1}{2}$, $\varphi\ (-2)\ =0$.

四、1. $y=\sqrt{u}$, $u=x^2-3x+2$;　2. $y=e^u$, $u=\sin v$, $v=x+3$;　3. $y=\ln u$,
$u=2+v^2$, $v=\tan x$.

五、1. $P(x)=\begin{cases}90-\dfrac{x-1}{100}, & 1\leqslant x\leqslant 1500; \\ 75, & x\geqslant 1501.\end{cases}$

2. $L(x)=\begin{cases}30x-\dfrac{x-1}{100}x, & 1\leqslant x\leqslant 1500; \\ 24000+15(x-1500), & x\geqslant 1501.\end{cases}$

3. $L(1000)=21000(元)$.

习题 $\S 1-2$

一、1. √;　2. ×;　3. √;　4. ×;　5. √;　6. ×;　7. ×;
8. ×.

二、1. 0;　2. 0;　3. 4;　4. 0;　5. 不存在;　6. 0;　7. b, 1, $b=1$.

三、1. D;　2. B;　3. C;　4. B.

四、$\sin_{\substack{x\to 3^-}} f(x)=3$, $\sin_{\substack{x\to 3^+}} f(x)=9$.

五、1. 函数 $f(x)=\dfrac{\sqrt{x^2}}{x}$ 在 $x=0$ 处的左右极限存在;　2. 在 $x=0$ 处极限不存

在，因为 $\lim\limits_{x\to 0^-}f(x)=-1$，$\lim\limits_{x\to 0^+}f(x)=1$，左右极限存在但不相等；　3. $\lim\limits_{x\to 1}f(x)=1$.

习题 §1-3

一、1. $\sqrt{}$;　2. $\times$;　3. $\times$;　4. $\sqrt{}$;　5. $\times$;　6. $\times$;　7. $\times$;

8. $\sqrt{}$;　9. $\sqrt{}$;　10. $\times$;　11. $\times$;　12. $\times$.

二、1. -1;　2. $\dfrac{2}{3}$;　3. $\dfrac{2}{3}$;　4. 0;　5. 不存在;　6. -1;　7. $\dfrac{1}{2}$;

8. 不存在;　9. 0;　10. $\dfrac{4}{3}$;　11. e^{-6};　12. x;　13. 1;　14. $\dfrac{1}{2}$;　15. e^{-1}.

三、$a=-3$, $b=2$.

习题 §1-4

一、1. $\times$;　2. $\times$;　3. $\sqrt{}$;　4. $\times$;　5. $\sqrt{}$;　6. $\times$;　7. $\sqrt{}$.

二、1. 一, 跳跃;　2. 二, 无穷;　3. -1;　4. 2;　5. $(-\infty,+\infty)$, $(-\infty,0)\cup(0,+\infty)$;　6. $(1,2)\cup(2,+\infty)$;　7. $\dfrac{\pi}{2}$, 0.

三、1. C;　2. A.

四、$a=1, b=1$.

五、1. $x=\pm 1$, 二类;　2. $x=0$, 二类;　3. $x=1$, 一类.

六、1. $\ln(e+1)$;　2. $\dfrac{2}{3}\sqrt{2}$;　3. $\dfrac{3}{\ln a}$;　4. 0.

七、令 $f(x)=4x-2^x$，$f(0)=-1<0$，$f\left(\dfrac{1}{2}\right)=2-\sqrt{2}>0$，$f(x)$ 在 $\left(0,\dfrac{1}{2}\right)$ 至少存在一点 ξ，使 $f(\xi)=4\xi-2^\xi=0$，即方程在 $\left(0,\dfrac{1}{2}\right)$ 内至少有一实根.

复习题一

一、1. 1;　2. $(-3,2]$;　3. $[0,3)$;　4. 3;　5. e^k;　6. $\dfrac{3}{2}$;　7. 一类.

二、1. C;　2. C;　3. B;　4. B;　5. C.

三、1. $\dfrac{4}{3}$;　2. $\dfrac{1}{3}$;　3. e^{-2}　4. 1;　5. $\dfrac{1}{3}$;　6. 0;　7. 不存在;　8. $\dfrac{2}{5}$;

9. $\cos a$;　10. $-\dfrac{\pi}{4}$.

四、$a=1$.

五、$a=-4$, $b=10$.

六、1. 作函数 $f(x)=x^5+x^3-1$，$f(0)=-1<0$，$f(1)=1>0$，所以方程 $x^5+x^3=1$ 在 $(0,1)$ 内至少有一实根;　2. 作函数 $f(x)=e^{-x}-x$，$f(0)=1>0$，$f(1)=\dfrac{1}{e}-1<0$，所以方程 $e^{-x}=x$ 在 $(0,1)$ 内至少有一实根;　3. 作函数 $f(x)=\arctan x-1+x$，$f(0)=-1<0$，$f(1)=\dfrac{\pi}{4}>0$，所以方程 $\arctan x=1-x$

在（0，1）内至少有一实根.

第二章　导数与微分

习题 §2-1

一、1. √；　2. ×；　3. ×；　4. ×.

二、1. B；　2. D；　3. A；　4. D.

三、1. $2x-y+4=0$；　2. $-g$.

四、1. 1；　2. 2008！；　3. -1；　4. 不存在.

习题 §2-2

一、1. √；　2. ×；　3. √.

二、-3，　3.

三、1. (1) 法线斜率 $k=-\dfrac{3}{8}$，切线斜率 $k=\dfrac{8}{3}$；(2) 法线斜率 $k=\dfrac{3}{14}$，切线斜率 $k=-\dfrac{14}{3}$.　2. (1) 切线方程 $4x-y-4=0$；(2) 法线方程 $x+4y-18=0$.　3. 切点 $(\dfrac{3}{2},-\dfrac{3}{8})$，切线方程 $y=-\dfrac{1}{4}x$.　4. 点 P $(\pm\dfrac{2}{3}\sqrt{3},\dfrac{7}{3})$.

习题 §2-3

一、1. ×；　2. ×；　3. √.

二、1. $y'=18x^2+4x-3$；　2. $y'=\dfrac{2(x^2-1)}{(x^2+x+1)^2}$；　3. $y'=e^x(2+x+\ln x+x\ln x)$；　4. $y'=(1+\ln3)3^xe^x-2^x\ln2$；　5. $y'=\dfrac{x^2+1-2x^2\ln x}{x(x^2+1)^2}$；

6. $y'=3x^2-4x-1$；　7. $y'=30x^4+8x^3-6x-1$；　8. $y'=\sec^2x-1$；

9. $y'=\sin x-\cos x$.

三、1. $y'=\dfrac{\sec^2x\cdot(x-1)-\tan x}{(x-1)^2}$；　2. $y'=e^x-\dfrac{1}{2\sqrt{x}}$；　3. $y'=3x^2-\cos x$；

4. $y'=e^x(\tan x+\sec^2x)$；　5. $y'=\ln x+1$；　6. $y'=\cos x-x\sin x$.

习题 §2-4

一、1. √；　2. ×；　3. √；　4. ×.

二、1. $y'=-\dfrac{1}{2\sqrt{1-x}}$；　2. $y'=-\dfrac{x}{\sqrt{a^2-x^2}}$；　3. $y'=-\dfrac{1}{x^2}e^{\tan\frac{1}{x}}\cdot\sec^2\dfrac{1}{x}$；

4. $y'=\dfrac{1}{1-x^2}$；　5. $y'=-\dfrac{2x}{a^2-x^2}$；　6. $y'=-\dfrac{|x|}{x^2\sqrt{x^2-1}}$；　7. $y'=-\dfrac{2x}{1-x^2}$；

8. $y'=\dfrac{1}{x}\cos\ln x$；　9. $y'=-\dfrac{1}{2}\tan\dfrac{x}{2}$.

习题 §2-5

一、1. $\checkmark$；　2. $\checkmark$；　3. $\times$.

二、1. $y''=12x^2-e^x$；　2. $y''=-\dfrac{1}{(x-1)^2}$；　3. $y''=-\dfrac{1}{(2+x)^2}$；　4. $y''=\dfrac{1}{x}$；

5. $y''=9e^{3x-2}$.

三、略.

四、1. $y''=2e^x+xe^x$；　2. $y'''=(12x-8x^3)e^{-x^2}$；　3. $y''=-\dfrac{1}{x^2}$；　4. $y^{(50)}=2^{50}e^{2x}$.

习题 §2-6

一、1. $\times$；　2. $\times$；　3. $\times$.

二、1. $\dfrac{3}{2}x+c$；　2. $\sin t+c$；　3. $\arctan x+c$；　4. $-e^{-t^2}+c$；　5. $2\sqrt{x}+c$；

6. $2\sin x$.

三、1. $\Delta y=0.04,\ dy=0.04$；　2. $\Delta y\approx-4.594,\ dy=-5.406$.

四、1. $dy=(1-\dfrac{1}{x^2}+\dfrac{1}{\sqrt{x}})dx$；　2. $dy=\ln x\, dx$；　3. $dy=\dfrac{dx}{(x^2+1)\sqrt{x^2+1}}$；

4. $dy=e^{-x}\big[\sin(3-x)-\cos(3-x)\big]dx$.

五、$dy=(2x\cos x^2+\ln x-2)dx$.

习题 §2-7

一、1. 9.987；　2. 0.8747；　3. 0.01；　4. 0.8747.

二、略.

三、0.6283 cm².

复习题二

一、1. $\times$；　2. $\times$；　3. $\checkmark$；　4. $\times$；　5. $\checkmark$；　6. $\times$.

二、1. $12x^2+4x-5$；　2. $3\cos x+\sin x$；　3. $\dfrac{1+\sin x-x\cos x}{(1+\sin x)^2}$；

4. $2x\sec^2(x^2+1)dx$；　5. $\dfrac{a^{2x}}{\ln a}+C$；　6. $\dfrac{2}{\sqrt{1-4x^2}}$；　7. $-\dfrac{e^x}{1+e^{2x}}$；　8. $\dfrac{x}{\sqrt{x^2+1}}dx$.

三、1. A；　2. D；　3. B；　4. D；　5. C.

四、$f'(-1)=-20$.

五、切线方程为：$y=x$；　法线方程为：$y=-x$.

六、1. $v=s'=v_0-gt$；　2. $t=\dfrac{v_0}{g}$ 时速度为 0；　3. $-v_0$.

七、$a=2,b=-1$.

八、$2g(0)$.

九、略.

十、1. 1；　2. $\ln 2-1$；　3. 0.

十一、1. $y' = 4x + \dfrac{3}{x^4} + 5$;   2. $y' = 2x\sin x + x^2\cos x$;   3. $y' = -\dfrac{1}{2x\sqrt{x}}$;

4. $y' = \dfrac{\sin x - 1}{(x + \cos x)^2}$.

十二、1. $y'\big|_{x=\frac{\pi}{6}} = \dfrac{\sqrt{3}+1}{2}$, $y'\big|_{x=\frac{\pi}{4}} = \sqrt{2}$;   2. $\dfrac{\mathrm{d}p}{\mathrm{d}\varphi}\Big|_{\varphi=\frac{\pi}{4}} = \dfrac{\sqrt{2}}{8}\pi + \dfrac{\sqrt{2}}{4}$.

十三、1. $y' = 2f(x) \cdot f'(x)$;   2. $y' = f'(x) \cdot \mathrm{e}^{f(x)}$;   3. $y' = 2xf'(x^2)$.

十四、1.

十五、$x \in \left(-\dfrac{\sqrt{2}}{2}, \dfrac{\sqrt{2}}{2}\right)$.

第三章　导数的应用

习题 §3−1

一、1. 满足，$\xi = \dfrac{\pi}{2}$;   2. 满足，$\xi = 0$.

二、1. 满足，$\xi = \dfrac{9}{4}$;   2. 满足，$\xi = \dfrac{\sqrt{\pi(4-\pi)}}{\pi}$.

三、略.

四、略.

五、略.

习题 §3−2

1. $\dfrac{1}{3}$;   2. 1;   3. 1;   4. $\dfrac{1}{3}$;   5. $\dfrac{1}{2}$;   6. 1.

习题 §3−3

一、1. $\checkmark$;   2. $\times$;   3. $\times$;   4. $\times$;   5. $\checkmark$.

二、单调递增；单调递减；常数.

三、1. C;   2. C;   3. B;   4. B.

四、1. $(0, +\infty)$ 为单调递增区间;   2. $(-\infty, -1)$ 与 $(3, +\infty)$ 为单调递增区间，$(-1, 3)$ 为单调递减区间;   3. $\left(0, \dfrac{1}{2}\right)$ 为单调递减区间，$\left(\dfrac{1}{2}, +\infty\right)$ 为单调递增区间.

五、1. $\left(-\infty, -\dfrac{1}{3}\right)$ 与 $(1, +\infty)$ 为单调递增区间，$\left(-\dfrac{1}{3}, 1\right)$ 为单调递减区间，极大值 $f\left(-\dfrac{1}{3}\right) = \dfrac{32}{27}$，极小值 $f(1) = 0$;   2. $(-\infty, 1)$ 为单调递减区间，$(1, +\infty)$ 为单调递增区间，极小值 $f(1) = -1$.

习题 §3−4

一、1. $\times$;   2. $\checkmark$;   3. $\checkmark$.

二、1. 最大值 $y = 58$，最小值 $y = -6$；   2. 最大值 $y = 16\frac{1}{4}$，最小值 $y = 2$；

3. 最大值 $y = \frac{\pi}{4}$，最小值 $y = 0$；   4. 最大值 $y = \sqrt[3]{9}$，最小值 $y = 0$.

三、$x = \frac{5}{2}$ 个单位，利润最大 $L\left(\frac{5}{2}\right) = \frac{13}{4}$ 万元.

四、$AM = 1.2$ 千米.

习题 §3-5

一、1. ×；   2. √；   3. √；   4. ×.

二、1. $0,1$；   2. $(-2, +\infty)$，$(-\infty, -2)$，$(-2, -2e^{-2})$；   3. 可能.

三、1. $(-\infty, 1)$ 为凸区间，$(1, +\infty)$ 为凹区间，$(1,1)$ 为拐点.   2. $(-\infty, +\infty)$ 为凹区间，无拐点；   3. $(-\infty, -1)$ 与 $(0, +\infty)$ 为凹区间，$(-1, 0)$ 为凸区间，$(-1, 0)$ 为拐点.

习题 §3-6

1. $C(x)\big|_{x=900} = 1175$，平均单位成本 ≈ 1.3；   2. 平均变化率 ≈ 1.583；

3. $C'(x)\big|_{x=900} = 1.5$， $C'(x)\big|_{x=1000} \approx 1.667$.

复习题三

一、1. √；   2. √；   3. √；   4. √；   5. ×；   6. √；   7. √；

8. √.

二、1. 0；   2. $(-\infty, 0)$ 和 $(2, +\infty)$，$(0,2)$，$(1, +\infty)$，$(-\infty, 1)$；   3. $x = e$，

$\left(e^{\frac{3}{2}}, \dfrac{3}{2e^{\frac{3}{2}}}\right)$，$y = 0$ 和 $x = 0$；   4. $f(0) = 5$，$f(-2) = -15$.

三、1. A；   2. D；   3. D；   4. D.

四、$x = 0$ 为驻点，无极值点.

五、略.

六、1. 1；   2. 0；   3. 1；   4. $-\dfrac{1}{3}$；   5. 1；   6. 0.

七、1. 在 $(-\infty, 0)$ 与 $\left(\dfrac{3}{4}, +\infty\right)$ 为单调递增，在 $\left(0, \dfrac{3}{4}\right)$ 为单调递减，$y_{极大值} = y\big|_{x=0} = 0$，$y_{极小值} = y\big|_{x=\frac{3}{4}} = \dfrac{27}{256}$；   2. 在 $(-\infty, -1)$ 与 $(1, +\infty)$ 单调递减，在 $(-1, +1)$ 单调递增，$y_{极大值} = y\big|_{x=1} = \dfrac{1}{2}$，$y_{极小值} = y\big|_{x=-1} = -\dfrac{1}{2}$.

八、略.

九、1. 最大值 $y\big|_{x=-1} = 13$，最小值 $y\big|_{x=1} = 5$；   2. 最大值 $y\big|_{x=1} = 4e + \dfrac{1}{e}$，最小值 $y\big|_{x=\ln\frac{1}{2}} = 4$.

十、1. 在 $\left(-\infty, \dfrac{1}{2}\right)$ 为凸的，在 $\left(\dfrac{1}{2}, +\infty\right)$ 为凹的，$\left(1, \dfrac{13}{2}\right)$ 为拐点；   2. 在

$(-\infty, 0)$ 为凸的，在 $(0, +\infty)$ 为凹的，无拐点；　3. 在 $(-\infty, -1)$ 与 $(0, +\infty)$ 为凹的，在 $(-1, 0)$ 为凸区间，$(-1, 0)$ 为拐点；　4. 在 $(-\infty, -1)$ 和 $(1, +\infty)$ 为凸的，在 $(-1, 1)$ 为凹的，$(\pm 1, \ln 2)$ 为拐点.

十一、$a = -\dfrac{3}{2}, b = \dfrac{9}{2}$.

十二、$a = 1, b = -3, c = -24, d = 16$.

十三、略.

第四章　不定积分

习题 §4-1

一、1. $\dfrac{1}{3}x^3 - \cos x, 2x + \cos x$;　2. $f(x)\mathrm{d}x, f(x) + c, f(x), f(x) + c$;

3. $x - 2y - \dfrac{\pi}{6} + 2 = 0$.

二、1. A；　2. B；　3. B.

三、$y = \dfrac{1}{4}x^4$.

四、1. 27 米；　2. $\sqrt[3]{360}$ 秒.

习题 §4-2

一、1. ×；　2. ×；　3. ×；　4. ×；　5. √.

二、1. $\dfrac{2}{5}x^{\frac{5}{2}} - \dfrac{1}{2}x^2 + x - 2\sqrt{x} + c$;　2. $2x^{\frac{1}{2}} + 2\cos x + 3\ln|x| + c$;　3. $\tan x - \sec x + c$;　4. $-\cot x - \dfrac{1}{x} + c$;　5. $\tan x - \cot x + c$;　6. $2\arcsin x - x + c$;　7. $\dfrac{4^x}{\ln 4} + \dfrac{9^x}{\ln 9} + \dfrac{2 \cdot 6^x}{\ln 6} + c$;　8. $\dfrac{4}{7}x^{\frac{7}{4}} + 4x^{\frac{1}{4}} + c$.

习题 §4-3

一、1. $-\dfrac{1}{3}$;　2. $\dfrac{1}{4}$;　3. $\ln x, \dfrac{1}{2}\ln^2 x$;　4. -3;　5. $\dfrac{1}{3}$;　6. -1.

二、1. $-\dfrac{1}{2}\cos 2x + c$;　2. $\dfrac{1}{3}e^{3x} + c$;　3. $-\dfrac{1}{3}(1-2x)^{\frac{3}{2}} + c$;　4. $\dfrac{1}{3}\ln|1+3x| + c$;

5. $\ln(\sec\sqrt{1+x^2}) + c$;　6. $-\dfrac{1}{2}(\sin x - \cos x)^{-2} + c$;　7. $\sin e^x + c$;　8. $-\ln(1 + \cos x) + c$;　9. $2\arctan\sqrt{x} + c$;　10. $\dfrac{1}{4}\arctan\dfrac{2x+1}{2} + c$;　11. $\ln|x + \sqrt{x^2-1}| + c$.

三、略.

习题 §4−4

一、略.

二、1. e^{-x}, $-(xe^{-x}+e^{-x})+c$; 　2. $\int x\,\mathrm{darccos}x$ (或 $\int \dfrac{-x}{\sqrt{1-x^2}}\mathrm{d}x$), $x\arccos x-$

$\sqrt{1-x^2}+c$.

三、1. $\dfrac{1}{3}x^3\ln x-\dfrac{1}{9}x^3+c$; 　2. $\dfrac{x}{3}\sin 3x+\dfrac{1}{9}\cos 3x+c$; 　3. $x\arctan x-\dfrac{1}{2}\ln(1+$

$x^2)+c$; 　4. $-\dfrac{1}{2}x^2e^{-x^2}-\dfrac{1}{2}e^{-x^2}+c$.

习题 §4−5

略.

复习题四

一、1. $6x\mathrm{d}x$; 　2. $\dfrac{1}{2}f(2x)+c$; 　3. $2\sin x\cos x$; 　4. $\cos x-\dfrac{2\sin x}{x}+c$;

5. $-\dfrac{x}{3}\cos 3x+\dfrac{1}{9}\sin 3x+c$; 　6. $\dfrac{1}{3}\cos^3 x-\cos x+c$; 　7. $2e^{\sqrt{x}}+c$; 　8. $\ln|x+\cos x|+c$;

9. $\dfrac{1}{3}f^3(x)+c$; 　10. $F(\ln x)+c$.

二、1. A; 　2. D; 　3. B; 　4. C; 　5. C.

三、略.

四、1. $\ln|x|+4^x(\ln 4)^{-1}+c$; 　2. $\dfrac{1}{2}\ln\dfrac{|e^x-1|}{e^x+1}+c$; 　3. $\dfrac{1}{2(1-x)^2}-\dfrac{1}{1-x}+c$;

4. $2x+\arctan x+c$; 　5. $\dfrac{1}{3}(x^2+3)^{\frac{3}{2}}+c$; 　6. $-\dfrac{1}{3}\ln|2-3e^x|+c$;

7. $\dfrac{1}{3}\arcsin\dfrac{3}{2}x+c$; 　8. $\dfrac{2}{3}(x+2)^{\frac{3}{2}}-4(x+2)^{\frac{1}{2}}+c$; 　9. $e^x\ln x+c$; 　10. $x\ln(x^2+$

$1)+2\arctan x-2x+c$; 　11. $-\dfrac{1}{5}e^{-x}(\sin 2x+2\cos 2x)+c$; 　12. $2\sqrt{x}\ln x-4\sqrt{x}+c$.

第五章　　定积分及其应用

习题 §5−1

一、1. $-$; 　2. $b-a$.

二、1. A; 　2. D.

三、1. 1; 　2. 0; 　3. $\dfrac{\pi}{4}$.

四、1. $>$; 　2. $<$; 　3. $<$; 　4. $>$.

五、略.

习题 §5—2

一、1. C（常数）；　2. $\sin x^2$；　3. $2x\sin x^2$；　4. $e^x\sin e^x$；　5. 0.

二、1. $\dfrac{271}{6}$；　2. $\dfrac{\pi}{6}$；　3. 4；　4. $\dfrac{8}{3}$.

三、1. 1；　2. $\dfrac{1}{2}$.

习题 §5—3

一、1. 0；　2. $\dfrac{\pi^3}{324}$；　3. 0；　4. π.

二、1. $\dfrac{51}{512}$；　2. $\dfrac{1}{4}$；　3. $\dfrac{4}{3}$；　4. $10+\dfrac{9}{2}\ln 3$；　5. $2\sqrt{3}-2$；　6. $\sqrt{2}-\dfrac{2}{3}\sqrt{3}$.

三、1. $\dfrac{\pi^2}{8}+1$；　2. 1；　3. $8\ln 2-4$；　4. $\dfrac{\pi}{4}-\dfrac{1}{2}$；　5. $2-\dfrac{2}{e}$；　6. $\dfrac{\pi}{2}-1$.

四、$1+2\ln 2-\ln(e+1)$.

习题 §5—4

一、1. √；　2. ×；　3. ×.

二、1. $\dfrac{3}{2}-\ln 2$；　2. $e+\dfrac{1}{e}-2$；　3. 5；　4. $\dfrac{7}{6}$.

三、1. $\dfrac{32}{3}\pi$；　2. $\dfrac{512}{15}\pi$；　3. $\dfrac{4}{3}\pi a^2 b$；　4. $\dfrac{3}{10}\pi$.

四、780π.

五、$\dfrac{1}{4}\rho g\pi r^4$（$\rho$ 是水密度，g 是重力加速度）.

六、$\dfrac{272}{3}$.

复习题五

一、1. √；　2. ×；　3. √；　4. ×；　5. ×；　6. √.

二、1. 0；　2. $1-\dfrac{\pi}{4}$；　3. 2π；　4. 0；　5. $\tan x$；　6. $2x\tan x$；　7. $b-a-1$.

三、1. B；　2. C；　3. C；　4. C.

四、1. $\dfrac{1}{2}\pi r^2$；　2. 0.

五、1. ＞；　2. ＜；　3. ＞；　4. ＞.

六、1. $2x^3 e^{-x^2}$；　2. x；　3. $-\dfrac{2\sin x^2}{x}$；　4. $(\sin x+\cos x)(1-\sin x\cos x)$.

七、1. $\dfrac{1}{2}$；　2. $-\dfrac{1}{\pi}$；　3. 0；　4. 0.

八、1. $\dfrac{1}{3}$；　2. $\ln\dfrac{1+e}{2}$；　3. $2\sqrt{2}-2$；　4. $-\dfrac{5}{3}$；　5. $\dfrac{3}{2}$；　6. $4-2\ln 3$；

7. $\sqrt{3}-\dfrac{\pi}{3}$；　8. π^2-4；　9. $e-1$.

九、$2x\sin x^2 - \sin x$.

十、1. $\dfrac{4}{3}$;　　2. 1;　　3. 1;　　4. 1.

十一、$\dfrac{3}{10}\pi$.

十二、7.85×10^7 J.

十三、40，　90.

第六章　常微分方程简介

习题 §6-1

一、1. 一阶;　　2. 不是微分方程;　　3. 一阶;　　4. 二阶;　　5. 一阶;　　6. 一阶.

二、1. B 为特解，C 为通解;　　2. A 为特解，B 为通解;　　3. A 为通解，B 为特解.

三、$y = x^2 + c$.

习题 §6-2

一、1. 是;　　2. 不是;　　3. 不是;　　4. 是.

二、1. $y = \sin(\arcsin x + c)$;　　2. $y = c\mathrm{e}^{-\mathrm{e}^x}$;　　3. $y = \pm\sqrt[4]{x^4 - 1}$;　　4. $y = 2x$;

5. $y = x\arcsin cx$.

三、$y = \dfrac{6}{x}$.

四、$s = 50 \times 2^{\frac{t}{10}}$.

习题 §6-3

一、1. ×;　　2. √;　　3. ×;　　4. ×;　　5. √.

二、1. $y = c\mathrm{e}^{\frac{3}{2}x^2} - 1$;　　2. $y = c\mathrm{e}^{2x} - \dfrac{x^2}{2} - \dfrac{x}{2} - \dfrac{1}{4}$;　　3. $y = c\mathrm{e}^x - \dfrac{\cos x}{2} + \dfrac{\sin x}{2}$;

4. $y = c\mathrm{e}^{\frac{x^2}{2}} - 1$;　　5. $y = c\mathrm{e}^x - \dfrac{\cos x}{2} - \dfrac{\sin x}{2}$;　　6. $y = \dfrac{1}{3}(x+1)^4 + c(x+1)$.

三、1. $y = \dfrac{\mathrm{e}^x + ab - \mathrm{e}^a}{x}$;　　2. $y = \dfrac{2}{x^2} - \dfrac{1}{x^3}$;　　3. $y = x\sec x$.

四、$y = 3\mathrm{e}^x - 3x - 3$.

习题 §6-4

一、1. $y = c_1\mathrm{e}^{-2x} + c_2\mathrm{e}^x$;　　2. $y = \dfrac{1}{4}c_1\mathrm{e}^{4x} + c_2$;　　3. $y = c_1\cos x + c_2\sin x$;

4. $y = c_1\mathrm{e}^{-3x}\sin 2x + c_2\mathrm{e}^{-3x}\cos 2x$;　　5. $y = c_1\mathrm{e}^{\frac{5x}{2}} + c_2 x\mathrm{e}^{\frac{5x}{2}}$;　　6. $y = c_1\mathrm{e}^{2x}\sin x + c_2\mathrm{e}^{2x}\cos x$.

二、1. $y = \mathrm{e}^x + c_1\mathrm{e}^{\frac{x}{2}} + c_2\mathrm{e}^{-x}$;　　2. $y = c_1\cos x + c_2\sin x + \dfrac{1}{2}\mathrm{e}^x$;　　3. $y = c_1\mathrm{e}^{-4x} + c_2\mathrm{e}^{-x} + \dfrac{1}{8}(11 - 4x)$;　　4. $y = c_1\mathrm{e}^{3x} + c_2 x\mathrm{e}^{3x} + \dfrac{1}{6}x^2\mathrm{e}^{3x}(x+3)$.

复习题六

一、1. ×；　2. √；　3. √；　4. √.

二、1. $y=ce^{x^2}$；　2. $y=ce^{-\int p(x)dx}$；　3. $y=\pm\sqrt{-x^2+c}$；　4. $y=e^{\arctan x}$；　5. 1 阶.

三、1. A；　2. C；　3. B；　4. D；　5. A.

四、1. $y=e^{cx}$；　2. $y=\sin(\arcsin x+c)$；　3. $y=x\sin(\ln x+c)$.

五、1. $y=ce^x-\dfrac{\cos x}{2}-\dfrac{\sin x}{2}$；　2. $x(t)=\dfrac{e^{2t}}{5}+ce^{-3t}$；　3. $y=ce^{-\sin x}+\sin x-1$；

4. $y=x^2+cx^2e^{\frac{1}{x}}$；　5. $y=(x+1)^2\left(\dfrac{x^2}{2}+x+c\right)$；　6. $y=\dfrac{x^3}{4}+\dfrac{c}{x}$；　7. $y=\dfrac{8x^6}{x^8+8c}$.

六、1. $y=e^{-x}(c_1+c_2x)$；　2. $y=\dfrac{3x}{2}-\dfrac{1}{2}c_1e^{-2x}+c_2$；　3. $y=-2+x^2+$

$c_1\cos x+c_2\sin x$；　4. $y=\dfrac{1}{3}e^x\sin x$.

七、$x^2+y^2=25$.

八、$y=\dfrac{1}{3}x^3-x-\dfrac{5}{3}$.

九、$y=cx-x\ln x$.

十、方程为 $m\dfrac{d^2s}{dt^2}=mg-k\dfrac{ds}{dt}$，其解 $s(t)=\dfrac{mg}{k}t-\dfrac{c_1m}{k}e^{-\frac{kt}{m}}+c_2$.

十一、方程为 $\dfrac{dx}{dt}=kx(s-x)$，其解 $x(t)=\dfrac{se^{kst+cs}}{e^{kst+cs}-1}$.

十二、方程为 $\dfrac{dR}{dt}=kR$，初值条件 $\begin{cases}R(0)=R_0 \\ R(1600)=\dfrac{1}{2}R_0\end{cases}$，其解 $R(t)=2^{-\frac{t}{1600}}R_0$.